南开大学"十四五"规划精品教材丛书

（修订版）

世界科技文化史教程

李建珊 主 编

贾向桐 张立静 副主编

南开大学出版社

NANKAI UNIVERSITY PRESS

天津

图书在版编目(CIP)数据

世界科技文化史教程：修订版/李建珊主编；贾
向桐，张立静副主编.--天津：南开大学出版社，
2025.5

（南开大学"十四五"规划精品教材丛书）

ISBN 978-7-310-06591-2

Ⅰ.①世… Ⅱ.①李… ②贾… ③张… Ⅲ.①科学技
术－技术史－世界－高等学校－教材 Ⅳ.①N091

中国国家版本馆 CIP 数据核字(2023)第 249338 号

世界科技文化史教程(修订版)
SHIJIE KEJI WENHUA SHI JIAOCHENG (XIUDING BAN)

南开大学出版社出版发行

出版人：王　康

地址：天津市南开区卫津路 94 号　　邮政编码：300071

营销部电话：(022)23508339　营销部传真：(022)23508542

https://nkup.nankai.edu.cn

天津创先河普业印刷有限公司印刷　全国各地新华书店经销

2025 年 5 月第 1 版　2025 年 5 月第 1 次印刷

240×170 毫米　16 开本　19 印张　3 插页　345 千字

定价：68.00 元

如遇图书印装质量问题,请与本社营销部联系调换,电话：(022)23508339

谨以此书纪念南开大学哲学院复建 60 周年

绪论/

进入 20 世纪以来，科学技术越来越居于现代社会系统的核心部分，强势地影响着人类未来发展的命运。这就迫使不少的学者开始思考科学的本质问题。而 20 世纪 20 年代以来，我们从历史的、哲学的和社会学的角度对科学进行研究，都是这种思考的产物，其中科学技术史研究这门学科则成为科学哲学与科学社会学等研究领域的基础。自此以来，人们以不同的理论观念为指导，对科学技术史做了大量研究。这些研究大体遵循着从学科史到综合史、从思想史到社会史的方向发展，但科技史研究的主流还是集中在科学知识、科学理论本身的发展方面，这类科技史专著基本上属于科学技术的成果史或思想史。但我们以为，鉴于科学技术作为现代人类活动的重要部分，它既有其自身发展的内在逻辑，又与各种社会建制间发生不可避免的相互作用，因此，仅考察科学理论以及工程技术发展的历史是不够的。出于这种考虑，我们主张从内史与外史结合的角度，以文化为切入点，来考察科学技术作为人类文化现象的发生与发展历程。

什么是文化？什么是科技文化？有的学者认为，文化是以价值系统为核心的一整套的行为系统[1]；有的学者认为文化可解释为生活方式或"生活之道"[2]；也有的学者认为，文化是人类在社会实践中创造的各种物质的、精神的成果。我们认为，文化是人类为了生存与理想而进行的物质生产和精神生产活动中所获得的能力及其全部产品的总和。根据这种理解，科学技术作为人类认识与改造世界以及使生活方式不断变革的特殊能力、活动和产品，显然也属于文化，而且是人类文化不可或缺和日益重要的组成部分。从这一视角进一步来说，科技文化则是指人类在

---

① 中国科学院科技政策与管理科学研究所，《自然辩证法通讯》编辑部. 科学与社会. 科学出版社，1988：169.

② 江天骥. 文化的评价问题. 自然辩证法通讯，1996（3）：30-37.

科学技术这种认识和改造世界，并使自身生活方式不断变革的特殊活动中所获得的能力及其产物的整体。它产生于近代文艺复兴时期。在一般人类文化进程的大背景下，科技文化同其他文化形态一样也具有整体性、历史性和层次性等几个基本特性。

科学技术虽然不等同于文化的全部，而只是人类文化系统的组分或要素；然而，近现代文化史表明，科技发展的水平与程度已越来越从根本上影响了文化进化的水平与程度。从这个意义上讲，科技文化史研究中一个重要的领域是，探讨科学技术作为文化系统的组分和要素之发生、发展，直至在文化系统中占据主导与核心地位的过程及其规律，并对不同时代科技文化的形态、层次及特点加以分析。为此，研究科技文化史的逻辑前提是以完整、成熟的科技文化作为参考系，以其内涵和典型特征为标准，研究它的发生与发展。从人类早期文化中成长起来的科技文化具有如下特点。

第一，它不是由对自然的直观思辨认识和运用原始技术直接加工自然物获得的零星人工制品等所构成的简单文化因素的随意组合，而是由器物层次、制度层次、行为规范层次和价值观层次所构成的完整的社会亚文化系统。①科技文化的器物层次指科学技术的物化成品及其所导致的人类生产方式和生活方式的变迁；科技文化的制度层次指科技活动自身的社会建制及其对社会职业和社会组织形式的影响；科技文化的行为规范层次指公有性即去私利性、社会向善论等科学活动的道德目标和伦理准则；而科技文化的价值观层次则是指科学活动中形成的诸如一定程度的积极合理性（rationality）、普遍主义（universalism）、合理的怀疑性、面向现实自然界和世俗社会的功利主义（utilitarianism）、尊重个性价值和隐私权等价值取向。这些层次的结合与互动，共同形成科技文化的统一而有机的整体。

第二，由于科学技术活动的对象、方法、评价标准、价值观念和行为规范的一致性及其高度理性化，使科技文化突破了原有的民族、宗教、地区和文化等传统因素的局限性，从而具有了全球化的特质。科技文化是世界科学家共同体共同创造的，具有共同享用、共同发展的普遍性。正是科技文化的这种国际性或全球性作为中介，使之也起到沟通不同民族和地区传统文化的作用。

第三，成熟的科技文化在人类文化中所处的位置已不再是十分薄弱或可有可无的。科技活动作为人类高度自觉的认识与改造自然的活动，已广泛地渗透

---

① 何亚平. 科技文化——现代社会的文化基础. 科学学研究, 1987（4）.

到经济、社会、政治、外交、军事、教育、艺术等领域中，成为人类其他社会活动日益重要的基础，并在一定程度上决定着人类文化诸领域发展进化的方向。这就是科技文化的基础性。

第四，科学从来都宣告自身在认识论与方法论上的不完备性。无论作为思维创造物的科学概念、定律和理论，还是作为科学物化成果的技术人造物乃至技术体系，都不具有永恒、绝对的意义。在科技文化中，作为价值观层次的"科学性观念"，以及作为行为规范层次的"有条理的怀疑性"都决定了在科学技术发展中，没有绝对权威和偶像，不存在千古不变的教条，也不应有探索的边界或禁区；必须用批判态度对待一切既成的科技成果，不断地根据社会主体的需要和客观世界的尺度去改变其已有的结构和规范，使科技文化成为不断创新的开放体系。我们称这个特点为科技文化的创新性或革命性。

显然，具备上述特点的严格意义上的"科技文化"的形成是工业革命以后的事情。科技文化有一个从无到有、从萌芽到成熟的发生发展过程。独立、完整、成熟的科技文化只能在一定先行基础和文化背景下产生出来。应以上述四个特点为标准和参照系，去追寻和发掘在成熟的科技文化形成之前人类文化所包含的科技文化的萌芽、胚种或因素。正是后者构成了科技文化的前身或来源。我们将存在于人类早期文化之中并作为科技文化之前身或来源的这些文化因素的总和称为"古代科技文化"或者"前科技文化"。所谓古代科技文化，本质上属于一种共同文化或混合文化。构成这种混合文化的是在礼仪传统、工艺传统、图腾崇拜、神话、巫术、宗教、神学、哲学乃至常识中所蕴含的与后来科技文化的形成有关的因素。只是古代科技文化的不同阶段所包含的各种文化因素的组合及标志有所区别、主体有所不同而已。比如，古巴比伦和古埃及的前科技文化，以经验传统与幻想知识为标志，主体首先是巫师和祭司，其次是工匠。而古希腊的前科技文化，以理性的自然哲学为标志，主体是古代哲人。在欧洲中世纪，前科技文化以宗教神学为标志，主体是以当时受教育的僧侣为主。一句话，如果在古代和中世纪存在科技文化，那么它们或者从属于经验性传统或幻想性知识，或者从属于哲学、神学，且与其他文化因素浑然一体，作为一种整体性文化而存在。当然，前科技文化在世界各国、各民族中形态各异，延续时间不等，但有其基本的共同点——以农业、畜牧业和相对较弱的手工业为其物质基础，以自然经济为主要经济形态，社会关系则以血缘、宗族为基础。在这个漫长时代，人对自然的征服欲望和崇仰心理尚未分化，人类崇拜大自然，将自然的结构、功能和属性当作自己行为的准则。这是以大自然为载体的文化，可以称为自然文化。

以思想启蒙为宗旨的欧洲文艺复兴及随之而来的科学革命和技术革命，是人类文化史上极为重大的事件，它导致了人类社会和文化领域的深刻变革。迄今还没有任何文化变革能够与之相比。从此，严格意义上的科技文化，或者说，作为人类文化中相对独立的一种亚文化体系已经形成。我们不妨把由此而至19世纪末的科技文化称为"近代科技文化"。由哥白尼开始的第一次科学革命和随之而来的蒸汽机革命，及以电磁理论等为标志的第二次科学革命和紧随其后的电力与内燃机革命，不仅推动了世界范围的产业革命，而且带来了人类生活方式的深刻变革。但是也决不能由此错误地认为近代科技文化仅仅表现为器物层次上的进步。首先，近代科技文化初步完成了科学和技术的社会建制化过程。16世纪中叶西欧创办的科学社团标志着科学社会建制已初见端倪。17世纪中叶以后，以英国皇家学会、法国科学院、柏林学院、彼得堡学院为代表的一批官方科学组织的建立，标志着科学活动的初步体制化。此后科学与工业、科学与大学的结合，为科学活动的专门化、职业化创造了必备条件。其次，在近代科学传统中逐渐确立了由逻辑理性、数学理性和实验理性所构成的科学理性精神，从而为科学知识的条理性、精确性和可靠性提供了保证。同时，在科学知识生产中形成的一系列相应的价值观和行为规范，保证了人类科技活动自身的健康发展。

从方法论上讲，研究世界科技文化史，除了上述的逻辑前提外，还要特别注意科技文化系统本身层次的完备性。这并不等于说科技文化的影响现在已经渗透至人类文化的所有层次。实际上，恰恰是因为目前科技文化还没有全面地影响人类文化的各个层次，我们才有必要强调它的完备性问题。在整个近代乃至现代初期，科技文化对人类文化的影响主要和大量地表现于器物层次；与此相比，它在制度层次、行为规范层次和价值观层次上，对一般文化的影响还相当薄弱。过分注重器物层面的科技文化对迅速改善人类物质生活的功效而忽视它的其他层面的一般文化价值，势必导致技术理性的畸形膨胀和人文价值理性的萎缩，反过来又影响了科技文化自身的健康发展。历史表明，近代科技文化不是最理想的文化形态。它本身蕴涵着深刻的矛盾。近代两次技术革命大大提高了社会生产力和人类改造自然的能力，但是，人又在一定程度上成为机器的附属品。因此，早在18世纪卢梭就批评科技发展可能会泯灭了人的本性，使人性受到压制，只是这种思潮当时不可能引起什么反响。而后来的马克思尽管不是笼统地批判科学技术，把科学技术视为推动历史前进的革命的力量，但是他在《资本论》中对于技术异化问题的讨论，实际上也与我们现在讨论的科技文化的完备性问题有关，只是对这个问题的彻底揭示，是从以法兰克福学派为代表的西方新马克思主义开始的。可以说，今天哲学界的不同流派以及各种人文主义代表人物对于科学主义的批判，在一定程度上可以看成是这种努力的继续。

现代物理学革命波及整个自然科学和技术科学领域，引发了现代科技领域声势浩大、影响深远的全面革命。它一方面在基础研究中逐步揭开了自然界的奥秘，另一方面在技术领域中硕果累累。现代科技呼唤出的巨大自然力，深刻而迅速地改变着现代人的物质与精神生活，从而成为现代文明进步的强大动力。然而，近代科技文化中潜伏的矛盾如今虽在表层上得到某种缓解，在深层却有所加剧。20世纪中叶以来，与科技成果应用直接或间接相关的环境与生态破坏、人口爆炸、能源与资源危机以及核战争危险等全球性问题的总爆发，使人们意识到：为人类创造了丰裕的物质、文化生活条件的现代科技文化，并未完善到像人们所期望的那样给人类带来全面的自由和解放，反而潜伏着造就单面人和单面社会的危险。法兰克福学派代表人物弗洛姆惊呼："过去的危险是人成为奴隶，将来的危险是人可能成为机器人。"[①]技术悲观主义和反科学主义思潮的有些观点尽管较为极端，但世人对这些警示却不可等闲视之。造成西方文化危机的原因是多方面的，但这种危机并非现代科技发展的逻辑必然，更不是弘扬科学精神的结果，而是由于现代科技文化中的人文取向尚未渗入人类文化的制度层次和价值观与行为规范层次，以及技术理性与价值理性的不协调所致。解决当代文化危机的途径决不能是费耶阿本德所主张的"告别理性"，或某些生态主义者所主张的"回到人类原始状态"，甚至从根本上取消科学并且否定人的价值，必须在人本主义框架下重建科学理性和人类生存法则，努力面对（而不是回避）两种文化的冲突，人类的精神家园才不致因工具理性的过分张扬而丧失。

在高等教育及基础教育中，应高度重视科学精神的培育和人文精神的灌输。马赫（E. Mach）早在1895年就曾指出，没有任何科学教育可以不重视科学的历史与哲学，这都有赖于科学文化这个坚实的后盾，青年一代作为未来世纪和人类新文化的建设者，应树立融科技文化和人文文化于一身的"大文化"观念，为迎接未来新文化时代的到来而努力。美国著名教育家科南特（James Bryant Conant，1893—1978）也认为，科学教育不仅是为了学习科学知识，也

① 弗洛姆. 健全的社会. 欧阳谦，译. 中国文联出版公司，1998：370.

不是只为了掌握科学的基本原理，而更重要的是为了养成一种理性习惯（思维的和行动的）与理解力。事实上，科技史不仅是帮助人们理解科学技术本身历史发展及其社会功能的学问，而且还是连接自然科学和人文社会科学的认识平台和重要枢纽，它在我们的科学教育之中有着重要的意义。科学史科的创始人乔治·萨顿（George Sarton，1884—1956）说得好，科学史作为沟通自然科学与人文学科之间的桥梁，能够帮助人们理解科学的整体形象，从而全面地理解人与科学，理解科学与人文的关系。科技文化史的教学与研究应当为此目标而做出自己的贡献。

01

第一章

科技文化的起源

　　科技文化发展的历史，就是人类认识自然和改造自然的历史。恩格斯曾经指出："可惜在德国，人们撰写科学史时习惯于把科学看做是从天上掉下来的。"①因而，探讨科技文化的发展史，我们有必要首先厘清科学技术的产生和起源的问题。科学技术的产生是与人类的生产和生活活动密切相关的，它的历史是人类对自然、对世界的认知史，也是人类智慧的发展史。可以说，自从有了人类就有了科学技术的萌芽，科学技术的萌芽是和原始社会紧密联系在一起的。

　　从传统上看，科学的起源与技术的起源属于两个不同的分支。原始科学来源于对神学解释自然的不满，来源于人们对宗教桎梏的挣脱；而技术则起源于人类的生存需求和自古代以来形成的工匠传统。然而科学作为一门系统化的知识与技术成为科学知识的自觉运用，则是 19 世纪中后期的事情。

---

　　① 恩格斯致瓦尔特·博尔吉乌斯（1894 年 1 月 25 日）. 马克思恩格斯选集（第 4 卷）. 中央编译局，译. 人民出版社，2012：648.

第一节　原始技术的萌芽

从严格意义上来说，远古时期还没有形成真正的技术思想，只存在着技术经验。原始技术首先表现为石器制作技术的不断改进，原始人就在制造石器的过程中，开始了认识自然、改造自然的活动。

一、石器的制造

人类制造和使用工具经历了一个漫长的过程，先是使用天然物，然后再逐步进化到制造工具。而原始社会最好的技术工具就是石器，石器是原始社会生产力的主要部分。在历史学和考古学上，石器制造的发展分为旧石器时代、中石器时代和新石器时代几个阶段。

（一）旧石器时代

旧石器时代，英文翻译为 Paleolithic Period，源自希腊文，paleo 译为"旧"，lithic 译为"石器"。在考古学中，旧石器时代是石器时代的早期阶段，是使用打制石器为标志的人类文化发展的最初阶段。一般认为，旧石器时代距今约 260 万年至约 1 万年前。以考古实物为据，这个时代又分成早、中、晚三个时期，大体上分别相当于人类体质进化的能人和直立人阶段、早期智人阶段和晚期智人阶段。这一时期的人们主要是制造简单的工具以作打猎和采集用。在旧石器时代制作石器最原始的办法，是把一块石头加以敲击或碰击使之形成刃口，即成石器。打制切割用的带有薄刃的石器，则有一定的方法和步骤：先从石块上打下所需要的石片，再把打下的石片加以修整而成石器。初期，石器是用石锤敲击修整的，边缘不太平齐。到了中期，使用木棒或骨棒修整，边缘比较平整。及至后期，修整技术进一步提高，创造了压制法。压制的工具主要是骨、角或硬木。用压制法修整出来的石器已经比较精细。

旧石器时代中期，各地采用不同的工艺方法制作石器，非洲多把石块外部的部分打掉，把剩余石核制成石斧使用；亚洲主要是从砾石外部打下石片制成石刀，而剩余石核则废弃不用；欧洲综合上述两种方法，首先制成石核，然后打出一个台面来，再沿台面边沿垂直打击，最后制成所需的各种石器（图 1-1）。

在 200 多万年前的旧石器时代，制造的石器主要有砍砸器、刮削器、尖状器（图 1-2）等，这些石器可以用来切割、刮削，也可以用来戳刺、挖掘，在这个时候制造的石器可以说还没有固定的用途，专用的特点在这时还不是很明显。

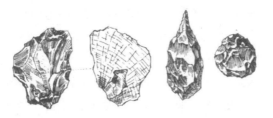

图 1-1　旧石器时代的砍砸器、尖状器

（王玉哲：《中华远古史》，上海人民出版社，2019：29）

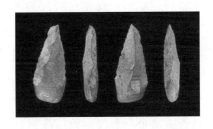

图 1-2　旧石器时代的尖状器

（二）中石器时代

中石器时代（Mesolithic Period）是联系旧石器时代与新石器时代之间的过渡环节。1866 年，法国学者威斯特洛普（H. Westropp）首先提出这一概念，1874年法国学者吐尔（O. Torell）在斯德哥尔摩的国际考古会议上重申了这一概念。但在当时，由于缺乏科学考察证据，"中石器时代"这一概念并没有得到学术界广泛的认可，直到 20 世纪 30 年代大量文化遗址的发现，这一过渡阶段才获得各国学者的公认。

中石器时代开始出现复合工具，最具代表性的是石斧和弓箭。石斧由手斧和木棒结合而成，木棒的增加大大延长了手的作用范围，说明人类已学会利用杠杆定律等最简单的力学原理，因此这无疑是当时的一项重大的发明。弓箭是中石器时代出现的最复杂的复合工具。恩格斯说："弓、弦、箭已经是很复杂的工具，发明这些工具需要有长期积累的经验和较发达的智力，因而也要同时熟悉其他许多发明。"[①]

---

① 恩格斯. 家庭、私有制和国家的起源. 马克思恩格斯选集（第4卷）. 中央编译局，译. 人民出版社，2012：31.

中石器时代人类制造的各种石器已经有了非常明确的专业用途，比如石斧、弓箭。这些具有专业用途的工具的出现，使人类的手臂变相延长了很多，而且作用力也加大了，在这时人类的作用能力可以说发挥到了更大的程度。

（三）新石器时代

新石器时代（Neolithic Period）这一概念最先由英国考古学家卢伯克（J. Lubbock）在 1865 年提出，这一时代是继旧石器时代之后，经中石器时代的过渡发展而来，是石器时代的最后一个阶段。新石器时代距今约 10000 年至约 2000 年。

进入新石器时代之后，石器制造技术有了很大进步，人类发明了石器磨制技术。磨制石器的制作方法是：首先对石料的选择、切割、磨制、钻孔、雕刻等工序已有一定要求；在石料选定后，先把石料打制成一定的形状，即制成石器的雏形，然后在砺石上撒上带水的砂，将石器磨光滑，这种石器不但形状端正精细，而且较为锋利，这就发展成了磨制石器。磨制石器可以说是新石器时代的重要特征，是这个时代石器制造技术水平的集中表现。在新石器时代，由于磨制技术的发明，人类制造和使用生产工具的水平有了很大的提高。磨制石器与打制石器相比，已具备了上下左右部分更加准确合理的形制，用途趋向专一；增强了石器刃部的锋度，减少了使用时的阻力，这使得工具能够发挥更大的作用。

在新石器时代的末期，人们还学会了石器穿孔技术（图 1-3）。穿孔技术的发明是石器制作技术上的又一重要成就，它基本上可分为钻穿、管穿和琢穿三种。钻穿是用一端削尖的坚硬木棒，或在木棒一端装上石制的钻头，在要穿孔的地方先加些潮湿的沙子，再用手掌或弓弦来转动木棒进行钻孔。管穿是用削尖了边缘的细竹管来穿孔，具体方法与钻穿相同。琢穿，即用敲琢器在大件石器上直接琢成大孔。穿孔的目的在于制成复合工具，使石制的工具能比较牢固地捆缚在木柄上，便于使用和携带，以便提高劳动效率。

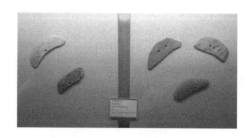

图 1-3　半月形穿孔石刀

（出土于云南省宾川县白羊村新石器遗址，现藏于大理白族自治州博物馆）

新的工艺带来历史学家所谓的"新石器革命"，使石器的种类有了极大的扩展，除石斧、石刀、石矛、石簇等传统工具外，石镰、石铲、石锄、石犁、石臼、石杵等都是这个时代出现的新型工具。早期遗址中大量出土的农业、手工业和渔猎工具有斧、锛、铲、凿、镞、矛头、磨盘、网坠等，稍后又增加了犁、刀、锄、镰等。

人类通过制造工具从事生产劳动，从而获取了大量的物质生活资料。人类制造工具的演进过程，可以说是人类历史的重要组成部分。人类在制造工具的过程当中，既有生产技术，也积累了一定的经验知识，可以说在这时已经孕育了各种科学技术的萌芽。

二、火的使用

火的使用是人类历史上的一次重大技术革命。恩格斯说："尽管蒸汽机在社会领域中实现了巨大的解放性的变革……但是毫无疑问，就世界性的解放作用而言，摩擦生火还是超过了蒸汽机，因为摩擦生火第一次使人支配了一种自然力，从而最终把人同动物界分开。"[1]火是人类诞生过程中所征服和利用的第一种自然力（图1-4）。

图1-4　原始人用火

远古时代，没有火种。而黑夜从来不是人类的朋友，它桎梏着先民们原本低下的生存活动，也为野兽的肆虐和侵袭制造了可乘之机……这一切，因火的使用而发生了翻天覆地的革命：火，结束了"茹毛饮血"的时代，驱散了虫豸和野兽，也消减了人们内心深处的恐惧和忧患。

摩擦生火是人类掌握的一项重大技术，然而这一原始技术的掌握却经历了漫长的历史过程。

---

[1] 恩格斯. 反杜林论. 马克思恩格斯选集（第3卷）. 中央编译局，译. 人民出版社，2012：492.

可以推断，猿人起初必定与其他动物一样，对火这种自然现象充满恐惧而会尽量逃避。猿人对火的态度是通过长时间的观察而转变的。从怕火到设法利用火，是一个十分重要的进步，也是猿人走出自然界的重要一步。火能给人以温暖；火能驱赶野兽给人以光亮；火烧后的食物更加美味……人们渐渐感受到了火的用处，慢慢地试图保存火种。

天然火并不是随时都有的，而猿人对火的需要却变得越来越普遍。正是这种生存的需要，使猿人逐步掌握了延续火的燃烧和保存火种的方法。北京人遗址的用火遗迹，一直被中外史学家认为是世界上最早的人类用火证明。苏联考古学家评论说，"从 1927 年起在中国北部北京附近周口店山洞中所作的发现……提供了北京猿人广泛使用火的无可争辩的证据"，"火的使用标志着征服了一个极其强大的自然力"，因而证明北京人进行着"较高水平的劳动活动"。①无论如何，人工保存火种的意义在于，它使火这种盲目的自然力变成了可以驯服的力量，成为人类生活不可缺少的伴侣和手段。

人类走过了一百多万年利用天然火的漫长路程，直到约三四十万年前的早期智人阶段，才逐渐了解到人工取火的奥秘。开始时，人们感觉到摩擦能产生热；有时打制石器，石块与石块碰撞时迸发出火花；有时用黄铁矿打击燧石工具也迸发出火花，并能产生出较大的热量而引起燃烧。例如，尼安德特人采取燧石相互打击而生火的方法，而中国古代则有燧人氏"钻木取火"的传说。这种用燧石或石英石打击黄铁矿产生火的方法，直到今天火地岛的印第安人和格陵兰的爱斯基摩人还在使用。人工取火方法的发明，使人类对火的控制和使用获得了完全的自由。这是人类征服和能动地使用火这种自然力的最终标志。

火的使用对人类历史的发展具有重大意义：

由于火的使用，人类拥有了利于消化和吸收的熟食，能从食物中摄取丰富的营养，有助于提高身体素质，对大脑及体格发育有很大益处。

由于火的使用，人类制造工具的能力得到很大提高。火可以烧裂巨石，为制造石制工具及其他器皿提供了更为合用的石材；火可以帮助人们调整箭杆、手柄及木矛的曲直，或经过火烤使木矛的矛锋变得坚硬，从而获得更得心应手的工具。

由于火的使用，人类的生活能力、防卫能力有了很大提高。火能吓退凶猛的野兽和其他各种天敌，有效地保护人类的栖息地，扩大了人类的活动范围；

---

① А. И. 佩尔希茨，等. 世界原始社会史. 贺国安，等译. 云南人民出版社，1987：77-78.

火可以作为狩猎的重要武器。

由于火的使用，能够给人以光明，增加了人类活动的时间，火能给人以温暖，有驱寒保暖的功效，可以帮助人类度过寒冷的季节，改善人类的居住环境。

火的使用大大加快了人类文明发展的步伐。古代人类在用火的过程中，观察到火能使物质发生一系列的变化，因而积累了许多物理和化学的经验知识。古代人类进行摩擦取火，实质上是实现机械运动向热运动的转化。以上这些关于摩擦取火和用火的经验性知识，是自然科学知识的又一重要萌芽。

三、其他原始技术的发明

摩尔根在《古代社会》一书中，把人类历史划分为蒙昧时代、野蛮时代和文明时代。蒙昧时代相当于旧石器时代，野蛮时代的前期、中期相当于新石器时代，文明时代则专指有文字以后的历史。摩尔根把发明弓箭作为人类蒙昧时代后期的标志，而把制陶技术作为进入野蛮时代的主要特征。

原始人类创造及使用技术即为了解决人类生活与生产活动的基本需求。蒙昧时代的高级阶段从弓箭的发明开始。恩格斯对弓箭的发明给予了很高评价，说"弓箭对于蒙昧时代，正如铁剑对于野蛮时代和火器对于文明时代一样，乃是决定性的武器"[1]。有了弓箭，打猎才成了普通的劳动部门之一。"弓、弦、箭已经是很复杂的工具，发明这些工具需要有长期积累的经验和较发达的智力，因而也要同时熟悉其他许多发明"[2]，弓箭的制造是原始技术显著进步的一个标志。在距今 15000 年前，原始人发明了新的劳动工具——弓箭。弓箭的发明对人类社会的发展和科技的进步有着十分重要的作用。一方面利用弓箭有组织地狩猎，提高了生产效率，剩余的猎物被饲养起来，使人类由狩猎时代进入畜牧时代；另一方面利用弓弦绕钻杆打孔的方法钻木取火，又发明了摩擦生热的制火技术，不仅极大地提高了人类的生活质量，而且增加了生产的手段。有人认为，在距今 15000 年前的旧石器时代末，最后一个冰期（第四冰期）来临时，白种人的祖先克鲁马农人、黑人祖先格里马迪人以及黄种人的祖先尚塞拉德人共同发明了弓箭[3]（图 1-5）。

---

① 恩格斯. 家庭、私有制和国家的起源. 马克思恩格斯选集（第 4 卷）. 中央编译局，译. 人民出版社，2012：31.

② 恩格斯. 家庭、私有制和国家的起源. 马克思恩格斯选集（第 4 卷）. 中央编译局，译. 人民出版社，2012：31.

③ 汤浅光朝. 解说科学文化史年表. 张利华，译. 科学普及出版社，1984：14.

图 1-5　弓箭的石箭头

野蛮时代低级阶段从学会制陶技术开始。制作陶器是人类社会进入野蛮时代，即新石器时代的基本标志。陶器的发明，是人类文明发展的重要标志，是人类第一次利用天然物，按照自己的意志，创造出来的一种崭新的东西。人们把黏土加水混和后，制成各种器物，干燥后经火焙烧，产生质的变化，形成陶器。用火烧制黏土发明的制陶技术，揭开了人类利用自然、改造自然的新篇章，具有重大的划时代的意义。陶器的出现，标志着新石器时代的开端。陶器的发明，也大大改善了人类的生活条件，在人类发展史上开辟了新纪元。陶器的发明并不是某一个地区或某一个古代部落先民的专利品，它是人类在长期的生活实践中，任何一个古代农业部落和人群，都能各自独立创造出来的。从世界范围看，大约在公元前 8000 至公元前 6000 年之间，陶瓷生产技术已经普及开来。当时的埃及、印度、中国等地都能制造出精良的陶器。而且，人类逐渐能在陶器上施釉、绘彩画、用陶车、通过控制烧造时的氧化还原效果烧出不同色彩的陶器等。陶器的发明，使人类的饮食卫生有了显著的改善，人们使用陶器盛装食物，减少了食物的污染机会，降低了人类的发病率和死亡率，延长了寿命。陶器的发明，揭开了人类利用自然、改造自然、与自然做斗争的新的一页，具有重大的历史意义，是人类生产发展史上的一个里程碑。

根据路易斯·亨利·摩尔根的巨著《古代社会》的记载，野蛮时代的中级阶段在西半球的原始技术，从栽培食用植物以及在建筑上使用土坯和石头开始；而在东半球的技术，从驯养家畜开始。植物的种植是采集业发展的结果。人们在长期的采集活动中，掌握了一些野生植物的生长规律，进行了人工栽培的尝试；与此同时，还创造出适用于农业耕作的工具，即最早期的原始农业生产。原始农业的出现，标志着人们生产经验和劳动技能的提高，掌握一些野生植物的生长规律并在人工培育中获得成功，它为人们实现定居生活和原始畜牧业、原始手工业奠定了物质基础。新石器时代人们获得的一项最基本的技术是农业生产技术。大约在 9000 年前中东一带就有了原始农业。公元前 4000 年后，居住在两河流域的苏美尔人发明了犁，并用家畜拖犁耕种。原始农业的出现，对于社会的发展有着极其重大的意义，它为人类提供了比较可靠的生活资料来源，创造了比较稳定的居住条件，进而也促使人们可以经常地、广泛地观察自然界的变化，从而推动了科学和技术的发展。新石器时代的定居生活促进了建筑技术的进步，有了村落的雏形。这一时期的遗址一般包括居住地、墓葬区、窖穴、窖址和防御用的堑壕等，有时候群组面积多达上万平方米；新石器时代晚期，建筑构成变得丰富，有了群体组合和套间的形式，建造技术也有所发展，地表用石灰质材料铺垫，结构上用木柱承重，墙体有烧土块垫层或经过夯筑。

　　1927 年，在苏联顿河上游的加加里诺发现的房屋遗址，平面呈圆形，直径达 5 米多，石板铺地，圆锥屋顶。在瑞士的日内瓦湖上，人们也发现过建在木桩上的"水上建筑"。西亚和埃及则是用泥土和树枝建成的茅舍。随着人们生产生活的不断发展，粮食开始有剩余，因而家畜驯养也发展起来。起初是猎获的动物吃不完，便养起来。后来变成有目的地驯养，希望通过动物的繁殖和生长增加人们对肉食的占有量。就像为了满足对植物的需要，由采集变成种植一样。在丹麦、英国的一些地方，发现过距今 9000—8000 年前的狗的骨骼，与人类骨骼在一起，因而西方学者多认为人类最早驯化的动物是狗。有了驯狗的经验，进而又驯化了牛、猪、羊、马、驴、鸡等。动物驯养使人们获得较稳定的肉食、乳类供应，促进了人体的发育和文明的发展。恩格斯认为，代替苏美尔人在两河流域建立过巴比伦王朝的闪族人，和在公元前 3000 至公元前 2000 年间统治中亚、南亚的雅利安人，能够获得"卓越的发展，或许应归功于他们的丰富的肉乳食物"①。足见家畜驯养对人类文明的重要性。

　　野蛮时代高级阶段从铁矿石的冶炼开始，因此历史学家把铜、铁叫作文化金属。这是由于铜、铁工具是一定生产力发展水平的象征，而生产力是文化的基础，人们在使用了铜、铁等金属工具之后，生产力发展了，物质有了剩余，人们才有时间从事各种文化活动，进而也才能谈得上人类文明的发展。所以，铜、铁金属工具是文明社会即将到来的标志。新石器时代末期，人们在打制石器的过程中已经发现天然铜具有可熔性和延展性，能通过熔铸和锻打制成各种

---

　　① 恩格斯. 家庭、私有制和国家的起源. 马克思恩格斯选集（第 4 卷）. 中央编译局，译. 人民出版社，2012：33.

形状的器物。由于天然铜数量很少，硬度又不足，石器仍继续使用，人们把这段历史称为"铜石并用"时期。此后逐渐发现加入不同杂质，如锡、铅等，能够改变铜的性质，由此学会了冶炼青铜（铜锡合金）。青铜具有低熔点、高硬度的优点，大大提高了铜器的使用范围，使它有可能用作生产工具，从而提高了生产力水平。人类社会便由石器时代进入了青铜时代。

人类关于自然界最早的知识是经验性的。人类早期关于自然界知识的积累是一个十分艰难、极其缓慢的过程，每一个微小的进步都来之不易。制造石器、火的使用、使用弓箭等带来了原始人生产方式的巨大变化，植物种植、家畜驯养、制陶技术、建筑技术、冶金技术等则与生活方式的改变息息相关。从人类的原始进化中可以看到，人类的每一次进步都与自然密切相关，人们在不断的认识自然中解放思想，人本身就是自然的产物。人类自掌握制造工具和发现使用火，从采集和狩猎取得食物，到农业、畜牧业的出现，积累了对大量对自然的知识，逐渐发明了早期的技术，孕育了科学的萌芽。

第二节　科技文化起源的前提

著名科学史家丹皮尔认为，对于科学起源问题的研究必须和巫术、占星术和宗教的研究一并进行。他特别指出："科学并不是在一片广阔而有益于健康的草原——愚昧的草原——上发芽成长的，而是一片有害的丛林——巫术和迷信的丛林——中发芽成长的，这片丛林一再地对知识的幼苗加以摧残，不让它成长。"①原始人类的自然观的产生，一方面是在人类的生产和生活活动中，认识了一些自然规律，孕育并萌芽了原始的科技文化；另一方面，原始人在与自然的抗争中，产生了原始思维、原始宗教、神话等。而作为共同文化或混合文化的这些实践经验和对自然的认识中，包含着科学思想的萌芽或形成的必要条件，因而是科技文化起源的前提。

一、原始思维

原始思维是人类思维发展的早期形态。在原始社会，思维的内容并不是通过语言这个工具直接表述出来，而是通过和它的生存有关的事物和现象的直接

---

① W. C. 丹皮尔. 科学史及其与哲学和宗教的关系. 李珩，译，广西师范大学出版社，2001：22.

接触、直接交往和相互作用而产生的，通过感觉刺激来进行的思维。

　　由于当时生产力水平极其低下，处于蒙昧时代下的原始人，对于某些与原始人联系密切的自然现象的认识还处于想象和猜测中。在原始思维的早期，面对"神秘"的自然界，思维主体与客体的关系往往处于一种模糊紊乱的状态。随着对自然界认识的发展，原始人由原来的"懵懂无知"逐渐产生了希望支配和战胜自然力的愿望，这种愿望在原始思维发展的中期，主要是采取带有神秘性的联想、类比等思维方式来实现的。到了原始思维发展阶段的后期，原始人类以其丰富的创造性想象为特征的思维方式，在观念中使原始思维的形象性特征发展到顶峰。

　　在原始思维发展中，原始绘画是表达原始思维的重要形式。在新石器时代晚期，开始出现各种岩画和洞穴壁画，它们多反映狩猎活动或猛犸象、野马、鹿、羊等野兽。原始人往往将图形刻画在石、骨或角上，内容绝大部分是当时狩猎时获取的大动物，如野牛、野马等场景（图1-6）。但在岩画或壁画中却很少反映极易捕捉的小动物和极难战胜的猛兽，原始人喜欢在岩洞中直接描绘中箭的大型动物，而且箭头直指心脏。另外，原始人通常用捕获动物的牙齿或角做饰物，有的部落用熊爪做饰物。因此，原始绘画常常是原始人同自然作斗争的成功记录，向我们充分反映了原始思维产生和发展的基础。

图1-6　原始野牛与野马群

（龚田夫、张亚莎：《原始艺术》，中央民族大学出版社，2006：76）

　　另外，在中石器时代以后的遗址中，常有简单的图形或涂有颜色的砾石。这是用于表达思维和帮助记忆的原始符号，这些象形符号也是后来出现的象形文字的基础。原始绘画已经孕育着文字的萌芽，为文字的产生提供了条件。

法国人类学家列维·布留尔（Lévy Bruhl，1857—1939）在 20 世纪初发表的著作《原始思维》一书中指出：原始思维是一种无秩序的元逻辑思维，其主要特征是"集体表象"。这种"集体表象"在原始部落里因袭相沿，并在部落里的每个成员身上留下深深的烙印，它成为一种文化认同的代表，起着团结群体和统一集体意识的作用。而图腾崇拜是原始人在生活实践中以原始思维认识和理解事物的一种产物，原始人不能把自己同自然界区分开来，就此在认知方面表现为一种拟人化的自然观。另外，原始人不能把自己同自己的思维区分开来，具有"灵魂不死"的思维观特征。了解原始人的思维特点和思维内容（特别是其中与对自然界的认识相关的特点和内容），对于研究科学思想的起源问题有重要的发生学价值。

二、原始宗教

原始宗教的产生和发展过程，是原始人类思维能力、抽象概括能力发展程度的表现。原始宗教是原始思维的必然产物，人类的思维认识能力，总是要达到能够进行幻想的水平，有一定的抽象概括的本领，才会产生原始宗教观念和各种原始崇拜。对于原始宗教的研究是原始思维研究的核心内容之一，同时是了解原始人力图改变包括自然界在内的外部世界的强烈欲望的重要途径之一。

原始宗教的产生与否，取决于人们的一种基本认识：有没有神灵和超自然力的存在。如果承认神灵和超自然力存在，那么原始宗教就不可避免地产生了。在原始社会的人们是相信神灵和超自然力的。例如在新石器时代的墓穴里，经常发现陪葬的动物骨骼和石器。这表明，当时的人类相信灵魂是不死的；人死后灵魂会在"另一个世界"中，这些陪葬物仍然是死者需要的。

原始宗教的出现并非偶然。一般说来，它们起源于原始人的自然崇拜以及灵魂崇拜。原始宗教是化解这一系列疑问、恐惧、迷惑、崇敬等心理的种种实践和理念活动的综合，是一种社会意识形态，是对客观世界的一种虚幻的反映，它要求人们信仰神道、神灵、因果报应等。在生产力低下的社会环境下，原始人对日月轮回、电闪雷鸣、山崩地裂、生老病死等与人类生存密切相关的自然现象都会感到神秘莫测，无法理解，更是无力控制。但是，这些现象的存在又关乎人们的切身利益，迫切需要对它们加以控制，这便产生了原始宗教。

原始宗教的形式有很多，如自然崇拜（nature worship）、万物有灵论（animism）、原始巫术（magic 或 sorcery）、图腾崇拜（totemism）、祖先崇拜

（ancestor worship）等。

第一种是自然崇拜论。近代宗教学创始人马克斯·缪勒（Friedrice Max Muller，1823—1900）在《宗教科学导论》（*Introduction to the Science of Religion*，1873）中提出了宗教起源于自然崇拜的观点。自然崇拜最大特点是将某种神性赋予自然物体，自然崇拜是原始社会一种极其普遍的信仰形式，是原始人类最初的一种认为自然物和自然力具有生命、意志以及伟大能力的信念。在原始社会中，由于生产力水平极端低下和知识的极端贫乏，人们几乎完全处在自然界和自然力量的支配之下。各种自然物和自然力量如山、石、土地、太阳以及风、雨、雷、电、洪水等，时刻都会给人们带来幸福或苦难，甚至死亡。对于这些自然力量，原始人类既不能理解，也无法克服和防止。然而，人们为了生存和生活，总是要尽可能地去认识自然，了解世界。于是原始人按自己的活动和认识情况来解释自然界和各种现象，把人的意志添加在自然界的事物和现象上，把各种自然事物和现象都看成是有意识的活动，认为统治和支配着人的自然力都是由某种神秘的不可知的力量主宰着，它们可以按照自己的意愿给人类带来幸福或灾难。在自然崇拜中比较普遍崇拜的对象有土地、天体、山峰、岩石、河流、水、火等。

原始宗教的第二种重要形式是万物有灵论。原始人把他们自身无法理解和控制的自然现象看成是有灵魂的、超自然的异己力量的存在，并加以人格化，形成万物有灵的思想。原始人为了消灾灭祸，保障生存，企图用自己的行为去影响有灵魂的自然，将自己的生存愿望以模仿等的形式寄托于这种力量。英国人类学家爱德华·泰勒（Edward Tylor，1832—1917）首先提出"万物有灵论"的观点，原始人为了解释那些无法控制的自然现象，遵循联想和类比的思维规律，在一切生物身上和自然现象中，均可以找到灵魂的依托。同时，他认为：人类自身是一个有生命、有意识的个人实际存在，除此之外，人类自身还能够作为一个可以离开身体的"灵魂"而存在。

原始宗教的第三种重要形式是原始巫术。它作为一种往往与原始的社会仪式相结合的社会实践活动，反映了原始先民强烈要求变革外部世界的原始欲望。而它的观念基础则是上面所述的万物有灵论。原始巫术产生的根本原因在于，原始人以"一种错误的联想"来感知和把握对象与自我。原始巫术存在的更直接证据是原始人类绘在墓道和石洞中的壁画、刻在山岩上的岩画，还有一些雕塑图案。有的直接描绘了演示巫术的场面。比如在法国和西班牙石洞中发现的原始绘画，在同一幅画中绘着被捕获的野兽身上带着投枪，还有身披鹿皮、臀后插着马尾的巫师。原始巫术主要有两种形式："模仿巫术"与"感应巫术"。一种是模仿巫术。我们以农业为例，原始人播下五谷，遇上风调雨顺，又无野兽践踏，就能获得丰收，可是时常会遇到风、霜、水、旱及各种意想不到的灾害，仿佛冥冥之中有什么东西在操纵，故意与人为难。于是，人们会设想这是有神怪精灵作祟。可能产生两种巫师：一种是有大"法力"的，能战胜各种神怪精灵。施"法术"时，要模仿四季灾害，一一战而胜之。这是所谓"模仿巫术"。再一种是认为万物之间，互相感应，例如天旱不雨，便以为掌管雨水的神灵是龙，龙性喜水，使家家门前设缸蓄水，龙受了感应，就会光顾人间。这是所谓"感应巫术"。然而，当这些活动还不能控制自然的时候，万物有灵论的思想就成了理解这些现象的重要依据，于是原始人头脑中就逐渐形成了一种歪曲的虚幻观念，认为世界上存在着能主宰一切的人格化的神灵。许多原始部落都相信雷公、风魔、各种树木的精灵、山神河怪等。

英国人类学家詹姆斯·乔治·弗雷泽（James George Frazer，1854—1941）对于原始巫术的认识，在学术界很有影响。他认为，巫术和科学有相似之处，他说："巫术或科学都当然地认为，自然的进程不取决于个别人物的激情或任性，而是取决于机械进行着的不变的法则。不同的是，这种认识在巫术是暗含的，而在科学却毫不隐讳。"[①]"巫术是一种被歪曲了的自然规律的体系，也是一套谬误的指导行动的准则；它是一种伪科学。"[②]巫术虽然不是科学，但它对后来的科技文化产生了深远的影响，至少天文学、医学等科学的起源，肯定与早期的巫术直接相关。

三、图腾崇拜

图腾崇拜乃是世界上各个民族原始宗教所共同具有的典型形式之一。在长期的发展过程中，图腾形象和图腾标志等发挥了重要作用，并引导原始人从图腾崇拜进而发展到祖先崇拜。而祖先崇拜的对象已超越了图腾崇拜，由原来的动物或植物等自然存在物而具体对象化为人类自身。祖先崇拜的对象往往是部落、氏族的祖先，并将他们超自然地加以神化，作为祖先神灵来祭祀。在原始宗教文化中，鉴于图腾崇拜的独特性，特别是鉴于其中所包含的原始人认识自然的成果，我们有必要详细了解图腾崇拜的产生及其特征和表现形式。

---

① 詹姆斯·乔治·弗雷泽. 金枝. 徐有新，等译. 中国民间文艺出版社，1987：79.

② 詹姆斯·乔治·弗雷泽. 金枝. 徐有新，等译. 中国民间文艺出版社，1987：19.

　　所谓图腾，就是在氏族部落出现后，原始氏族把自己所崇拜的某种动物、植物或其他东西作为标志，美洲的土著印第安人把它叫作"图腾"（totem），原意是"他的亲族"。"他"指被崇拜的某种对象，如动物、植物等非生命对象，即图腾本身；"亲族"指崇拜某一图腾的氏族及群体成员。

　　在原始人尚未把人自身作为崇拜对象之前，从自然崇拜到图腾崇拜是最容易过渡、理解、接受而成为一种信仰的。图腾崇拜与自然崇拜的区别在于：自然崇拜所崇拜的对象是自然神，如风雨雷电等；而图腾崇拜的对象已不是自然神，而是社会神，社会神体现的是一种社会关系。

　　图腾所标记的事物对于本氏族是神圣的，不许任何人玷污。图腾也是本氏族的吉祥物，被认为有保护本氏族繁荣昌盛的作用。所以，图腾是对超自然力的崇拜，客观上也起到了增强氏族的内部凝聚力，使每个氏族成员心有所恃又心有所畏的作用。这样，在一个图腾下结合成的一个氏族，其实就是一个小小的教门——与后世宗教相比，是制度还不大完备的教门，可以说，图腾崇拜也是一种原始宗教。

　　在旧石器时代，人类还没有学会农耕技术，劳动水平较低，艰苦的劳动所得还难以满足自身的需求。他们的认识能力也非常有限，对现实世界的许多现象还不能解释，尤其人类自身是从哪里来的问题还是一个谜。他们往往认为跟氏族生活密切相关的动植物与氏族有亲缘关系，并把这些动植物看成是自己的祖先，视为"恩赐者"，盲目地加以崇拜，并且把这些动植物作为氏族的名称，这就是图腾崇拜。图腾崇拜在狩猎大规模进行的氏族社会时期（旧石器时代晚期）开始广泛出现。原始人把它们视为与本氏族有血缘关系的某种动物或自然物拜为祖先（图腾），用作本氏族的标志和保护神。常见的是以动物的雕塑或画像来作为本氏族的膜拜对象，表示崇拜、象征、识别、宗教等意义。

　　现代出土的陶器上有牛、蛇、壁虎和蟾等的造型或饰纹；美洲的原始印第安部落中有鹰图腾、狗图腾等（图1-7）。这种图腾崇拜的遗迹在今天的许多民族文化中仍依稀可见。图腾崇拜实际上是将普通自然物加以夸大和神圣化，从而起到增强氏族内部向心力、规范氏族成员行为的作用，但也以一种神秘形式反映出人与自然界的关系，表明原始人对自然界的一种看法，这种图腾思想也反映了人类在现实生活基础上思考着自身和自然的关系问题。

图 1-7　图腾柱

（岑家梧：《图腾艺术史》，学林出版社，1986：69）

四、起源神话

神话是原始人类对自然、对社会的一种理解和认识方式，是原始人类在同自然或社会斗争中具有幻想性特征的反映，是企图通过带有明显创造性色彩的幻想去控制与征服自然。正如马克思所说："任何神话都是用想象和借助想象以征服自然力，支配自然力，把自然力加以形象化。"[1] 原始人以自己的生活为骨架，以丰富的想象为依托，创造出了他们的神话。神话是一定时代的产物；是原始人生活和思想的产物；神话不是完全虚构的，而是以现实生活作为基础的。神话是原始的"混沌文化"，它包括"英雄神话"与"起源神话"两种类型，尽管这两种类型中都包含了人类认识自然的成果，但是，与"英雄神话"相比，同自然认识关系更为密切的还是"起源神话"。

法国人类学家列维·布留尔（Lévy Bruhl，1857—1939）认为："对原始人的思维来说，神话既是社会集体与它现在和过去的自身和与它周围存在物集体的结为一体的表现，同时又是保持和唤醒这种一体感的手段。"[2] 各个古老的民族都有自己的"起源神话"。"起源神话"是集体智慧的结晶，"起源神话"的普遍性与集体性说明神话反映了原始人类思维方式的特征和结构。

"起源神话"根源于原始人类的生产、生活活动，显示了原始人类对未知世

---

[1] 马克思恩格斯选集（第2卷）. 中央编译局，译. 人民出版社，2012：711.

[2] 列维·布留尔. 原始思维. 丁由，译. 商务印书馆，1997：437-438.

界的探究愿望和对美好未来的追求精神。原始人类运用"起源神话"对一些常识现象与问题做出回答，但由于认识的局限性，他们多采用联想和想象的方式来编造"起源神话"进行解释，而不是进行逻辑推理，其中缺乏抽象思维的运用。他们主要采用形象思维，即形象思维先于抽象思维，这是人类思维发展的最显著特征。费兰茨·博厄斯教授指出："在原始社会中，人们作出的结论缺乏逻辑联系，以及不能控制自己的意志，看来是其基本特征的两种表现。形成意见时，信仰取代了逻辑验证。意见具有浓重的情感价值，从而能很快付诸行动。"[①]

"原始人类有一种朴素的信念：他们所看到的各种自然事物和自然现象都有一个发生过程，即现在的状态并非从来就有的，而是有一个从无到有的过程。"[②]我国哈尼族僾尼人对于自然的生成有这样的类似神话：远古时无天无地，只有一个大水塘；塘中水变成水气，升高为天，水塘内剩下的土就成地；天吐一团气为日，又吐一团气为月。天吐的气射穿了大地，使大地出现植物、动物和人；大地十分气愤，举起手指（高山）抓天，手指戳得天疼痛落泪，这就是雨；戳得天大叫，这就是雷；戳得天变了脸色，这就是阴天；戳得天打颤，这就是地震。[③]

"起源神话"的一些内容同后来的科学假说有很大的相近之处，有的还成为科学假说的直接思想来源。例如在《三五历记》中记载有盘古开天辟地的故事，根据这个神话，天地乃是盘古用斧劈开的，原始的混沌的"蛋"崩裂了，才发生了"阳清为天，阴浊为地"的巨大变异。这一"起源神话"在一定程度上反映了原始人类的科学思想萌芽，我们可以称之为最早的"灾变说"。

总之，神话作为"先民的哲学、历史、文学、宗教以及自然知识的混合体"和"最原始的百科全书"，作为一种"故事型假说"[④]，作为人类构造体系的最早尝试，乃是早期科学思想的直接前提。

五、语言与文字的产生

思维是人脑的正常功能。劳动离不开思维，思维能力又是在长期的劳动实

---

① 费兰兹·博厄斯. 原始人的心智. 项龙, 等译. 国际文化出版公司, 1989：54.

② 林德宏, 肖玲. 科学认识思想史. 江苏教育出版社, 1995：34.

③ 陶阳, 钟秀. 中国神话. 上海文艺出版社, 1990：120-121.

④ 林德宏, 肖玲. 科学认识思想史. 江苏教育出版社, 1995：31、33.

践中不断得到发展的。与此同时，作为思维工具的语言也相应产生了。劳动不仅创造了人类区别于动物的发音器官，而且和思维一起共同推动着语言的发展。这是原始思想和观念产生和发展的基础。

法国人类学家列维·布留尔从"原始语言"入手研究"原始思维"，他认为，原始人的语言"特别注意表现那些为我们的语言所省略或者不予表现的具体细节"。虽然列维·布留尔不期望建立起他完全的原逻辑思维体系，但他关于原始语言的推论，关于某些不发达民族（种族）语群的抽象概括，这些深入的探索性工作都很有启发性。他对大洋洲和美洲一些不发达民族的语系和语群的研究，使他抽象出这样的立论，即"原始语言"带有比现代"文明语言"更多的具体成分——这从另一个角度证明语言在人类社会中的发展，一般是从具体到抽象的，恰如意识的发展一般也是从具体到抽象的一样。

列维·布留尔在论述"原始语言"时指出，"原始语言"除了具体表达特性之外还有一个特征，即"手势语言"的大量存在：原始语言不满足于只能表达具体事物或动作的"有声语言"，还必须大量借助于手势语言，"大多数原始社会中都并存着两种语言：一种是有声语言，一种是手势语言"①。值得注意的是，布留尔强调原始人用手势语言，不是——或至少不完全是——为了弥补有声语言的不足。在原始人那里，手势语言是同有声语言并存的，是独立发展的真正语言——有自己的语义、语法、表现系统。甚至当两个部族使用两种不同的有声语言，彼此不能听懂对方的讲话时，他们居然能用手势语言相互交谈。

随着语言的应用，原始人在生活实践当中发现，人的记忆力是有限的，于是原始人开始尝试用一些最简单的符号来记录事务，逐渐的这就产生了文字。文字是用于表述语言的符号；文字是人类用来交际的符号系统，是记录语言的书写形式。一般认为，文字是文明社会产生的标志。在文字产生之前，人们为了帮助记忆，采用过各式各样的记事方法，其中使用较多的是结绳和契刻。汉朝郑玄在《周易注》中指出，"古者无文字，结绳为约，事大，大结其绳；事小，小结其绳"。文字经历了由"图画文字"到"象形文字"（图1-8）再到不同民族的文字的发展过程，文字的出现把我们真正带入了文明时代。

---

① 列维·布留尔. 原始思维. 丁由, 译. 商务印书馆, 1997: 153.

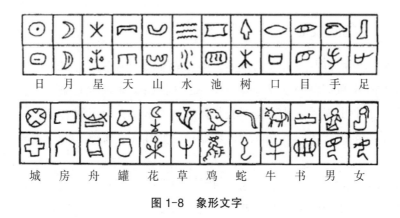

图 1-8　象形文字

（周有光：《世界文字发展史》，上海教育出版社，1997：147-148）

　　原始人类不仅通过技术上的创新，不断丰富着生存和生活所必需的物质资料的来源，而且也创造了有丰富内涵的原始精神文化。其中许多方面都为科学地认识周围的事物准备了必要的条件。思维、语言、巫术、图腾、起源神话、文字等，都是人类作为认识者与大自然相沟通信息的方式，正是在这样的方式中，后来逐步产生出科学的萌芽。但是，科学理论的诞生要比技术迟得多。早期人类掌握的还只是在社会实践基础上积累的经验，谈不上关于自然界本质和规律性认识的科学理论。只是随着人们实践经验的不断积累和抽象思维能力的提高，才能形成对事物本质和规律性认识的科学认识。实际上，早期原始人的认识充其量还只能称之为零散的科学思想萌芽。原始人在长期制造和改进工具的实践中不断积累经验，在改造自然的斗争中不断加深对自然的认识，而这些原始经验知识和对自然的认识又推动着原始技术的进步。

第三节　中国原始时代

　　中国是人类历史的发源地之一。在原始社会时代，中华民族的祖先们在相互斗争和相互融合的漫长过程中共同创造了灿烂的科技成就。为了原始生产、生活的需要，他们进行农牧业生产，发明了独具特色的制陶技术、纺织技术、建筑技术等；同时我们的祖先在实践生活中又积累了天文学、物理学、化学和动植物学等领域的萌芽性知识。

一、原始农牧业

在农业和畜牧业没有发明以前，由采集和渔猎活动而得到的野生动植物是人们食物和生活资料的主要来源，换言之人们在很大程度上是仰赖于自然的恩赐。只有农业出现后，才改变了人与自然的关系。农业出现后很快成为我国古代社会的基本生产部门。农业的出现是具有划时代意义的大事，它是人类文明的基础。

中国原始农业从其产生之始，就是以种植业为中心的。人们面临的首要问题是对野生植物的驯化。在长期的采集生活中，人们对各种野生植物的利用价值和栽培方法进行了广泛的试验，逐渐选育出适合人类需要的栽培植物。从"尝百草"到"播五谷"和"种粟"，就是这一过程的生动反映；而所谓"神农尝百草，一日遇七十毒"，则反映了这个过程的艰难和充满风险。

农具的创造则是原始农业发展的一个必备环节。中国原始农业先后经历了刀耕火种、耜耕和犁耕几个阶段。刀耕火种就是先放火烧去草莽，再用石刀刨坑埋籽。耜耕又叫锄耕，《易·系辞》曰："包牺氏没，神农氏作。斫木为耜，揉木为耒，耒耨之利，以教天下。"①我们无法考查神话人物神农氏是否为发明农业的先驱，但原始农业的耕作方法却在此记载。原始农具有耒和耜，《周礼·考工记》载有耒的形制，原始社会的耒没有这么多讲究。大要是耒和耜都是带柄的掘土工具，区别是耒端有两歧，如木杈，适合作松土工具；耜是平头，类似于后来用的铲，不但可用来松土，还可作移土用。后来在耒端分歧处加上一块横木（或金属）板，把耒和耜合二为一。所以《玉篇》解释说"耒端木"为耜。用耒耜铲等翻地，就是耜耕。

原始社会的犁都是石犁，主要是在南方地区发现的，如广西同正、江苏吴县光福镇、吴兴钱山漾、杭州水田畈等地的新石器遗址中都有出土。北方也偶有发现，如在河南镇平县赵湾发现过3件石犁等。光福镇发现的石犁，有的长达70厘米，估计也是用家畜拖耕的，到新石器时代后期，不仅某些地区有了犁耕，还形成了我国农业"南稻北粟"的基本格局。

在中国原始畜牧业的发展中，动物的驯养是由狩猎发展而来。中国最早的家畜遗址是在广西桂林甑皮岩、江西万年仙人洞等地发现的，在这些地方发现了距今10000年左右的家猪遗骸。此外，在裴李岗、磁山等遗址中也有发现，

---

① 王弼，撰. 楼宇烈，校释. 周易注. 中华书局，2011：363.

距今约有 8000—7000 年。再往后，仰韶、大汶口、龙山文化遗址中也都出土过猪的遗骨。而且，时代愈近，出土愈多。这些说明，在我国新石器时代猪是最主要的家畜。此外，常见的还有牛、羊、马、狗、鸡等家畜的遗骨，这 5 种家畜与猪一起被后世合称为"六畜"。而时代最早的狗的遗骨是在磁山和裴李岗遗址中发现的。

二、原始手工业

中国原始手工业包括制陶、纺织、建筑及运输工具等生产技术。

（一）制陶

大约在距今 1 万年到 8000—7000 年前，我们的祖先在使用磨制石器，过着渔猎生活，在此时期就开始创造了原始的陶器。原始陶器的制作和编织物是人类最古老的发明和创造。在人类文化发展的过程中，陶器的发明曾经起过极其重要的作用。

陶器的发明是人类进入新石器时代的重要标志之一。经过长期的生产实践，古代人类发明了制陶技术。学会制陶，对农业的发展与定居生活有着重大意义。陶器是体现中国新石器时代工艺技术水平的代表性器皿。到了新石器时代，我国生产工具的材料不但有传统的石器工具和木质、角质、骨质工具，还出现了大量的陶制工具。在中国陶文化中，仅陶器的质料，就包括细泥红陶、泥质灰陶、夹砂粗红陶、夹炭黑陶等。从功用看，除传统的采集、狩猎和生活日用工具外，又出现了大量的畜用工具、农用工具、捕鱼工具、制陶工具、纺织工具和刻绘工具。此外，陶制的饮食用具还有盆、钵、罐、瓮、瓶、盂、盘、碗、杯等。

中国制陶工艺始于 6000 多年以前的新石器时代，这一时期的陶器以"彩陶"和"黑陶"为代表。1921 年，瑞典人安特生（J. G. Anderson）在中国河南省渑池仰韶村首先发现新石器时代晚期人类遗址中有一批精美的彩绘陶器，上面绘有红、黑或紫色的几何图案，考古学家称之为"彩陶"，并称这一时代的文化为的"仰韶文化"（图 1-9）。1928 年，吴金鼎在山东省历城龙山镇城子崖，发现许多黑色陶器，这是新石器时代的末期继仰韶文化之后发展起来的，器形浑圆端正，乌黑发亮，考古学家称之为"黑陶"，并称这一时代的文化为"龙山文化"（图 1-10）。这是中国史前文化阶段的两个主要系统。此外，还有与仰韶文化同时发展的"马家浜文化"，以及与龙山文化同时发展的"齐家文化""青莲岗文化""屈家岭文化"等，它们也多以红陶，灰陶、彩陶、黑陶为主。

图 1-9　彩陶鱼纹钵

（陈克伦：《中国陶瓷名品珍赏丛书（彩陶）》，上海人民美术出版社，1998：2）

图 1-10　龙山黑陶刻画猪纹

（刘伟国、朱长忠编著：《陶·黑陶历史与文》，齐鲁书社，2010：14）

（二）纺织

我国纺织的起源相传由嫘祖养蚕开始，而织造技术则是从制作渔猎用的编结品和装垫用编制品筐席演变而来。《易·系辞下》记载了传说中的伏曦氏"作结绳，而为网罟，以佃以渔"。目前所知最早的编织实物是河姆渡遗址出土的距今约 7000 年的芦苇残片，纹样为席纹；西安半坡遗址出土陶器底部的纺织印痕，有蓝纹、叶脉纹、方格纹和回纹等。在中国浙江余姚河姆渡遗址中，出土过距今约 7000 年前的卷布棍和骨机刀，同时出土的还有一件牙雕小盅，雕有蚕纹一周。1958 年，还在浙江湖州的钱山漾良渚文化遗址中出土过家蚕织成的绢片，这说明新石器时代晚期，中国已经能饲养家蚕，织成丝织品，同时也开启了世界丝绸之源。因此，无论是河姆渡人的织布技术、还是良渚人的丝织技术，均在中国的纺织史和民族文化史上留下深刻烙印，对人类的进化和社会的发展意义深远。

原始纺织对人类的生存和健康意义重大，它不仅是一种文化，也是一种文明卫生的标志。从山顶洞人起，人们就开始懂得用兽皮缝制简单的服饰。随后，人们能利用韧皮植物纤维捻线织布，萌生了原始纺织技术，比如浙江的河姆渡人和良渚人就能纺纱织布。新石器时代晚期，人们开始将编结技术用于制作服饰，《淮南子·氾论训》称"伯余之初作衣也，緂麻索缕，手经指挂，其成犹网罗"①，说明当时已经会用麻作衣料。这种网罗式的衣服虽然简陋，但服饰的产生是人类走向文明的标志之一。编织工艺的精进，为纺织技术的产生提供了前提。

骨针的出现是纺织技术存在的有力证据。随着骨针的使用，古代的中国人开始制作缝纫线。使用骨针引线是纺织技术的一项重要进展，它把纬线穿于针孔之中，一次性将纬线穿过经线，省去了逐根穿引的烦琐，大大提高了效率，骨针引纬的发明，开创了腰机织造的先河。原始人由结网、编织，进而学会了纺织技术。最初是用野生苎麻、葛藤皮等作纺织原料，通过煮沸法、水沤法脱胶，用纺锤代替手的搓捻，把纤维一端拴在轮杆上，通过手拨轮盘的方式捻成线，在腰机上织成布。腰机是把经线的一端挂在树干上，另一端的卷布棍用绳子系在织工的腰间，织工身体后仰，将经线拉紧，双手交替把木梭从经线交叉的梭口中穿过，织入纬线后再用骨机刀刮紧，这是最简单的织机（图1-11）。

图 1-11　原始腰机

（李强：《图说中国古代纺织技术史》，中国纺织出版社，2018：118）

（三）建筑

旧石器时代的原始人最初多栖身于天然岩洞或巢居于树上，直到旧石器时

---

① 刘安，编. 何宁，撰. 淮南子集释. 中华书局，1998：914.

代晚期，原始人类才开始从巢居穴处中走出来，学会了建造房屋。但由于原始社会的生产能力低下，人类对自然环境和天然材料缺乏了解，旧石器时代的建筑构成相当简单，以满足御寒和防范人兽的侵袭为最基本需要。因此，巨大的石构建筑是当时建筑的典型形态。

农耕社会的到来，引导人们走出洞穴，走出丛林。人们可以用农耕劳动创造生活，把握自己的命运，同时也开始了人工营造屋室的新阶段，并建立了以自己为中心的新秩序，真正意义上的"建筑"诞生了。在仰韶、半坡、河姆渡等考古发掘中均有新石器时代居住遗址的发现。中国北方仰韶文化遗址多半为半地穴式；西安半坡遗址的建筑是木骨涂泥结构，有的还用铺垫、火烧或涂草拌泥、石灰面等方法防潮、防火。在河南淮阳出土的距今4300多年前的城址中，有用土坯建成的房屋，以及陶质下水管道等。在南方气候潮湿低洼地区，大多采用干阑式建筑，与瑞士日内瓦湖上的水上建筑相似，都是把房屋建在木桩上。干阑式民居是一种下部架空的住宅，它具有通风、防潮、防盗、防兽等优点，非常适用于气候炎热、潮湿多雨的地区。长江下游河姆渡遗址中就发现了许多干阑式建筑，甚至有较为精细的卯、启口等。它距今约六七千年，是我国已知的最早采用榫卯技术构筑木结构房屋的一个实例。河姆渡的干阑式木构已初具木质构架建筑的雏形，体现了木构建筑之初的技术水平（图1-12）。

图1-12　干阑式建筑场景

（《四十年求索"河姆渡"》，《浙江日报》，2013年8月8日）

（四）运输工具

伴随着农牧业和手工业的发展，产生了对运输工具的需求，在客观上促进了我国原始运输业的发展。我国已知的造车历史较晚，到了《世本》才有"奚仲造车"的记载。在新石器时代后期，原始人先后创造出滚木、轮子、轮轴，最后创造出了车，但至今发现最早的是殷商时期车的遗迹。而在我国造船的历史上，我们的祖先先后发明了独木舟、木板船。中国浙江余姚的河姆渡遗址发现过 8000—7000 年前的木质船桨，在稍后一些的吴兴钱山漾遗址、杭州水田畈遗址均有同类发现。

三、自然知识的萌芽

在我国原始社会，虽然生产力水平低下，但在人们的社会生产和生活实践中已经孕育了自然知识的萌芽。

（一）天文学知识的萌芽

由于农牧业和实际生活的需要，我国原始人很早就开始注意观察某些显著的天象。在新石器时代中期，中国的先民就已经开始最早的天象观测，并用以定方位、定时间、定季节。在中国裴李岗和半坡等新石器时代的文化遗址中，房屋都有一定方向。然而，直到文字产生之后，古典天文学这一领域才得以诞生。

（二）物理学知识的萌芽

中华民族的祖先在打制石器、制造弓箭、建筑房舍、人工取火及陶器造形中积累了大量有关力学和物理学的经验。狩猎时使用投矛器的力学原理、制造弓箭等工具可以引申出动力学原理；打制石器，把石器削尖可以引申出劈尖原理；人工取火能使物质发生一系列的变化，因而积累了大量物理学的经验知识。例如，在摩擦取火中，人们意识到这一过程实质上实现了机械运动向热运动的转化。祖先为我们传承下来的宝贵经验知识孕育了古典物理学知识的萌芽。

（三）数学知识的萌芽

远古时代，我国就不断积累着关于事物的数量和形状等萌芽时期的数学知识。仰韶文化及年代稍晚的马家窑文化等遗址中出土的彩陶器皿上，有各种各样的刻画符号 50 余种。另外，我国古代有"结绳记事"的传说，这是我国古代文字的起源，也可能是数字的起源。另外，原始人已经有了对图形的认识，例如，背厚刃薄的石斧、尖的骨针、圆的石球、弯的弓箭等形状各异的工具，这说明原始人对各种几何图形已经有了最初的认识。在新石器时代出现的编织技术，也促使原始人对形和数之间的关系有一定的认识。

（四）化学知识的萌芽

化学知识的萌芽，主要同揉制树皮、兽皮的工艺、酿酒工艺和制陶中的烧窑工艺有关。从陶土到陶坯，只是一种力学、物理的变化，但陶坯在窑内经过高温烧制，陶土改变了原来的分子结构，变成了质地坚硬、渗水性低、击之锵锵有声的新物质，则是一场深刻的物理化学变化。据有关专家分析，中国原始社会晚期的制陶工艺，实际已掌握了氧化焰、还原焰和渗透法的不同化学方法，再加上在陶土中添加有关的成分，因而可以烧出红陶、灰陶和黑陶。[①]

（五）动植物学知识的萌芽

在动植物学方面，我国原始社会原来也积累了大量的相关知识和生产。据专家考证，中国北京猿人遗址有几十种哺乳动物化石，还有大量经过火烧的禽、兽遗骸。山顶洞人除猎取禽、兽外，还学会了捕鱼。草鱼、鲤鱼骨化石的出土，说明对鱼的习性也有了一定了解。属于新石器时代的浙江河姆渡遗址，动植物的遗骸化石极其丰富。中国新石器时代晚期遗址中，现在所谓六畜（马、牛、羊、猪、鸡、狗）已经俱全。农作物中已有稻谷、栗子、糜子、白菜（或芥菜）、蚕豆、葫芦、芝麻等。

第四节　古埃及和巴比伦王国时期

尼罗河孕育了古埃及文明。埃及是世界文明古国之一，举世闻名的金字塔向世人展现了它曾经的辉煌，从公元前 4000 年到公元 7 世纪，埃及历经 31 个王朝和近千年的外族统治，留下了丰富的文明遗产。古巴比伦是世界上最古老的文明发源地之一。古巴比伦有过令人叹为观止的历史文明，它位于美索不达米亚平原，底格里斯河和幼发拉底河中间的地方叫"美索不达米亚"，希腊语意为"两河之间"，这个神奇的地方曾经孕育了人类有史以来最早的文明——古巴比伦文明。从公元前 3500 年苏美尔王国建立起，古巴比伦先后经历了苏美尔王国、古巴比伦王国、亚述王国、新巴比伦王国 4 个阶段。公元前 1894 年，阿摩利人以巴比伦城为首都建立了古巴比伦王国，并于公元前 18 世纪中叶再度统一了两河流域。古巴比伦王国统治时期是古代两河流域文明最辉煌的发展时期。古巴比伦王国时期是两河流域历史上最辉煌的时期之一。

一、天文学

由于生产的需要，古埃及、古巴比伦的天文学逐渐发展起来。原始人类所

---

① 刘文英. 漫长的历史源头：原始思维与原始文化新探. 中国社会科学出版社，1996：616.

形成的经验知识中，孕育着早期的天文学的萌芽。随着农业生产的发展和相关需要的提高，人们注意到季节变化的重要性，而季节变化和天文学有着密切联系。最初的天文学就从观察天象、占星、制订历法等方面开始发展起来了。

（一）古巴比伦天文学

古巴比伦由于境内的底格里斯河和幼发拉底河不如尼罗河那样温顺，它们不定期地泛滥，时常给人带来灭顶之灾，于是人们把希望寄托在占星术上，占星术促进了两河流域天文学的发展。另外，两河流域有悠久的农业史，农业生产需要掌握季节循环及天时变化的规律，这对天文学的发展也提出了要求。

古巴比伦王国时期由于重视占星术，因而他们有较完整的天文观测记录，从这些记录中又很容易认识天体运行的规律。在公元前 2000 多年，古巴比伦人就认识到了金星出没的周期约为 8／5 年＝576 日（360 天／年），即每 8 年行天 5 周，这个数据当然还是很粗糙的，但已经难能可贵。他们还能够预测日食、月食。这是科学的天文学的起源。大约公元前 1000 年，古巴比伦对天体的观测精度有了明显提高。非常不简单的是，他们能够预测各行星在每一天的位置，准确地知道一些行星的运动周期。他们从对月亮运动规律的观察预见新月的出现，相差不了几分钟。古巴比伦还首创了把圆分为 360 度的方法，表明了精确数学在天文学中的应用。

古巴比伦人从巫术时代就有了对天文现象的数学描述，并记录有系统的观测数据。大约在公元前 2700 年，美索不达米亚就发展了一种基于太阴历的历法，把每次新月的出现当作一个月的开始。这种历法主要是为了管理。①但是，一年有 12 个太阴月即 354 天的历法，与一年有 365.25 天的太阳年不同步（相差 11.25 天），所以，隔一段时间就要额外插入一个太阴月（即设置闰月），以使太阴月与太阳年协调一致。②不妨认为，在巴比伦，同时应用了太阴历（根据月亮变化的周期制定的历法）和回归历（根据太阳年制定的历法）。两种历法的差别和使用中出现的矛盾，客观上促进了巴比伦天文学以至数学的发展。

古巴比伦人还记录了彗星的情况。古巴比伦对历法的最大贡献是把 1 周分 7 天、1 天分为 12 段，规定 1 时＝60 分钟，1 分钟＝60 秒。他们把 1 年定为 360 天，相当于我国的阴历，以观测月相为准，1 年 12 个月，有时还要置闰月。周也成为一个时间单位，7 天为 1 周，以太阳、月亮和当时已知的 5 个行星的

---

① 罗斯纳，等编. 科学年表. 郭元林，等译. 科学出版社，2007：4.

② 詹姆斯·E. 麦克莱伦第三，等. 世界史上的科学技术. 王鸣阳，译. 上海科技教育出版社，2003：58.

名字给这 7 天命名：日、月、火、水、木、金、土。值得注意的是，当时有的星象家已认识到地球是一个球形。由于观察天体运行规律，已有可能预测日食和月食。但古巴比伦人还未对行星、月球等运动给出几何模型。另外，他们还制作了日晷、水钟作为计时仪器。

由于对宇宙结构的认识受肉眼观测的影响很大，古巴比伦人关于宇宙结构的理论还是相对落后。他们认为天和地是浮在水上的两个扁形盘子。后来，又认为天是个浸在水中的半圆形的穹隆，地仍是浮在水上的圆盘，天地间充满了气。这与我国张衡"天地各乘气而立，载水而行"相一致。古巴比伦人把天地想象成了一个被水密封起来的半球状小箱子，大地便是它的箱底。中央矗立着一片冰雪覆盖的区域，幼发拉底河就发源于此。

（二）古埃及天文学

美国数学家克莱因（Morris Kline）在《古今数学思想》中指出：古埃及天文学不如古巴比伦。

尼罗河年年泛滥，因此要观察天象，古埃及人主要观察"西利乌斯"星①（即天狼星）。通过观测，古埃及人发现，每年夏季都有那么一天，在太阳快升起时，天狼星出现在地平线上，以后在将近 4 个月的时间里，每天都如此。古埃及人把第一次看到的天狼星先于太阳升起的那一天，叫作天狼星的"先阳升日"，两个"先阳升日"的间隔为 365.25 天，因此古埃及人在公元前 4241 年采用 365 天作为一年的民历。在"先阳升日"的那一天，尼罗河水开始上涨，这一天被选定为一年的第一天。1 年被划为 12 个月，每个月 30 天，年末加 5 天。古埃及人把河水泛滥一次所历时间叫作一年。他们就通过多年观测，取其平均数，得到每年 365 天的周期。后来他们又把一年进一步划分成 36 个小段，每小段 10 天，余 5 天为宗教节日。这是已知的世界上最早的太阳历。约在公元前 2700 年时，古埃及人已经知道用天狼星调整他们的历法。

古埃及有以 10 天为单位的历法，这一历法经常要变更，所以被称为"sliding calendar"，即活动的历法。古埃及人很早就能准确地进行天体测量。有人认为，公元前 2500 年建成的金字塔很可能是一个观星台，那时的埃及人已经知道天上的星体有恒星和行星之别，行星有木、火、土、金、水 5 颗。他们还测出了太阳的视直径为 29 分，比今天的测量小 3 分；算出了月亮的体积是地球体积的 1/72（今测为 1/49）。

---

① "西利乌斯"，意思是"烧焦的东西"，按所记方位，系指天狼星。西名大犬座 α 星。

古埃及人对于宇宙结构的认识和古巴比伦人一样比较落后，他们根据自己的观察，把宇宙想象成一个长方形的盒子，凹形大地是盒底，稍微隆起的天穹是盒盖。盒四角有四座大山是顶天柱，支撑着天穹。众星被锁链一样的缆绳吊在像天花板一样的天穹上。而盒子的四周环绕着一条大河，地就浮在水面上。尼罗河是这条河从南方分出的一条支流，从大地正中流过，水面差不多与四隅的顶天柱一样高。所以每天在天空行驶的载着太阳神的船，也能在这条河中行驶。

二、数学的萌芽

伴随着天文学的发展，数学也发展起来。古埃及、古巴比伦数学的产生源于生产和天文计算的需要。

（一）古埃及的数学

1858 年英国人亨利·兰德（Henry Rhind，1833—1863）发现了埃及的数学纸草，被称为兰德纸草（Rhind Papyrns）或"数学指导"。这一时期知识的形成主要是经验性的科学知识，还没有形成科学理论。埃及人数学符号以"个"为底，但没有采用进位制。由于当时的埃及数学还没采用完善的进位制，复合数字是由简单数字积累而成。例如，十、百、千、万……各有专门符号。一个数字 10 用符号（∩）表示，20、30 就用 2 个∩、3 个∩符号堆积起来表示。百、千、万等与此类同。用这种数字累积的方法不可能有简便的四则运算法，古埃及人就是用累加法进行乘法运算。由于计数形式的笨拙，而影响了古埃及数学的发展。也就是说，计数方法影响了计算方法的发展。古埃及人不会乘法，只会加法，分数计算也比较麻烦。

公元前 20 世纪至公元前 17 世纪，埃及已经积累了丰富的数学知识，其中包括算术、几何，以及有关一元一次方程、一元二次方程的求解问题，关于谷仓容积的测定、关于金字塔斜面倾角的计算等。他们能求出长方形、三角形、梯形和圆形的面积。例如计算圆面积，方法是用直径的 8/9，再自乘；设圆面积为 A，直径为 d，运算公式便可写成为 $A=(8/9 \cdot d)^2=(64/81) d^2$，将半径 R 代入，得 $A=(256/81) R^2$。式中相当于取 $\pi=256/81 \approx 3.16$。但是，此时的埃及人还不知圆周率为何物，计算圆面积使用的只是经验公式。另外，古埃及人也不知道勾股定理（又称"毕达哥拉斯定理"），但埃及纸草书中却有计算直角三角形三边的题目，自然采用的也是近似算法。他们还能解一元一次方程、一元二次方程，并已经有了平方的概念。

尼罗河一年一度泛滥，年年都要重新划分地段，几何学便产生了。由于尼罗河有规律地泛滥，使得古埃及比两河流域频繁泛滥的古巴比伦几何学要发达，古埃及人能计算圆形、矩形、三角形、梯形等的面积。但古埃及几何学还没有上升到公式水平，缺乏抽象性，与后来抽象水平较高的希腊几何学无法相提并论。他们把任何图形都要分解为三角形，然后再进行计算。有书可以考证，现存于莫斯科和大英博物馆的两部纸草书上，共记录了110个数学问题（其中英国的纸草书上记载85个，莫斯科的纸草书上记载25个），这些数学问题都是实际碰到的计算数目和测量容积与面积的问题。

（二）古巴比伦数学

由于古埃及数学纸草书的被发现，使得人们对其在上古时期的数学贡献有了较为详尽的了解。而古巴比伦人泥板文书的发现和破译则使后人看到，两河流域古巴比伦王国时期的数学具有比古埃及有更加先进的水平。虽然古巴比伦人流传下来的数学教材中仍有许多实际生活内容的计算题，但理性化的趋势增强了，明显地表现了从实际计算向数学的过渡。

古巴比伦的计数系统比较简洁，"约公元前3000年，巴比伦的苏美尔人发展了60进制的计数系统，用它来记录钱物交易，数字的顺序决定了数字的关系或单位值（位置值），但未使用零值"[①]。苏美尔人把数字刻在泥板上，采用了阿拉伯数字以及其他较先进的数字普遍采用的位置值表示法。运算容易进行。基本符号是1与10。在公元前2500年前，苏美尔人就有了乘法表，会计算方、圆形面积和立方、圆柱形体积；圆周率则取 $\pi=3$ 的近似值。

当苏美尔人被闪族人征服，建立了巴比伦王国后（约在公元前1894年），数学有了进一步的发展，此时，已引入"0"的概念，开始有位值的表示，这是重大的进步。在代数上有解二次方程的根的内容，当然只是用语言叙述表示出来的。另外，未知量开始用"长""宽""面积"这些概念来表示。有了用作除法运算的倒数表，以及用来解一元二次和一元三次方程的平方表、平方根表、立方表，也有了一些关于直角三角形的知识。这表明古巴比伦数学已有了抽象性、概括性的趋势。虽然古巴比伦数学比当时的古埃及数学水平要高，但也还是经验的。

另外，虽然两河不定期地泛滥促进了古巴比伦天文学的发展，但是他们没有古埃及人那样经常性地定期丈量土地的机会，加上由于他们的抽象能力较古

---

① 罗斯纳，等编. 科学年表. 郭元林，等译. 科学出版社，2007：7.

埃及发达，这使他们善于把划分土地等简单的几何问题转化为代数问题，进行繁琐的代数运算，因而古巴比伦的几何学发展不如古埃及。

三、医术的萌芽

古巴比伦王国和古埃及时期的医学与巫术分不开。在古埃及和古巴比伦的时候，人们对疾病还不能做出合理解释，往往用超自然的、宗教迷信等去说明疾病的起因，把疾病归于神鬼的惩罚，认为只有驱魔消灾才能使人恢复健康，所以当时最早的医师就是巫师。巫师在实践中发展了某些药物和治疗方法，并传授下来，这在客观上对早期医学发展起到了一定作用。虽然古巴比伦和古埃及的医学与巫术分不开，但反映了巫术→科学的发展进展。

（一）古埃及医术

相传，埃及医学的奠基人伊姆荷太普（Imhotep）是公元前 2980 年左右佐塞王（Zoser）的御医。当今记载埃及医学的纸草卷已发现了好几种，有的可以追溯到公元前 2000 年以前。今天，关于古埃及考古发现的著名的医学纸草主要有两种。

第一，《埃伯斯纸草》（*Ebers Papyrns*）（公元前 1600 年），按此纸草书的记述，其中包含有 46 种疾病的处方，还记录了纸草出现前的医学状况。

第二，《埃德温·史密斯纸草》（*Edwin Smith Papyrus*）以载有最早的外科文献著称，是目前保存较好的医学纸草。此纸草书记载了公元前 3000 年的事情，长达 20 米，载有 47 种疾病，包括肺病、痢疾、咽炎、喉症、皮肤病、血管神经病、妇科病、儿科病等，并且一一描述了它们的症状、诊断法和处方；共记载了 700 种药剂，877 个处方。

这些纸草书记载的医术虽然尚未摆脱巫术的影响，但对外科疾病做出分类，已有简单的医疗分科，如眼科、喉科、妇科、儿科、伤科等。在公元前 1200 年左右的伤科纸草书中，把外伤分作三类：可治的、不可治的、在可治与不可治之间的。对疾病有病名、检查、症状、诊断、治疗等项内容，显示了科学的"味道"。

另外，古埃及有制作"木乃伊"的传统，从而积累了较多的解剖学和防腐学知识。他们知道了心脏与血液循环的关系以及大脑对人体的重要作用。另外在制作"木乃伊"保存尸体的过程中，必须用药物和香料处理尸体以防腐烂，这使他们对药物性能和人体器官都有了较为成熟的认识，同时也积累了较多的解剖学知识。当时的古埃及医学水平处在世界领先地位。

（二）古巴比伦医术

古巴比伦王国时期的医学和巫术同行，在社会上流行两种医生：一种是僧侣医生，治病方法是咒文和祈祷；另一种是有实际经验的医生，由平民担任。其实早在乌尔第三王朝时期①就已出现了"药典"，记录了用各种生物和矿物制作的各种嗅剂、熏剂、滴剂、膏剂、灌肠剂、栓剂等，并有一些治病的处方，但由于大量药物名称不详，目前对古代美索不达米亚的医术还无法作出全面的评价。古巴比伦重视对肝脏的研究，他们认为肝脏是人体最重要的器官，正如古代中国人重视心脏一样。他们常以肝脏作为祭祀用品，认为肝脏是非常神圣的东西，并用陶器刻制成肝脏模型，上面还记有文字。

古巴比伦留下的医学资料不多，其中，值得一提的是巴比伦王朝的第六代国王汉谟拉比颁布的《汉谟拉比法典》（The Code of Hammurabi），此法典涉及不少医学知识，如法典中曾规定：医生为人治病，可以收费，但对医治效果需负责任。关于医生收费的标准，法典中有明文规定，医生为有经济能力的人医治疾病要多收钱，无钱人则少收。法典中规定了医治的收费标准和惩罚标准，古巴比伦医生治愈不同阶级的人，收取不同的费用。如因医治不当致病人死亡，也按患者的社会阶级作不同程度的惩罚。法典第215条规定：如医生为自由民（贵族）施行大手术而治愈其病，医生应得十两白银。第216条规定：如患者为平民，应得五两白银。第217条规定：如果患者是贵族的奴隶，得二两白银。第218条规定：如果手术不当致贵族死亡，则要砍掉医生的手指。第219条规定：如果为奴隶施行手术不当致奴隶死亡，医生要赔偿一名奴隶。汉谟拉比法典对医生医术的严格要求，尽管十分苛刻，并且在一定程度上束缚了医生的创造力，但是就强调医生的社会责任感而言，却有某种积极意义。

四、技术的萌芽

农业生产和农业技术在古巴比伦和古埃及的历史中占有重要地位，而建筑则是一定社会技术总体发展水平的反映。古巴比伦和古埃及的宏伟建筑是技术水平发展的最好见证。

（一）古埃及技术

古埃及的农业技术在社会经济需要的推动下得到了很大发展。新型犁、梯

---

① 乌尔第三王朝，即新苏美尔时期，是苏美尔人作为两河流域文明主体的最后阶段，此后进入古巴比伦王国时期。

型犁的推广，桔槔的发明，使古埃及的耕作技术有了很大改进。农业的发展又促进了手工业的发展，古埃及很早的时候就发明了车辆、帆船、天平、织布机等。在建筑技术上，古埃及建造了至今仍闻名于世的金字塔。埃及金字塔是古代伟大建筑工程之一，它是古埃及国王的陵墓。大约在公元前 2800 年，古埃及建立了中央集权的奴隶制君主国家，开始了规模宏大的金字塔建筑工程。金字塔一共有 70 多座，金字塔的底部呈正方形，最大的金字塔是第四王朝第二代法老胡夫的金字塔，底边长 230 米，高 146.5 米，用 230 万块巨石砌成，平均每块石头重 2.5 吨，塔底占地 52900 平方米。金字塔的建造调动了 10 万人，花了 30 年时间才建成。这样宏伟的建筑工程，必须经过精心的设计、计算和组织工作才能完成。金字塔的角度、面积和体积都有严格要求，必须经过周密计算才能建成，这反映了当时的数学和力学已经达到了相当高的水平，也显示了古埃及建筑技术的辉煌。

（二）古巴比伦技术

在公元前 3000 年前后，古巴比伦人开始由大麦充当交换的媒介为主转为以铜锭、银锭和黄金为主，这表明古巴比伦冶金业已经发展起来。古巴比伦人已懂得在铜中加入锡或铅制成合金，即青铜，而青铜是制造斧、锯、刀、犁等工具或武器的重要原材料。铁的冶炼比冶铜难度要大的多，它要求更高的温度。公元前 12 世纪，铁在美索不达米亚的北部广泛使用，这标志着铁器时代的到来。铁器在农业上的使用使耕地逐渐扩大，促进了人类文明向更高程度的迈进。

在建筑和雕刻方面，古巴比伦也有所发展。公元前 1894 年开始，古巴比伦王国日趋繁盛，到第六代帝王汉谟拉比统治时期，已占有了两河流域的整个中下游地区，强盛的国势一直保持到约公元前 1600 年。汉谟拉比是古巴比伦一位具有军事天才和卓越治国才能的君主，他制定了《汉谟拉比法典》。《汉谟拉比法典》石柱（图 1-13）就是当时刻写这个"法律"的石碑，也是古代巴比伦艺术的代表，尤其因为古巴比伦王国流传下来的建筑罕见，所以这个石碑显得格外珍贵。法典被刻在一块高 2.25 米，上部周长 1.65 米，底部周长 1.90 米的黑色玄武岩柱上，树立在马尔都克大神殿内。法典石柱柱头浮雕技法熟练，线条朴实有力。石柱的雕刻非常精细，表面高度磨光。石柱上刻满了楔形文字，石柱上部是巴比伦人的太阳神沙玛什向汉谟拉比国王授予法典的浮雕。整个浮雕画面庄严而稳重，表现了"君权神授"的观点。这种把国家典律和艺术结合起来的形式，后来成为古代纪功碑的一种范例。

图 1-13　《汉谟拉比法典》石碑局部

五、古埃及、巴比伦王国时期的特点

古巴比伦和古埃及创造了灿烂的古代文化。作为最早期的人类文化成果，它们显示了其独特的特性。

第一，远古时期的"科学"本身还是经验性的，还没有上升到抽象性的程度，不论古埃及和古巴比伦的天文学、数学、医学，都表现出了经验性的特征，但需要指出的是："经验科学"已表现了向抽象经发展的萌芽和趋势。

第二，古巴比伦的天文学和古埃及医学在经验基础上提出了预见，而解释性和预见性是科学理论的两大功能。古埃及和古巴比伦已经开始用一定的方法整理经验材料，另外，他们在天文学中应用了大量的数学知识。

第三，当时纯科学和应用科学还没有分化，古巴比伦和古埃及的"经验科学"的主要目的是服务于社会实际生活，如宗教、经济管理等。因此这种经验性科学还没有真正的独立出来。

第四，古巴比伦和古埃及的经验科学中虽然包含科学因素和科学知识的萌芽，但原始自然观和科学思想基础中的神秘主义成分很多。例如，医学与巫术是一个复合体，天文学与占星术不可分。

第二章

科学理性精神的萌芽

讨论古代科技文化不可避免地要以希腊科技文化为主，因为西方科学可以说就是源自古希腊人，他们最早试图始终如一地用自然主义的方式解释自然现象，并开创了对科学理论进行理性批判的活动。

第一节　自然的发明与理性批判活动

一、"自然"的发明

将自然从神性中解放出来，这是科学精神的最基本要素之一。我们前文曾经说过，神话是科学的直接来源之一，将这个特点淋漓尽致地表现出来的就是希腊神话，它展现了自然的可理解性以及人们对它系统性把握的可能性。但是，在神人同形同性的希腊神话世界中，拟人化的神以自己的意志任意干预人类事务，由于神的干涉的无限可能性，因而世界必然是反复无常、没有自身的秩序和规则的。这与科学所要研究的那个独立于人的、具有内在规律的、人类可把握的世界完全不同。而后一种世界就是由米利都的哲学家首先提供的，劳埃德称之为"自然的发现"①，即"认识到自然现象不是因为受到任意的、胡乱的影响而产生，而是有规则的，受着一定的因果关系的支配"②。

米利都学派首先关注我们所生活的世界的本质，他们追寻世界的组分、构成以及运作。在这个追寻过程中，神逐渐淡出了他们的视野，取而代之的是一个"有序的、可预言的世界，事物按其本性在其中运作"③。泰勒斯、阿那克西曼德和阿那克西米尼是这一学派的代表。

泰勒斯（图 2-1）出生于米利都望族，早年是一个商人，曾到过不少东方国家，学习了古巴比伦观测日食、月食和测算海上船只距离等知识，知道了埃及土地丈量的方法和规则等。回到希腊后他主要从事政治和工程活动，并研究数学和天文学，晚年转向哲学。泰勒斯研究领域极其广泛，几乎涉猎当时人类的全部思想活动领域，获得崇高的声誉，被尊为"希腊七贤"之首。

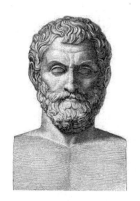

图 2-1　泰勒斯

正如亚里士多德所说，"那些最早的哲学研究者们，大都仅仅把物质性的本原当作万物的本原"④。泰勒斯认为水是世界的本原，因而宣称地球浮在水上。亚里士多德对他得到这个结论的原因进行猜测："他得到这个看法，也许是由于观察到万物都以湿的东西为养料，热本身就是从湿气里产生、靠湿气维持的（万物从而产生的东西，就是万物的本原）。他得到这个看法可能是以此为依据，也可能是由于万物的种子都有潮湿的本性，而水则是潮湿本性的来源。"⑤我们说

---

① 劳埃德在后来称之为"自然的发明"，意指希腊人提出这种"自然"，是为了解释和说明他们的理论，并为他们的研究提供合理性依据。参见《早期希腊科学·译者序》。

② 劳埃德. 早期希腊科学：从泰勒斯到亚里士多德. 孙小淳，译. 上海科技教育出版社，2004：7.

③ 戴维·林德伯格. 西方科学的起源. 王君，译. 中国对外翻译出版公司，2001：29.

④ 亚里士多德. 形而上学. 苗力田，译. 中国人民大学出版社，2003. 983b.

⑤ 亚里士多德. 形而上学. 苗力田，译. 中国人民大学出版社，2003. 984a.

泰勒斯的对世界的思考摆脱了神的束缚，不只是因为他对世界的本原提出这种质料因的猜测，还在于他用这种质料因来解释自然现象。例如，他指出大地漂浮在水上，而地震则是由于水的晃动，摆脱了希腊神话中将地震归因于海神波塞冬的愤怒的解释模式。

但是泰勒斯以水这样一种质料性的东西作为世界的本原，在解释其对立物火是如何产生时遇到了困难，于是他的学生阿那克西曼德对水本原说进行了修正。他认识到，我们不能将世界万物及其属性的多样性归结为某种特定的质料性的东西，而认为世界的本原是"无定形"。阿那克西曼德最值得我们大书一笔的是，他天才地提出了原始的进化论思想，虽然其中所述的具体的进化过程可能是荒谬的——他认为，动物是在太阳的作用下从湿润中产生出来的，而人最初是从某种鱼类中诞生的，由这种动物哺育抚养足够长的时间而能够自立。当然，他没能给出一个系统的、关于整个自然物种的演化理论，但是他提出原始生命诞生于海洋的猜测，已足以令人惊叹不已。

阿那克西曼德的学生阿那克西米尼则综合水和"无定形"的特征，提出世界的本原是气。初看起来，阿那克西米尼似乎倒退回泰勒斯的质料性本原，其实他最大的进步在于将世界由何而来与如何由之而来结合起来。他用气的冷热两种性质和浓聚与稀散两种运动，来解释万物的生成演化。这就把阿那克西曼德完全依赖美妙想象的宇宙生成观，转化为可以在自然现象中观察到的过程，使人类理性在自然现象解释中的地位更为稳固。

当时的自然哲学家还有许多不同的世界本原学说。例如，赫拉克利特指出世界的本原是火，并认为世界是不断流变的，"我们不能两次踏进同一条河流"。恩培多克勒则提出"四根说"，指出万物因土、气、水、火的组合而生成，因它们的分离而消失，而它们分离和组合的能力是"爱"与"恨"赋予的。还有爱利亚学派的"一"，以及我们后面详细阐述的古代原子论等不同的世界本原学说。

二、古代原子论

我们一般认为，古代原子论是最接近近代自然科学的一种学说。其实这个判断是典型的辉格式解读，即以当今的观点判断历史事件。事实是，近代自然科学家在解决微观领域的问题时借用了古希腊的原子理论，而"原子"这一概念的内涵与本质发生了根本性变化，并随着自然科学的进步而继续变化着。古代原子论在希腊罗马时期经历了三个发展阶段，学说的代表人物分别是：德谟克利特、伊壁鸠鲁、卢克莱修。

德谟克利特（Demokritos，约公元前460—前370）是古希腊哲学家，古代原子论的创立者之一。他继承古希腊原子唯物论的奠基人之一的留基伯（Leukippos，约公元前500—前440）的哲学思想，提出了自己的原子论思想。

德谟克利特认为万物由原子和虚空组成。原子是一种最小的、不可见的、不能再分的物质微粒；虚空则是原子运动的场所，是空无一物的地方。原子彼此无质的区别，但是其大小、形状和位置各不相同。原子最初处于漩涡运动之中，重的原子在中央旋转，结合成大地，轻的原子被抛到外层。原子在旋转中不断碰撞，不同形状的原子或因相互勾连、纠缠而结合，或因错开、脱落而分离。世间万物因原子的结合而生成，因原子的分离而消失。万物由于原子的结合形式不同，因而性质也不同。生物的灵魂是由更加精细的原子组成，由呼吸进入人体，死亡则是灵魂原子的消散。德谟克利特认为原子的漩涡运动有其必然性，但是我们要知道，这里的必然性是指万物生成的原因是原子的运动，而不是原子通过必然性运动而生成万物，因为原子在虚空中进行的是急剧而杂乱的直线运动，这种无序运动不可能是事物的必然原因。

在自然观上，伊壁鸠鲁接受了德谟克利特的原子论，并作出了以下重要的修正和补充，尤其增加了"原子具有重量"这一性质。这就使得原子的运动由两个原因促成：其一，由于自身的重量而使原子在虚空中垂直下落；其二，由于碰撞而使原子在下落中产生偏斜，即横向和斜向运动。因此伊壁鸠鲁承认，原子除了垂直运动以外，也可以有"离开正路"的偏斜运动（这二者都是直线运动），从而说明了原子碰撞进而形成万物的原因。实际上，在他这里承认偏斜等于承认了偶然性的存在，这就为他论证公民个体的自由意志原则提供了理论依据。

卢克莱修的长诗《物性论》是古代原子论哲学的顶峰体现，是唯一完整保存下来的伊壁鸠鲁学派的著作。卢克莱修以大量的日常论据和经验事实为基础，通过论证原子论的基本观点，详细描述了生物进化和文明起源的过程问题。他的看法大致是：世界由自身有重量的原子相互撞击结集在一起，开始时杂乱无章，后来就分出了各个部分，形成了天穹、大地和海洋；大地最初产生植物，而后是动物，再后出现原始的人。原始人没有火、衣服、住房和公共生活，也不会耕作，靠野果、溪水和捕猎生活，男女混杂地穴居在洞巢和树林中；由于闪电和树木的摩擦带来了火，太阳光的作用又教给他们煮食物的方法，于是人类进入了文明状态，获得了茅舍、皮毛和火，一男一女开始组成家庭；语言的产生不是有人创造出来教给众人的，而是"自然促使人们发出各种舌头的声音，而需要和使用则形成了事物的名称"①；渐渐地，那些能力较强智慧较多的人，就教人去用火和其他的新发现，来改变他们以前的生活方式，后来财富的出现助长了人们的野心，产生争夺和混乱，于是就有人"教人们去设立官吏职司，制定法典，使大家同意遵守法规"②；再后来发现了铁，出现了设防的城市、航海术等，各种技艺和知识也先后产生了。

卢克莱修的原子论思想，一扫罗马社会中宗教盛行、精神萎靡的气象，充满昂扬向上的精神气质，显得卓尔不群。

三、理性批判与辩论活动

我们从古希腊自然哲学家关于世界本原的探讨中可以看到，理性批判对科学和哲学的起源与发展有着极其重要的作用。从泰勒斯提出水是世界的本原开始，阿那克西曼德认识到这个判断的局限所在，而提出世界的本原是"无定形"，阿那克西米尼又在这个判断遇到困难的基础上，提出"气"为世界本原。可见，在科学和哲学思想的发展中，理性批判方法举足轻重。希腊哲学家苏格拉底则将这种理性批判方法自觉地运用到平时的辩论活动中，由此发展出助产术与讽刺术。

苏格拉底出生于雅典一个普通公民家庭。他早年继承父业，从事雕刻石像的工作，后来研究哲学。他在雅典和当时的许多智者辩论哲学问题，主要是关于伦理道德以及教育政治方面的问题。他被认为是当时最有智慧的人。

苏格拉底的助产术与讽刺术实际上是一体两面的，是同一种方法针对不同人的运用。苏格拉底自认为自己无知，然后找那些自认为很聪明、很有学问的人请教，以提问的方式揭露对方提出的各种命题、学说中的矛盾，以动摇对方论证的基础，从而使对方承认自己也是无知的。在诘问中，苏格拉底自己并不给予正面的、积极的回答，因为他承认自己无知。这种方式一般被称为"苏格拉底的讽刺"。而对于虚心好学的青年人，苏格拉底仍然采用这种诘问方法，使青年人在问答问题的过程中弄清自己的思路，进而使自己获得对所提问题的认识。苏格拉底从母亲的助产士工作中获得启发，也称这种方法为"助产术"。母亲接生的是婴儿，自己接生的是知识。柏拉图由之发展出"回忆说"，即灵魂在附着身体之后，由于身体的干扰和"污染"，使得它忘记了过去曾经观照到的东

---

① 卢克莱修. 物性论. 方书春，译. 商务印书馆，1981：326.
② 卢克莱修. 物性论. 方书春，译. 商务印书馆，1981：332.

西，只有合适的训练才能使它回忆起曾经的知识。①苏格拉底的这种方法，在西方哲学史上，是最早的辩证法的形式。

我们可以看到，苏格拉底在教学生获得某种概念时，不是把这种概念直接告诉学生，而是先向学生提出问题，让学生回答，如果学生回答错了，他也不直接纠正，而是提出另外的问题引导学生思考，从而一步一步得出正确的结论。"因此，这种教育不包含任何独断教条，它以一种'共同研讨'的方法，即对话为基础。"②苏格拉底的这种方法的日渐成熟与广泛应用，表征着希腊思想的繁荣和学术交流的高峰，由此形成的自由辩论氛围成为科学和哲学思想发展的重要条件。

第二节 古希腊理性精神的萌芽

在人类历史上，希腊人是第一次形成独具特色的理性自然观的民族，而这正是科学精神的基本因素。与之相对的是许多古老的民族，只有神话或宗教的自然观，他们缺乏对自然界的理性看法，自然界常被认为是混乱、神秘并且变化无常的。古希腊的自然哲学虽然也有神话与巫术的印记，但已经远远地超越了它们。早在雅典时期，杰出的自然哲学家已开始摆脱神学与宗教的束缚，与远古巫术与神话截然不同地用理性的自然观来研究自然。在长期的积淀后，先后形成了数学理性、逻辑理性与实验理性的萌芽。

一、数学理性的萌芽

数学理性的萌芽产生于毕达哥拉斯学派。毕达哥拉斯（Pythagoras，公元前585—前500，一说为公元前560—前480）是古代自然哲学的重要人物之一。毕达哥拉斯是古代大数学家，他的最重要发现就是众所周知的毕达哥拉斯定理（古代中国称之为勾股定理），以他为中心形成了毕达哥拉斯学派。毕达哥拉斯学派是一个具有神秘色彩的组织：一则因为它是宗教团体，有许多奇怪的宗教戒律；二则因为该团体成员所作之研究成果不得外传，否则会被处死；三则因为他们赋予某些数字特殊性质，这与占星术颇为类似。

亚里士多德在《形而上学》中概括了毕达哥拉斯学派的基本观点，即数是

---

① 赵敦华. 西方哲学简史. 北京大学出版社，2000：54.

② 莱昂·罗斑. 希腊思想和科学精神的起源. 陈修斋，译. 广西师范大学出版社，2003：154.

一切事物的本质，而宇宙的组织在其规定中通常是数及其关系的和谐，这就是说，宇宙中万事万物的结构、组织，都是由数和数的和谐关系所决定的，因此数可以代表宇宙中的各种事物。在毕达哥拉斯学派那里，数简直就是一种独立的存在。因为当他们说到一切对象由（整）数组成，或者说数乃是宇宙的要素时，他们心目中的数就如同我们心目中的"原子"一样。①他把世界的本质归结为数，如同米利都学派把世界本质归结为"水""无定形""气"一样，同是用理性来说明世界，不能简单地认为是唯心主义观点。

那么，毕达哥拉斯究竟根据什么提出他这种哲学观点的呢？他为何会达到这种抽象的地步呢？有些科学史家认为，他之所以提出数是万物的本质，也有他的现实依据。具体地说，有三个方面。

第一，他从经验中考察到，谐音与数有关系。关于这点，还有一个故事。有一次毕达哥拉斯路过一个铁匠铺，听到里面打铁的声音十分和谐悦耳。他经过观察、研究，证明这不同的声音不是因为使劲大小不同，而是由于锤子本身的重量不同所致。他研究了锤重与音程的关系，并对音程做出了数学解释。他还用弦做实验，证明了用三条弦发出某一个乐音及其第五度、第八度音时，这三条弦的长度比一定为 6∶4∶3。

第二，他的"数为万物本质"思想的另一依据来自几何图形。比如，以其名字命名的定理，证明了只要三角形三边之比是 3∶4∶5，那么这个三角形必定是一个直角三角形。这是他观察几何图形的结果。由此，他认为数支配着事物的性质。正如丹皮尔所说，毕达哥拉斯"企图在这种比例数体系基础上，来建立关于宇宙的理论"②。

第三，他认为天体的运行与数有关系。这一点不是观察的结果，而更多的是臆测。但这种臆测，与他对天文现象的观察也不无关系。梅森指出，毕达哥拉斯学派认为天体和中心火团的距离与音阶之间的音程具有同样的比例。③也就是说，天体之间的距离遵循着一定的"数的秩序"。

由以上三方面的研究，他得出了结论，认为数是支配万物的，是万事万物的本原。

在古希腊哲学的各大学派中，最先把数学不仅看作知识，而且试图作为一种理性方法的，首推毕达哥拉斯学派。毕达哥拉斯从"数是万物本原"的自然

---

① M. 克莱因. 古今数学思想（第 1 卷）. 张理京，等译. 上海科学技术出版社，2002：34.

② W. C. 丹皮尔. 科学史及其与哲学和宗教的关系. 李珩，译. 广西师范大学出版社，2001：17.

③ S. F. 梅森. 自然科学史. 上海外国自然科学哲学著作编译组，译. 上海人民出版社，1977：21.

观出发，不仅认为和谐的几何图形与数有密切关系，而且认为音乐的和谐也与数密切相关。他甚至猜想"全宇宙也是一个数，并应是一个乐调"。他提出数的德性应该是完全的、均匀的、和谐的，宇宙间存在数学上的和谐的假说。这就是"数学和谐性假说"。数学和谐性假说的提出，标志着数学理性的萌芽。

所谓数学理性，就是用数学模型的方法寻求对于自然界事物的本质和运动规律的理性把握，它和逻辑理性、实验理性一起，乃是希腊哲学的理性精神的重要组成部分。尽管作为数学理性雏形的"数学和谐性假说"存在本体论方面的问题，但是，如果把认识顺序颠倒过来，不是把数学模型强加给自然，而是从自然现象中抽取现象之中和谐的数学关系，那么，"数学和谐性假说"则具有重要的方法论的价值。事实上，它在科学史中的确发生了深刻影响。因为，既然和谐的宇宙是由数构成的，那么自然的和谐就是数的和谐，自然秩序就是数的秩序。这就使后世科学家为发现自然现象背后的数量关系、用对自然规律的定量描述代替定性描述而不懈努力提供了思想来源，而历史也证明这种思路也取得一次次重大的进展。

数学理性萌芽在古希腊的主要应用体现在作为天体运动基本定理的"柏拉图原理"上，即天体是神圣不变的永恒存在，其运动必定遵循均匀（匀速度）而有序（正圆形轨道）的原则。但是，实际上人们在地球上看到的"现象"，却是天体表观上的不规则运动。那么，我们如何使得这种表观上的不规则运动与柏拉图原理相符合呢？这就出现了"拯救现象运动"，即构造巧妙的数学模型，使天体看似混乱的表观运动（"现象"）得到所谓的"拯救"。但是，怎样才能够"拯救现象"，从而解释表观运动的不规则性呢？柏拉图没有也不可能做出回答，却启发了后世自然哲学家去揭示宇宙何以有序的数学模型。

在柏拉图奠定的数理天文学中的数学传统的影响下，他的学生欧多克斯、亚里士多德先后提出了 27 个天球和 55 个天球的同心球体系；而后，阿波罗尼乌斯和希帕克又分别提出"本轮-均轮"概念和偏心圆概念；最后到罗马时期，托勒密完成了天文学史上最完整的数学化的地心体系。

然而，数学理性在古代天文学和物理学中的地位并不相同。由毕达哥拉斯和柏拉图奠基的天文学家的传统，是把自由创造的数学模型强加到现象上去，以拯救现象；而与此形成鲜明对照的，由亚里士多德和阿基米德初步建立的物理学家的传统，则是从实际观测到的自然现象中抽出数学关系，以便解释现象何以如此。两种传统既相互对立，又彼此补充，并为近代科学中实验-数学方法的产生准备了条件。

二、逻辑理性的萌芽

亚里士多德（Aristotle，公元前384—前322）（图2-2）是理所当然的逻辑理性的奠基人。他是古代的天文学家、物理学家、气象学家、生物学家（主要是动物学家）、心理学家（当然是古代水平上这些领域的科学家），还是一个伟大的自然哲学家和逻辑学家。他创立了三段论及形式逻辑，在近代科学方法产生之前，这些古典逻辑对人类认识自然起过重要作用。据说，亚里士多德还研究过政治学、经济学和诗学。实际上，正是为了构造一个完整的自然哲学体系，他才广泛地涉猎和深入上述各个领域，并取得了辉煌的成就。他也是希腊哲学的转折性人物，因为"他是最后提出一个整个世界体系的人，而且是第一个从事广泛经验考察的人"[①]。

图2-2　亚里士多德

亚里士多德的具体科学贡献，首先是在生物学方面。据说他本人曾解剖过50多种动物。他观察的范围很广，如在厨房里看厨师解剖食用动物，在外科手术室看医生做大手术。正是在观察的坚实基础上，他编写了不朽的著作《动物志》。他对生命的定义是"能够自我营养并独立地生长和衰败的力量"。他最早提出鲸是哺乳类；他已经观察到昆虫的变态、鸡胚的发育；生物分类思想也从他那时开始提出，他把540种动物进行了分类。有些科学史家认为，亚里士多德在生物学上已达到对经验材料的某种程度的系统化。他写的《论灵魂》把生命活力分为三级：动物灵魂（感觉灵魂）、植物灵魂（生殖灵魂）、人的灵魂（理性灵魂）。

他在化学、天文学等其他领域也提出了有影响的自然哲学观点，当然也包

---

① S. F. 梅森. 自然科学史. 上海外国自然科学哲学著作编译组，译. 上海人民出版社，1977：34.

括很多错误的观念。比如地心说就是从他开始的，经过托勒密的完善与突破而统治人们思想1000多年。他反对原子论，否认有真空存在。此外，他在恩培多克勒四元素说的基础上提出了五元素说，即火、水、土、气加上第五元素——以太组成万物。前四种元素组成地球上的物质，它们各有自己的天然位置，重的在下，轻的在上，各种运动都是由于它们力图恢复自己的天然位置而引起的。至于第五元素，则组成天上的物质。当然，他把天上、地下的元素区分开，显然是错误的。

他的物理学一直影响到中世纪，乃至近代。比如，他反对原子论，否认有真空的存在。他第一次对运动做出表述，并且用在一定时间里物体在空间的运动路程表示速度，但没有上升为速度的一般定义。他的"落体运动法则"认为，落体速度与落体重量成正比，与介质密度成反比。[1]亦即我们通常所理解的，重物先落地，轻物后落地。过了1900多年，到伽利略时代，才把上述这些问题搞清楚。他的很多思想在中世纪后半期被宗教接受下来，而成为占统治地位的思想，并且束缚了近代科学的发展。

当然，科学方法是我们研究的重点。亚里士多德从长期对广泛的自然现象的研究经验中，概括出了关于科学研究程序和科学理论结构的重要思想。

（一）关于科学研究程序的思想

具体地说，就是亚里士多德著名的"归纳-演绎法"。亚里士多德认为，科学研究首先必须从仔细的观察开始（事实上他的不朽著作《动物志》正是对自然做长期经验考察的产物），经过简单枚举法或直觉归纳法而上升到一般原理；然后，再以一般原理作为推理的大前提，运用演绎法推论出需要解释的自然现象。这个程序如图2-3所示：

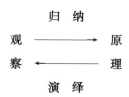

图2-3　亚里士多德的"归纳-演绎法"

---

① "但我们不敢肯定他是否希望这种比例关系在所有情况下都严格有效，也就是说，他未必接受后人经常归于他的结论：即在同一介质中，十倍重的物体将在十分之一的时间里走过相同的距离；事实上，在另一个类似情形中，他显然认为他所提供的比例仅在一定限度内有效。"参见爱德华·扬·戴克斯特豪斯. 世界图景的机械化. 张卜天，译. 商务印书馆，2015：36.

（二）对科学理论结构思想的贡献

亚里士多德认为，科学的目的就在于说明自然现象和低层次定律的原因，即试图用普遍性程度较高的定律，来解释普遍性程度较低的定律，直至经验观察结果。而要揭示不同层次的规律之间必然的因果联系，从而实现可靠的科学解释，唯有运用三段论（即以大前提、小前提及结论为全称肯定命题的推理方法）进行演绎推理方可能。于是，每门科学就成了用演绎法组织起来的一组陈述。不过，作为该门科学最普遍规律的"第一原理"不是演绎而来的，而是在观察中运用直觉或归纳得到的不证自明的公理。科学成为一个演绎系统。

从这些思想中可以看出"逻辑理性"的萌芽。所谓"逻辑理性"，就是运用形式逻辑方法（特别是演绎推理方法）以提供自然现象何以如此以及理论结构内部逻辑关系的理性解释。"逻辑理性"这一哲学信念集中体现在亚里士多德的"科学是演绎系统"的理想之中。它包括三个重要方面：第一，公理与定理有演绎关系；第二，公理本身是不证自明的真理；第三，定理与观察结果相一致。

但是，亚里士多德的理想在他的时代未能成为现实。尽管如此，他关于科学是演绎体系的理想，在后来欧氏几何学与阿基米德静力学中却至少部分地得到了体现，并在近代科学中得到了补充和发展。

三、实验理性的萌芽

提到实验理性，我们就不能撇开阿基米德（Archimedes，公元前 287—前 212）（图 2-4）。他是科学史上一位光辉人物，其最大特点是将科学家和工程师的双重身份集于一身，把观察、实验方法和数学方法结合在一起，因而贡献全面。他的方法论也很值得研究。

图 2-4 阿基米德

阿基米德的科学技术活动及主要贡献简要介绍如下。

第一，阿基米德把观察、实验、推理和数学方法结合在一起，奠定了静力学（包括流体静力学）的基础。众所周知，他用浮力原理和物体相对密度的观念，鉴别叙拉古王希艾罗的纯金王冠是否掺假。他使用类比、推理、实验等方法得出结果，其理论思维过程具有方法论意义。

此外，他从不证自明的公理和简单实验出发，得到杠杆原理（或重心原理）（图2-5）。实际上，用几何方法论证力学问题，是他的一个主要特点。他在《论平面图形的平衡》一文中曾经谈到，杠杆原理的论证，是借助抽象几何的量。

图 2-5　杠杆撬动地球

针对一个科学问题，首先提出假说，接着用演绎方法推出结论，然后用实验和观察方法加以检验，这就是实验理性的实质。显然，阿基米德作为西方实验理性的鼻祖，[①]是当之无愧的。而近代科学奠基人伽利略的实验-数学方法则是对实验理性精神的发展和完善。17世纪，伽利略的第一篇论文《小秤》正是把阿基米德发明的浮力原理和杠杆原理结合起来，用实验和精密计量揭开了王冠之谜。[②]

第二，作为一个工程技术专家，阿基米德发明了一系列高超水平的机械装置和仪器。比如，阿基米德曾经到当时的学术中心亚历山大利亚游学，就在那里他发明了至今仍在埃及农村使用着的螺旋提水器（螺旋泵，如图2-6）。又如，他制造的用水力推动的行星仪，包括日、月、地球和五大行星的模型，用它可以把包括日食、月食在内的天象演示出来。这些都说明他很熟悉力学和天文学。

① 魏佳音，李建珊. 也谈近代科学与古希腊文化的关系——与席泽宗先生商榷. 科学技术与辩证法，2003（2）：65-66.

② 板仓圣宣. 科学并不神秘. 何益汉，译. 科学出版社，1978：21-24.

另外，为了用机械力量转移重物，他还设计了由杠杆和滑轮组组成的"滑车装置"，使造好的船得以顺利下水。他甚至发出了这样的豪言：只要给我一个支点，我就可以撬动整个地球。

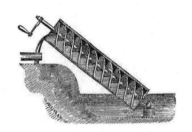

图 2-6　螺旋提水器

此外，在罗马人进攻叙拉古时，阿基米德所造的投石器，多次打中罗马人的战船；他所发明的大型聚光镜烧毁了不少敌人的战船，加之他发明的其他军用设施，使得叙拉古一直坚守了 2 年多。

第三，阿基米德还是数学分析的先驱。其主要工作之一，是用穷竭法（即近似求极限的方法）求面积和体积，这说明他是近代微积分思想的先驱。

此外，他还用内接和外切多边形的方法来测量圆周，通过逐渐增加多边形的边数，使其逐渐与圆周接近。他用这种逐渐逼近法证明了圆周长与直径之比大于 $3\frac{10}{71}$，而小于 $3\frac{1}{7}$。克莱因的《古今数学思想》对阿基米德用力学方法和数学方法求抛物线弓形面积评价很高，他甚至认为，在论证的严格性方面阿基米德比牛顿和莱布尼兹更高明。

总之，阿基米德是古时第一位、也是最伟大的一位近代型物理学家。文艺复兴时代的达·芬奇热切地搜集了阿基米德的著作抄木，这样一个事实足以说明他的贡献和方法是多么接近于近代的风格。

阿基米德是在罗马军队攻入叙拉古以后被一个罗马士兵杀死的。据说当时阿基米德正出神地在沙盘上画几何图形，思考数学问题，以至于没有听到罗马士兵的喝问，于是 75 岁的阿基米德被士兵杀害了，尽管罗马主将曾下令不许杀死阿基米德。阿基米德的死似乎也预告着希腊世界的命运，实际上，经过亚历山大利亚时期之后，希腊科学就开始衰落了。

三大理性萌芽的出现，标志着希腊思想进入理性思考的时代。而数学理性、逻辑理性与实验理性共同构成了科学中的工具理性，它们分别为科学知识的精确性、条理性和可靠性（实证性）提供保证。这种作为希腊文化精髓的理性精神，在人类思想史特别是科技文化史的发展中，经过漫长的孕育、发展与成熟，绽放出了绚烂的近代科学之花。

第三节　医学和天文学体系的建立

后世的科技革命正是在医学和天文学领域首先爆发的。实际上，希腊罗马时期的医学已经蕴含着客观观察的要素，但中世纪宗教的"洗礼"使这些科学要素受到遏制，由此引发了近代生理学重新阐发观察实验方法的革命。而这一时期的天文学在柏拉图原理的基础上，由托勒密完成了拯救现象运动，建立了历史上一个最重要的天文学体系，成为天文学理论的基本范式，乃至于哥白尼的日心说都没有摆脱这一范式的束缚。

一、希波克拉底学派

希波克拉底（Hippocrates，公元前 460—前 377）是希腊医学的鼻祖。其医学科学思想发展的成熟程度，可以说不亚于当时的天文学。从公元前 5 世纪开始，希腊已经有很多医学学派。每个学派都有自己的活动中心、组织机构等。其中最著名、最有影响的，就是希波克拉底学派。这个学派在希波克拉底死后，整理了《希波克拉底大全》这部 70 多卷的医学巨著。希波克拉底的医学思想和成就主要有以下几方面。

第一，注重临床观察和解剖实验。在希波克拉底之前就有一些进行手术和从事解剖的人，而他较前人突出的，是他对病人的临床记录十分详细，并且包括症状的判断。留存至今的有他的 42 个病案，其中包括一个开颅手术。此外，他对临近死亡的人的脸部证候的记录、描述是非常精细而准确的，这在医学史上被称为"希波克拉底脸"（即"死亡脸"，脸部具有他所描述的情况的，必死无疑。其中包括：鼻搧急，眼睛塌陷，耳冷、有光泽、紧缩，唇发青、松弛、外翻且冷……）。由此可见，依据可靠的观察是希波克拉底医派的一个重要特点。

第二，医学观点中的哲理。希波克拉底宣布，医学的目的不是研究神，而是研究人体和疾病。他在《神圣病论》（*Sacred Disease*）中说：我不认为疾病比其他事物更加神圣，它是一种自然的原因所致；人们说它神圣，是因为不了解疾病。他说，有人认为癫痫的起因是神魂附体，这是为了掩盖自己的无知。[1]

---

① 威尔·杜兰. 世界文明史. 幼狮翻译中心，编译. 台湾幼狮文化事业公司，1978：88.

相对于"鬼神致病论"，希波克拉底把当时自然哲学中的恩培多克勒四元素说应用到医学中来，提出了"四体液致病说"。他认为人体内有 4 种体液（血液、粘液、黄胆汁、黑胆汁），疾病就是由于这 4 种体液比例不协调所致，这是一种辩证的整体观。根据这种整体观，他认为疾病存在于全身，身体的任何一部分患病都可以引起其他部分的疾病。可见，他是用整体联系的观点来认识人体的生理、病理过程的。同时，他相信人有自身趋向平衡的能力，所以他属于自然疗法学派。虽然四体液说有不正确的、臆测的成分，但它促使人们对疾病进行客观研究，由此可以说希波克拉底是古代医学的先驱。

此外，他还有很多医学箴言，如"对一些人是美餐，对另一些人则是毒药""对于致命的病，要用致命的药"等，都体现了朴素的医学辩证法思想。

第三，讲求医德。如果说希波克拉底的许多医术和见解或许不大为人们所知，那么，作为医德规范的《希波克拉底誓言》却一直影响到今天。这个誓言以宣誓的形式，宣布了对医生的具体道德要求。誓言中写道，"我一定尽我的能力和判断力来医治和扶助病人，而决不损害他们"，无论是男人和女人，都不得摧残，也无论对自由人还是对奴隶，都要认真治疗。同时，它规定医生对病人的生活和家庭等情况必须保守秘密，不得向外人甚至自己的家人泄露。誓言还规定，"医学是所有技术中最崇高的"；"神圣的事业只能传授给神圣的人"。向那些冷酷无情、毫无良知的人，以及踏入这个科学事业而亵渎这个职业的人，来传授医学这门知识是不道德的。[1]医生要处处为病人的福利着想，要保持自己的一生和自己这一行业的纯洁和神圣。[2]

实际上，希波克拉底誓言至今仍然是西方医务界医德规范的基础和医务工作者的信条。1948 年美国教授莱瓦茵把这个誓言按现代医学的需要，改写成"近代医师誓约"，现在仍是美国医师的道德基础。[3]可见希波克拉底的影响之深远。在这个意义上，我们称他是医学伦理学的始祖，恐怕不算过分。

希波克拉底的医学成就，他的经验和传统，后来为古希腊医学的集大成者盖伦所继承，并加以系统化。这是医学史上光辉的一页。

二、盖伦

盖伦（Galen，129—199），是继希波克拉底之后的最伟大的古代医学家。

---

① 黑龙江省卫生厅. 医院管理. 1981（3）: 12.

② 丹皮尔. 科学史及其与哲学和宗教的关系. 李珩，译. 广西师范大学出版社，2001: 26.

③ 据日本医学博士三藤宽一文，见《医院管理》，1981（3）.

他到过亚历山大利亚，当过多年角斗士的外科医生，还当过御医。据说，盖伦一生中写过131部著作，流传下来的有83部。他所创立的医学知识和生理学知识体系对西方医学影响很大，他的学说在2世纪至16世纪期间被奉为信条。甚至到17世纪，德国有些医科学院还将他的著作当作教材。他的主要工作有以下几方面。

第一，他在实验生理学研究方面取得了很大的成就。盖伦进行过许多高等动物的活体解剖实验，在解剖学、生理学、病理学和医疗学方面发现了许多新的知识。其中，在活体实验中，他考察了心脏的作用，并对脊髓进行了研究。据著名科学史家萨顿（G.Sarton，1884—1956）说，这是古代最值得注意的两个实验。为了反驳一位医学家的错误见解，他还对泌尿系统做了很多实验。因为前者认为，高等动物和人的尿可以由膀胱流回到肾脏。盖伦通过一个简单的实验，先结扎尿管，再疏通尿管，结果发现尿液不能往回走，更不会流回肾脏。这是有目的的实验生理学研究，说明他不仅是个医学家，还是个古代生理学家。

第二，他继承了希腊医学的传统（主要是希波克拉底的成就），使古代遗留下来的医学和解剖学知识系统化，并形成了统一的医学学派。这个学派既重视临床经验，又重视系统的理论研究。

盖伦的影响不仅在于他是名医，也不仅在于他在实验生理学方面的贡献，而且还在于他形成了医学理论体系。盖伦依据亚里士多德的三级活力论（生殖灵魂、感觉灵魂和理性灵魂）和希波克拉底的四体液说，提出了灵气论学说。这个学说认为，人体由不同等级的器官、液体和灵气组成，第一级是肝脏、静脉血、自然灵气；第二级是心脏、动脉血、活力灵气；第三级是脑髓、神经液、动物性灵气；级别不同的体液各自可以流动，但不能产生循环。①如表2-1所示。

表2-1　灵气论

级别	器官	体液	灵气（元气）
一	肝脏	静脉血	自然灵气
二	心脏	动脉血	活力灵气
三	脑髓	神经液	动物性灵气

盖伦的医学理论体系的基础，是"动物元气"（animal spirits）的观念。他由此推出一些十分微妙的学说和理论，并且加以权威性的解释。他还认为动物

---

① 陈昌曙，远德玉. 自然科学发展史. 辽宁科学技术出版社，1984：26.

和人体的生理构造是上帝有目的地安排的。正如丹皮尔所说："他的有神论的心理态度既能吸引基督教徒，又能吸引伊斯兰教徒，也是他的影响巨大而持久的一部分原因。"①盖伦的医学理论统治医学界达 1500 年之久。

当然，从现代的眼光来看盖伦的医学与生理学的体系，从根本上说存在很多的问题。但是，在医学生理学知识上，尤其在实验和解剖方面的成就还是很大的，他对罗马以后医学的发展起了重要作用，不失为一名伟大的医学家。不过，在中世纪人们的眼里，盖伦的医学理论体系比他的自由探讨精神更为重要。在近代文艺复兴时期，他的医学生理学学说阻碍了生理学的发展（特别是他关于血液循环的错误理论），直到哈维鼓起勇气把它抛在一边为止。

三、托勒密的地心说体系

托勒密（Claudius Ptolemy，85—165）是古代著名的天文学家、地理学家和数学家。他对光学也有研究，据丹皮尔说，他研究过折射，包括大气折射。此人生平事迹不详，只知公元 127 年至 150 年间他在亚历山大利亚图书馆里工作过。他的主要贡献有三方面。

第一，他总结和系统化了古希腊以来的天文学的理论，特别是对希腊化时期希帕克（Hipparchus，约公元前 126—前 61）等人的天文学研究成果和观测数据；提出了完整的地心体系，这反映在他的名著《天文大全》（*Almagcst*，也称为《大汇编》《至大论》或《伟大论》）里。这本书可以说是古代天文学的百科全书。托勒密的地心体系是古希腊传统最系统的天文学理论，尽管这个体系从根本上是与事实不符的，但是，他的地心说体系仍是人类精神构造的一个精美体系。托勒密把观测的结果和数学计算模型统一了起来，是柏拉图"拯救现象"科学传统的典型代表。托勒密为了描述星体运行，设计了很多实际上不存在的几何假设，包括偏心圆、本轮、均轮，目的就是解决数学模型与观测的矛盾。同时，他还编制了包括 1023 个恒星的星表。正因为如此，我们说这个体系的提出，是个伟大的科学成就。

第一个体系是"同心球体系"。在天文学史上，继亚里士多德提出地心假说以后，作为理论假说的一个地心体系的提出者是克尼多斯的欧多克斯（Eudoxus of Cnidos，柏拉图的学生，约公元前 403—前 355），他认为地球是万物的中心，太阳、月球和行星都在同心透明球体中绕地球而运转。这就是所谓"同心球体系"。

---

① 丹皮尔. 科学史及其与哲学和宗教的关系. 李珩，译. 广西师范大学出版社，2001：50.

第二个体系是丕嘉的阿波洛尼乌斯（Apollonius of Perga，约公元前 247—前 205）设计的本轮–均轮的方案，它较好地解决了行星明暗变化问题。根据这个方案，行星在一个较小的圆周（本轮）上做匀速运动，它的圆心在一个较大的圆周（均轮）上绕地球运转。如果行星的速率在本轮上比在均轮上快，从地球上就会观察到表观的逆行运动。由于逆行只当行星在本轮的内侧时才发生，这时它离地球最近，所以显得最亮。

第三个体系是希帕克提出的偏心圆和本轮–均轮体系。即地球 E 不在均轮的圆心 C 上，而离圆心 C 点有一定的距离，故称偏心圆（图 2-7）。

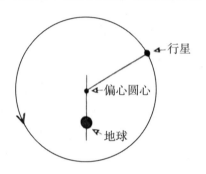

图 2-7　偏心圆模型

（詹姆斯·E. 麦克莱伦第三、哈罗德·多恩：《世界史上的科学技术》，上海科技教育出版社，2003：96）

托勒密的体系正是建立在这个方法论基础上的。托勒密把宇宙描绘成以地球为中心的八重天球结构（图 2-8），它们由里层向外层逐次排列的顺序为：月球天、水星天、金星天、太阳天、火星天、木星天、土星天、恒星天。他用了近 80 个圆周来解释天体的表面运动，数学严密、论证完整。同时，他还观察了不少新天文现象，如月球运行中的二均差等。他的宇宙论体系统治了 1400 年之久。正像克莱因所说："在整个希腊时期没有任何一部著作能像《大汇编》那样对宇宙的看法有如此深远的影响，并且除了欧几里得的《原本》以外，没有任何别的著作能获得这样毋庸置疑的威信。"[①]由于他的体系在数学上的严密性，在哥白尼之前，没有什么人提出像样的、足以与之抗衡的其他天文学学说。

---

① M. 克莱因. 古今数学思想（第 1 卷）. 张理京，等译. 上海科学技术出版社，2002：182.

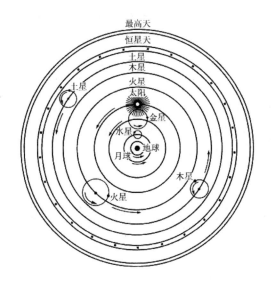

图 2-8　托勒密宇宙体系

（李良：《探索宇宙奥秘》，河南科学技术出版社，2002：85）

　　第二，托勒密还是古代地理学成就的一个重要汇总者。据美国地理学家詹姆斯（P. James）1972 年出版的《地理学思想史》记载，古希腊的荷马、泰勒斯、亚里士多德等人，都进行过地理学的研究。荷马这个生平不明的诗人的第二部史诗《奥德赛》就是对当时已知世界的边远地区的地理记述，因此他被推崇为希腊地理学的祖师。但是，古代地理学最著名的著作还是托勒密的《地理学指南》（ *Guide to Geography* ），这部著作在整个古代乃至近代历史上都产生了巨大的影响。

　　《地理学指南》共 8 卷，第 1 卷讲地图投影，即绘制地图的方法。第 2 至 7 卷是关于地球上 8000 多个地方的纬度与经度的表格。第 8 卷是根据地名词典制成的世界各部分的地图。这是当时最完整的世界地图，北起俄罗斯本土，南到非洲中部的尼罗河发源地，西起直布罗陀海峡，东到马来西亚半岛及中国海岸。这样大面积地图的出现，也与罗马人的军事、商业活动密切相关。另外，他对地理学的认识，也富有哲学思想。在理论叙述部分，他把"地方志"与"地理学"明确区分开来，他认为"地方志"是对一个地方的个别描述，注意地区性的细节，如山岗、村落、河流的支系，并不讨论它们在全局中的位置；而地理学是地球已知部分的一般特征的学问，它要以地图的形式，把已知世界当成整体来描述，仅仅包括普遍意义的东西，如海湾、大城市、主要河流等的位置和性质。他强调：地方志更多的是涉及质，而不涉及量；地理学则注重于量，注意地方之间距离的正确比例。另外，他根据希帕克的资料，认为印度洋的南面被一块未知的南方大陆所包围。这块实际上不存在的大陆直至 18 世纪才从地图上被抹掉。

此外，托勒密在对天文学和地理学的研究中，运用并发展了数学，特别是球面三角学的知识。他很早给出 π 的形式；在天文学中还把"度"划分为"分"和"秒"等。

第四节 希腊罗马技艺的发展

一、古希腊手工业的发展

在古希腊繁荣时期，不仅产生了自然哲学的萌芽，同时，以技术形态出现的经验知识在手工业、工程、建筑、农业等方面也获得广泛的发展。古代希腊在一定程度上是与铁器时代同时发展的。希腊社会生产力增长的一个主要因素就是铁矿的普遍开采与广泛使用。同时希腊人还学会了生产黄铜，并能够从含银量 2%以上的铅矿中提炼出白银，而后来的罗马人则学会有规模地开采锡矿并将白银的开采极限降低到 0.002%—0.01%。

进入铁器时代后，手工业发展起来了。在古希腊，高效的铁制工具最终代替石器，不仅改进了农业耕种，也使得发展各种手工技术成为可能。一般说，希腊哲学家轻视实践，手工技艺是在工匠之间传播并发展的。据希腊文献记载，当时除石匠、木匠、陶工与青铜匠外，还有铁匠、金工、纺织工、制绳工、桶匠、矿工、筑路工、象牙雕刻工、金属雕刻工、绣工与塑像工等，而雅典最著名的手工业技术则是制革、酿酒、榨油、造船、武器制造、建筑等。人们还发明了杠式压机用于挤压橄榄与葡萄，发明螺旋状压机用于挤压油籽、织物或从草本和根茎中制取油料。

雅典时期，梭伦（Solon，约公元前 639—前 559，当时的执政官）改革之后整个社会重视手工技艺，出现了许多发明家。据萨顿的《科学史》记载：格劳卡斯（Glaucus，约公元前 550 年）学会了焊铁；萨摩斯人提奥多劳斯（Theodorus，约公元前 530 年）发明了水准器、三角规、杠杆与原始的车床，安纳查西斯（Anarcharsis，约公元前 592 年）发明了风箱，改进了铁锚与陶工用的转轮；同时希腊工程师为了使向高地提水这种繁重的劳动机械化，他们制成了精致的水库轮、有分隔空腔的提水轮等。

但是，即使是梭伦改革之后长达 200 年期间，工艺技术与上流社会文化仍然格格不入，人们视工艺为耻辱，甚至连哲学家们论事时一旦取工艺为例，也会为人耻笑。所以，在雅典时期出现苏格拉底、柏拉图那样极端轻视实践的学派，决非偶然。这种状况在下一个时期才有较大改观。

二、希腊化时期的工程学派

亚里士多德之后，渐有学者认识到工艺的重要性，如吕克昂学派的主持人之一狄奥弗拉斯图（Theophrastus，公元前 372—前 287），建议科学家用工艺过程解释自然现象。他还在学园里规定，必须参考手工艺的方式进行研究，主张在自然过程和人工过程之间寻找相似之处。这实际是强调实验在科研中的重要作用。应该说，狄奥弗拉斯图的这条规定开启了科学研究的新纪元。

亚历山大利亚时期，科学已从思辨向实用与经验方面倾斜，在亚历山大城外树起的 3 层共 100 多米高的法罗斯岛灯塔就是一个标志，工程技术的地位已具有了一定的地位。在亚历山大利亚时期，古希腊涌现出一批技术发明家，并形成了一个以克达希布斯（Ctesibus，约公元前 285—前 222）为首的工程学派。据说他曾造出压力泵和用水推动的风琴、水钟，并设想利用金属弹簧或压缩空气制造攻城用的石炮，但没有成功。

工程学派的著名代表人物希罗（Heron，约公元前 150—前 100）发明了虹吸器、测温器、空气压缩机和蒸汽球。但限于当时社会生产力的水平，它只能作为一种高级玩具供有闲者玩赏。

另外还出现了一批军事机械。亚历山大大帝促进了战争的机械化，在马其顿诸王的编年史中，记载了大量使用机械掩护进攻与撤退的战例。据说早在公元前 400 年，亚历山大利亚的第奥耐西奥斯就发明了一种能连续发射数支箭的投掷器，并于公元前 397 年协助叙拉古击退敌人的进攻。一些工程师诸如塔克提克斯（公元前 300 年）、泰西比奥斯（公元前 250）都撰有类似的专著。值得注意的是，此时期的技术发明已有了如下特点。第一，所发明的已不再是单一的器物，多是由许多零件组装起来的简单装置。第二，有些机械已开始用各种自然力（主要是水力）作为动力来源。第三，发明过程中初步运用了一些物理学原理。①由此可见，这一时期古希腊的工程机械技术已达到了相当的水平。

---

① 关士续. 科学技术史简编. 黑龙江科学技术出版社，1984：45.

三、罗马时代的技术

基督教和罗马帝国对科学的摧残，确实导致了希腊自然哲学的衰落，但罗马的学者和工程师们在科学上，特别是工程技术方面仍然取得了一系列成就。罗马的科学著作家的主要工作还是收集希腊前辈的研究成果。正如科学史家梅森所说：罗马人把希腊科学的内容搬过来，却没有吸取希腊科学的方法。因此，他们的科学著作往往像卢克莱修（Lucretius，公元前95—前55）的《物性论》那样以哲学为主，或者像老普林尼（Pliny the Elder，23—79）的《自然史》一样，大部分是经验的总汇。罗马时期科学发展的另一特点，就是十分注重实用，特别是在工程技术和医学方面做出了较大的贡献。最值得一提的是这一时期与建筑工程相关的成就，举世闻名，例如供水系统、公路（还有存留至今的宽广大路遗址）、桥梁和公共建筑等，从古罗马时期角斗用的大剧场的遗址仍然可以看出其建筑的宏伟和壮观。

（一）罗马时代的建筑

建筑常常可以当作技术水平和社会发展的一面镜子。罗马建筑在继承希腊建筑的基础上，把世界古代奴隶制社会时期建筑推到最高峰。位于罗马广场的神殿、会堂、柱廊与拱门，庞培的第一石造大剧院、帝国繁荣时期的凯旋门、记功柱、会场、浴场、剧场和容纳5万观众的罗马大圆形斗兽（图2-9），都以其宏伟与豪华多姿说明了这一点。古罗马建筑的形式特征是石结构的旋柱建筑。建造拱券顶或穹顶（称为发券）以及它们的巧妙结合，是罗马建筑的固有形式。罗马人除了发券技术成熟外，还采用一种天然混凝土材料，其成分主要是火山灰，加入石灰、碎石等后其凝结力增强，坚固而不透水。罗马建筑的极盛期是公元1世纪至4世纪的罗马帝国时期，这时的罗马占领了地中海周围最富饶、

图 2-9　罗马斗兽场

最发达的地区，集中了所有的曾经创造过古代文明的西方国家中高手工匠与设计师，还有在战争中俘获的大量奴隶给建筑提供了充足的劳动力，这是它获得建筑成就的主要原因。

（二）罗马时期的供水系统

古典世界的人们很了解供水的重要性，在迈锡尼时代希腊已建立城市供水系统。由于希腊医生强调优质水源对城市居民健康的重要性，古希腊人建成一些沟渠向城市提供优质饮用水与洗浴用水。同时希腊工程师还学会用虹吸管穿过水源与城市间的深谷，并在帕加蒙渠中（公元前 179—159 年）得到应用。罗马人使沟渠系统更加完善，将之发展为包括贮水池、导水道、公共浴池、喷泉和排水道在内的庞大供水体系，并能测量用水量以进行收费。关于罗马时期的供水系统，还必须提到的是大型引水渠道（即水道，图 2-10）。这种高架引水渠道是为古罗马统治者供应生活用水而建造的。

罗马水道有两个突出的技术成就：连拱结构与混凝土。为了使水渠跨越低地，采用了长连拱，罗马城附近现存的一段连拱长 1372 米，有 153 个拱，高约 12 米。在特别低的地方，还采用了多层连拱技术，有些地方的 3 层拱桥高达 49 米。在引水工程中，他们大量使用在水中能够快速凝固的高强度、不透水的硬性混凝土材料。同时还采用了虹吸技术和筑坝蓄水技术等。古罗马人熟知水的控制与试验方法，对沟渠经常进行检查并有专人维护。引水工程不但在罗马城有，在罗马统治的法国与北非也有，除了可以为城市供水，还可以为农田灌溉。

图 2-10　法国尼姆水道

公共浴场规划包括一个空阔的大花园，其周围是俱乐部用的配房，浴室建在花园中央或后面，其主体建筑有三大浴室：冷室、热室与温室，有小浴室若干，还有庭院。罗马式浴室从较大的私人住房里的浴室到公共浴场，规模不一，其基本特征是：一个供应冷热水的完备的系统；浴室的热池及温池的热源，由地板下烧火，使烟和热空气通过空心墙来供应；浴室里有足够的温水盆与冷水盆。

（三）"条条道路通罗马"

罗马帝国为了在广阔的疆域内巩固自己的统治，还大兴道路工程。维特鲁维（Vitruvius，公元前 1 世纪末）在其著作《建筑学十讲》中，不但把当时建筑学知识汇集起来，而且对筑路技术做了详细的论述。这时的罗马道路系统与前人设计的有很大的不同。古代人在某些地方用天然石板覆盖他们城市的街道路面，希腊人也这样做，他们搞平道路，并在岩石面刻出人工的轮辙。但罗马人在修筑人造道路时尽可能先挖出路基槽，道路由四层组成，并有固定的排水沟。这样的公路绵延数千公里，为行进的军队、商队提供了方便与安全的通道。罗马公路系统成为地中海地区宏伟的古代交通运输网。罗马公路的特点是路直，路基坚实，路面呈拱形以利排水，材料为火山混凝土。罗马公路系统为罗马的征服与统治创造了条件，并为后来的民族大迁徙与基督教的传播提供了便捷。罗马时代的道路如此之便利，直到铁路的出现，人们旅行的速度才超过了它。

（四）农业及其他技术

在漫长的农业生产实践中，罗马人总结了栽培作物与饲养家畜的经验，并着手进行了研究与论述。加图（Cato，公元前 234—前 149）的《农业志》记载了公元前 2 世纪罗马人从事农业与畜牧业的技术与情况。瓦罗（Varro，公元前116—前 27）的《论农业》分 3 篇分别讲述了谷类、豆科作物、橄榄树和葡萄的栽培法，以及牛、羊、猪、马的饲养法和各种小动物的饲养法。罗马帝国初期，维吉尔（公元前 70—前 19）的《农事诗》记载了休耕、轮栽、施肥、整地、耕作和种子的处理技术。由此可知，罗马的农业已有相当的发展了。与此同时，不论罗马还是希腊，纺织业都是一种家庭手工业。奥古斯都皇帝及其妻女都以自行解决穿衣问题而自豪。在实用技术上值得一提的还有玻璃的应用，由于叙利亚发明了玻璃吹制法，使玻璃成为十分重要的材料，亚历山大利亚建立了玻璃厂，罗马人在公元前 20 年开始生产玻璃，到公元 2 世纪，玻璃的使用相当流行。

第五节　独特的中国古代科技

随着社会的进步与发展，古代中国社会分工逐步细化，产生了专职从事社会管理、文化、科学事业的脑力劳动者。在先秦时期，社会的动乱，自然知识的起步，加速了原始宗教的衰落，从而又促进了人们对自然界和人类社会进行新的探讨。在科学思想方面，主要表现在天道自然观的建立、阴阳五行说和易数学的时空观的出现等。这些科学思想基本奠定了中国古代科技的大格局。与科学思想的发展交相辉映，人们在天文学、医药学、地理学、农学及工艺技术等方面都取得了举世瞩目的成就。

一、天人合一与阴阳五行

中国古代科学与西方科学的根本不同在于自然观的差异，或者说在于人与自然的关系的不同。

西方文化将天与人置于对立状态，强调人要征服自然、控制自然。西方古代科学寓于对自然的探求之中，因此西方在古希腊时期就产生了伟大的数学家毕达哥拉斯、欧几里得，著名物理学家与工程师阿基米德等。并且积累了许多自然科学的材料和成果，为自然科学摆脱宗教神学的控制奠定了基础。即便是宗教与神学统治下的欧洲中世纪最黑暗的时代，也遏制不住人们对大自然奥秘的探索热情和精神，这些都为近代科学革命的兴起奠定了基础。

中国的天道自然观认为，自然界的那些现象并不体现神的意志，天是自然之天，天是日月星辰运行法则，从而反对神意史观。与之相对的是"天人合一"的人与自然关系的观念，即把自然人格化，人格自然化，把人的精神消融于自然界之中，人与自然和谐地共存与演进。这种自然观的建立是先秦诸子集体智慧的结晶。当然，在不同的思想家和哲学流派中，对天人关系的理解和追求也不甚相同，我们以儒道两家为代表做一说明。

道家对自然现象做了较多、较为深入的观察，认为天地是无所谓仁慈的，它"以万物为刍狗"（《老子》第六章）；道生万物，但它对待万物的态度却是"生而不有，为而不恃，长而不宰"（《老子》第五十一章）。万物都各有自己的本性，因而也都有各自的生存方式，各自的存在价值，"万物皆种也，以不同形相禅，始卒若环，莫得其伦"（《庄子·寓言》）。因此，道家的自然观认为，一切自然现象，都只是那些与该现象有关的事物的本性造成的，它们不体现别的意义，当然也不体现神意。①

相应地，在人与自然的关系问题上，道家认为自然本身便是一种完善的状态，而不必经过人化，人化的过程是对自然美的理想状态的破坏。在人生哲学上，道家主张"因任自然，超越羁绊"；在修身、养生问题上，取法自然，主张

---

① 李申. 中国古代哲学和自然科学. 中国社会科学出版社，1989：91.

"吾所谓臧者，非所谓仁义之谓也，任其性命之情而已矣"（《庄子·骈拇》），"牛马四足，是谓天；落马首，穿牛鼻，是谓人。故曰：无以人灭天（自然）"（《庄子·秋水》）。

与道家把关注的重点放在自然（天）之上不同，儒家将自然（天）视为前文明状态，强调自然只有人文化，才能获得自身价值。儒家强调的超越自然，化自然为人文，主要是指化天性为德性，意在达到道德上的完美。在强调德性的同时，表现了重人文轻自然的弊端，缺乏对自然知识的探究。

作为共同建构了中国传统文化基石的儒道两家，尽管其对天人关系的态度有差异，但二者在相对互补、融合与发展过程中所呈现的天人合一思想的主导倾向是清楚的，天人关系绝不处于对立状态。孟子认为人和天是相通的，人的善性是天赋的，认识了自我的善便能认识天；庄子则强调人和自然的一致性，强调人应顺应自然。这些观点虽然有区别，但都夸大了人和自然的一致性而忽视了它们的区别和对立，即老子所说的"人法地，地法天，天法道，道法自然"（《老子》第二十五章），力图探寻人和自然的相互沟通融合之处，以求得人和自然的和谐一致。因此，儒道两家的终极关怀是一致的，即人、自然与社会的和谐。

阴阳五行说由阴阳说和五行说两部分构成。"阴"与"阳"二字起源甚早。甲骨文中已见"阳"字；金文中又有阴阳连用。阴阳作为一种概念，最早出现在《诗经》当中，当时只是一种方位概念，并无玄学色彩。但在春秋战国时期的许多著作中，阴阳概念已被作为一种哲学概念应用了。例如，在老子《道德经》中就指出了"万物负阴而抱阳"（《老子》第四十二章）。阴阳说认为宇宙间的一切事物和现象都存在着阴阳相互对立的两个方面。它们相对存在：阴中有阳、阳中有阴；在此为阴、在彼为阳。以人体论，在内为阴，在外为阳。因而五脏为阴，六腑为阳。此外阴阳还是可以互相转化的。物性不可太过，过则生变，即《素问》说的"重阴则阳""重阳则阴"。阴阳两种属性的相对均衡，是使事物保持正常状态的条件，不均就要生变。以气候论，阴盛则多雨，阳盛则亢旱；以人体论，阴盛则生寒疾，阳盛则生热疾等。

战国秦汉时代的人们认为，自然界的运动，特别是气候的变化，日夜交替，四季代换，都是阴阳二气的运动。阴阳二气的运动，一年一循环，循环的起点是冬至。从冬至开始，阳气从地下萌动，然后逐渐升上地表，开始一年一度的循环运动。与气的运动相伴，是万物的生长老死；与物的生长老死相伴，是人的春种夏耘秋收冬藏。这是当时人们心目中的一幅完整的世界图像。

与此同时，另一个哲学概念五行说也发展起来，并且与阴阳学说相互影响、相互融合，形成了中国哲学史上的基本概念，并成为中国文化的基本骨架。从文献上来看，"五行"一词，最早见于《尚书》。《尚书》言及"五行"者，一是《甘誓》，二是《洪范》。但有学者认为《洪范》所谓"五行"，即是我国古代文献中频繁出现的"五行"一词之本义。五行论认为世间一切事物由木、火、土、金、水五种元素构成，各自具有曲直、炎上、稼穑、从革、润下的属性，酸、苦、甘、辛、咸的滋味。五元素相互间有生、克、乘、侮的关系：按木、火、土、金、水的序列相生——木生火、火生土……按木、土、水、火、金的序列相克——木克土，土克水……五行虽相克，不可太过，太过则生乘侮。如木能克土，又被金克，这是正常情形。若木性太过，不仅克土，土性完全被木性所掩，看不到土性，称为土被木乘。同时金非但不能克木，反而被木所克，称为木来侮金。若木性不及（太弱），就会被金所乘，遭土来侮等。五行本身也分阴阳，如木、火为阳，水、金为阴，而土分旺四季，即分配入其余四行，入木随木，入火随火……古人利用这套理论解释各种自然现象，取得了可观成效。

从古代农医天数等学科的发展上看，中国古代科技的研究发展受到了古代传统哲学诸如"天人合一""阴阳""五行"等哲学思想的深远影响，并由此形成了具有自身特色的整体观和方法论。我们在下一节中具体描述这些学科的发展。

二、科学思想的萌芽

（一）天文学

这一时期我国天文学的主要成就是观测资料的积累和宇宙论的形成。由于农业生产以及政治统治的需要，我国很早就设专职天文官员，如在距今 5000 年前的黄帝时期，天文官职名为"当时"[①]。这种设立天文官员的悠久的传统，使得我国有最详细而系统的天文观测记录，不幸的是由于战争全部失传了。今知的早期天文观测记录主要是由"记载不详时期"的资料保留下来的，包括彗星、日月食、新星、超新星、恒星、行星等内容。虽是吉光片羽，却十分珍贵。世界上最早的星表也出现在我国。约公元前 360—前 350 年间，战国时期的甘德和石申分别著有《天文星占》和《天文》，二书都记载了周天星名和星度，还绘有星表（单个星宿的图式），可惜这两部著作都已散佚了。今传《甘石星经》是后人辑本。

---

① 梁启超. 诸子集成（卷五）. 上海书店影印本，1986：242.

历法是中国古代天文学的主要部分，在二十四史中有专门的篇章，记载历代历法的资料，称为"历志"或"律历志"。我国古代历法之多为世界首位，前后共有100多种。从黄帝时期到汉朝以前，根据《汉书·律历志》和《开元占经》的记载，共有过黄帝历、颛顼历、夏历、殷历、周历、鲁历，合称"古六历"。有人认为大约春秋中期，我国历法已大致确立了19年设7个闰月的原则。

汉武帝元封七年（公元前104）制定《太初历》，是今知的我国第一部有确切年代的成文历法。汉成帝时刘歆作《三统历》，对五星行度的测定更加准确，在此基础上制定了岁星超辰法。东汉章帝元和二年（85）改行《四分历》。东汉灵帝光和年间（178—184），谷城门侯刘洪制定了《乾象历》，首次有意识地减少回归年的长度以提高历法的精度。此外，《乾象历》的第二项改革是考虑到月亮运行有迟疾，用"损益率"（实行度与平均行度的差）、盈缩积（从近地点以来的实行度数与平均行度数）两个参数计算定朔，使预推日月食的标准性提高了。魏晋南北朝的历法重要的有以下几家：后秦时（384—417）采用的姜岌三纪甲子元历；北凉元始元年（412）采用的"元始历"；刘宋元嘉二十年（443）颁行的何承天"元嘉历"，祖冲之于大明六年（462）所献"大明历"等。祖冲之"大明历"是我国第一部计入岁差的历法。

古代中国人民依靠自己的勤劳和智慧，积累了丰富的天象观测资料，并形成了中国古代的宇宙理论，主要有盖天、浑天、宣夜三家，后又有昕天、穹天、安天三家，即所谓的"论天六家"。若再加上王充的平天说，就有七家，但主要的是盖浑二家。盖天说主张"天圆如张盖，地方如棋局"①，其基本观点是，天像斗笠覆盖在上，地像盘子倒扣在下，二者呈平行的拱形，即所谓"天象盖笠，地法覆盘，天地各中高外下"。②（图2-11）浑天说的代表人物是张衡（78—139），其基本观点是，天和地的结构就像一只鸡蛋，天是浑圆的壳包在外，地像蛋黄一样被包在内，即所谓"浑天如鸡子，天体圆如弹丸，地如鸡中黄……天之包地，犹壳之裹黄"。③（图2-12）可见，盖天论、浑天论两家都认为天是一个有形的硬壳，具有有限的高度。

① 房玄龄，等. 晋书·天文志. 中华书局，1974：150.
② 房玄龄，等. 晋书·天文志. 中华书局，1974：150.
③ 张衡. 浑天仪注. 晋书（卷十一·志）第一册. 中华书局，1965：150.

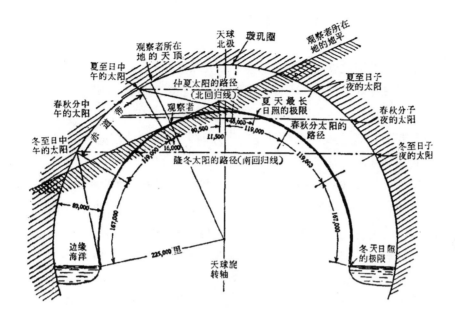

图 2-11　盖天说世界图式复原图

（陈美东：《中国古代天文学思想》，中国科学技术出版社，2007：145）

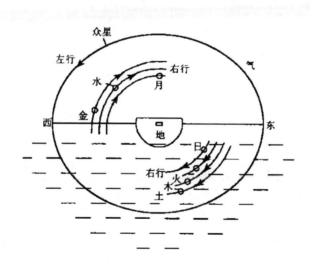

图 2-12　张衡浑天说

（陈美东：《中国古代天文思想》，中国科学技术出版社，2007：214）

　　以盖天说和浑天说为代表的古代宇宙理论的共同课题是探索天地的形状，研究天地之间的关系。虽然在理论上没有达到西方天文学的形式化程度，但有一点是相同的，那就是从不同的途径，用不同的方法来研究天地的关系，最后都得出了天尊地卑、天贵地贱的哲学结论。

（二）医学

春秋战国到南北朝是中国医学体系形成并发展的重要时期。在医学领域，由于排斥了鬼神观念的干扰，使人们能够从自然界与人体的相互作用中去寻找病因，寻求治疗的方法。这种精神不仅导致了战国时代医学的迅速发展，而且由于这种精神出现在我国医学理论的形成时期，因而使它成为医学的传统精神，为我国后来的医学发展准备了思想条件。

中国历史上出现的《黄帝内经》《伤寒杂病论》《神农本草经》，均被认为是中医的经典著作，如同儒家之于"五经"一样不可替代；扁鹊、华佗等名医则被尊为医祖、医宗。如今发现的最早的医书是马王堆医书，共 6 种：《足臂十一脉灸经》《阴阳十一脉灸经》《脉法》《阴阳脉死候》《五十二病方》《导引图》。研究者认为是公元前 5 世纪以前的著作。从内容看，以下信息都说明它们是中医初期的著作：十一经脉；灸刺不论穴道，只说身体部位；中药不按斤两，以三指撮、五指撮、束、绽计量；《五十二病方》中祝由方占有 14% 以上。但是中医疗病的若干原则，如外病内治，攻实补虚等理论都已确立下来。

到战国时产生的《黄帝内经·素问》已大不相同，它有完善的医学基础理论——阴阳五行论，有完备的解释病理和医理的荣卫、经络学说，诊断法有问诊、五色诊、切脉法，治疗法有针刺、灸治、药治等，表明中医的体系已经确立。

东汉内科名医张仲景著有《伤寒杂病论》和《金匮要略》，前者声名最著，是汉以前中药疗法的总结（图 2-13）。我国用汤药疗病，从诊断、治疗乃至对病理的基本认识都与西医不同，这些特征赖《伤寒杂病论》揭示并保留下来。书中还总结了诊断中分辨症状的 8 条原则：寒、热、虚、实、上、下、表、里，称为"辨症八纲"；还有治疗的 8 种方法：吐、消、温、补、汗、和、清、下，称为"治病八法"。这些理论和方法，成了中医的金科玉律。元朝名医李杲说"仲景书为万世法""号群方祖"，这是确评。

我国现存最早的本草著作是汉代的《神农本草经》（图 2-14）。一般认为其成书年代是西汉，称"神农"不过是假托而已。《神农本草经》是我国药物学史上对药物的第一次比较全面、系统地分类著录的著作。它是我国战国、秦汉以来对药物、矿物知识的总结，对后世药物学的发展影响很大。

图 2-13　《伤寒论》书影

（王兴文：《图书中国文化·科技卷》，吉林人民出版社，2009：48）

图 2-14　《神农本草经》书影

（王富春、赵宏岩：《图书中国文化·中医中药卷》，吉林人民出版社，2009：16）

　　这期间的重要医学家还有扁鹊和华佗。扁鹊名秦越人，约公元前 5 世纪人，对医学的主要贡献是发明了切脉术。《史记·扁鹊仓公列传》说："天下言脉者，由扁鹊也。"华佗（约公元 145—208）是外科学的祖师，今安徽亳州人，早年业儒，曾游学徐州，兼通数学和养生，史书说他年且百岁，犹为壮容。他一直在民间行医，医术很有特色，用药不加称量，随手撮合。针不过一二穴，灸不过七八壮。特别精于外科，能为人剖腹湔肠。使用的麻醉剂名"麻沸散"，有人推测是用雌麻花配制的，也有人认为是用乌头、曼陀罗花配制，对后世有很大影响。阿拉伯约自公元9世纪进入医学的全盛期，并使用麻醉剂，研究者认为可能是从中国传入的。华陀还编制了一套"五禽戏"，模仿虎、鹿、熊、猿、鸟的动作达到健身目的，开创了我国保健体操的先河。

（三）地理

中国最早的地理著作要数《尚书·禹贡》和《山海经》，还有《管子》等书中的部分篇章。《禹贡》记述了九州土地、物产和名山川；《山海经》则是战国人辑录的古代神话，也有许多地理知识，真假杂糅，瑕瑜互见。《管子》书中的《地员》篇主要讲地下水位与土壤植被的关系，地面植物的垂直分布以及土壤分类的情形，属于自然地理范围；《地数》篇记述天下水陆道里，与《山海经·中山经》及《吕氏春秋·有始览》所记数目相同，大约反映了战国时期北方地区对天下大小的认识。与地理学有关的还有《尔雅》《吕氏春秋》《周礼》的部分章节。

我国是世界上最大的地震区之一。《吕氏春秋》所记载的发生于公元前1177年的地震，是我国目前所知的最早的地震记录。为了和地震做斗争，古代劳动人民除了进行理论分析外，还通过亲身体验和观测，记录了大量的地震前兆现象，如地声、地光、前震、地下水异常、气象异常、动物异常等，积累了相当丰富的预测预报地震的知识。但更让人称道的是地动仪的发明。公元132年，我国伟大的科学家张衡发明了候风地动仪（图2-15），《后汉书·张衡传》中记载候风地动仪的情况是："阳嘉元年复造候风地动仪。"这是世界上第一台测验地震的仪器。汉顺帝永和三年（138）二月初三日，地动仪的一个龙机突然发动，吐出了铜球——它测出了离洛阳1000多里（500公里）陇西发生的地震。从资料分析来看，它可以测出最低地震烈度是三度左右（按我国十二度地震烈度表计）。类似的仪器在国外，直到13世纪的古波斯马拉加天文台才制造出来。

魏晋南北朝的地学在继承秦汉以前地学思想的基础上，取得了丰硕的成果。这一时期，地学的最重要成果——《水经注》，征引前人文献477种，金石碑碣358种，可见它是在对过去认识资料的收集、总结、概括的基础上完成的。西晋虞挚的《畿服经》等全国性地理著作，都是以前人大量地理记述为基础，再经加工、整理、综合而成。东晋葛洪所著包含丰富矿物学知识的《抱朴子内篇》，其中的"金丹""黄白"和"仙药"诸篇，内容基本上是从其师祖辈传授所得。

地动仪

图 2-15 地动仪

（王兴文：《图书中国文化·科技卷》，吉林人民出版社，2009：41）

（四）农学

到春秋战国时期，我国的农业体系已经确立，铁制农具逐渐成为主要农具。铁器的迅速发展，不仅促进了找矿、采矿技术的发展，促进了农业生产技术的进步和单位面积产量的提高，也为大规模兴修水利创造了条件。这一时期较大的农事活动主要有：秦国李冰在成都平原上主持兴修了都江堰水利灌溉工程，魏国在邺城一带治理漳河，楚国在淮河流域的雩娄之野（今河南固始一带）兴建水利工程等。

我国是世界上最早发明测量湿度仪器的国家。《淮南子·本经训》中有"风雨之变，可以音律知也"，可见当时人们已经了解到从乐器音弦的改变，知道空气湿度发生了变化，从而推知风雨的到来。根据这一道理，我国在两汉已有了用来测量空气湿度变化的天平式土炭测湿仪。天平式土炭测湿仪是根据木炭吸湿性较强的特点而制作的，这种测湿器的结构状如天平，一头置土，一头置炭，

"使轻重等，悬空中。天时雨，则炭重；天时晴，则炭轻"①。根据天平的倾斜变化测定空气湿度的变化，并预报晴雨。这是我国记载的最早测湿器，比欧洲湿度计的出现早 1000 多年。

魏晋南北朝时出现一部综合性的农业著作——贾思勰的《齐民要术》，共 10 卷 92 篇，不仅记述了粮油等大田作物的种植法，还载有家畜饲养、蔬木、染、香等经济作物的种植和加工，以及做酒、酱等家庭农副业的工艺方法。《齐民要术》的出现，表明中国自给自足的小农经济形态有了进一步发展。

（五）炼丹术

中国是炼丹术出现最早的国家，其历史渊源可追溯到战国时期。早期的方士主张服饵金银以求长生，显然，炼丹术不能得到长生不死的金丹，但在炼丹过程中，用玉石、矿物等做了大量的化学实验，客观上对冶金学、矿物学、化学、药物学与生理学都做出了相当大的贡献。方士们为了炼丹，认识和了解了许多种类矿物，并根据形态特征、解理性、焰色和化学性质制定过很多矿物的鉴定法，所以炼丹术中积累了丰富的矿物知识。

从秦时兴起的炼丹术，到东汉时已出现许多优秀的炼丹大师，他们的炼丹论著反映了当时人们丰富的矿物知识。在这些优秀的炼丹大师中，狐刚子尤为突出。狐刚子，名狐丘，又名胡罡子，东汉末年的炼丹家，著有《五金粉固诀》《出金矿图录》《河车经》《玄珠经》等。另外，郑樵撰的《通志·艺文略》中还记载有"狐刚子撰《金石还丹术》一卷"。狐刚子在唐宋方士们的心目中是一个极受崇敬、颇有威望的炼丹祖师。由于他是我国炼丹术前期的一位方士，由此他的成就和论著具有特殊重要的意义。他的残存著作体现了其在矿物学、冶金学研究方面所取得的卓越成就。在《出金矿图录》一书中，记述了金银性状、地质分布、探求采集，并详尽谈到金矿（包括沙金和山金）的冶炼和提纯的方法，其中的吹灰法是冶炼贵金属的原始方法。这部书中的一些记载填补了我国金银冶炼史中的一大空白。《出金矿图录》虽早已散佚，但《九丹经诀》中收录有它的要点。

在南北朝以前，中国炼丹家认识最多的是铅的化学性质，其次是铜、铁的置换反应，能用铁把铜从铜盐中置换出来。到宋代，这种技术被应用到工业生产中，出现了所谓湿法炼铜。还有一项重大发明是硝石和火药。宋代以后，演变成各种火药武器，是中国对世界科学做出的重大贡献。

---

① 刘安，等. 淮南子译注. 吉林文史出版社，1990：752.

三、工艺技术

至迟在公元前 6 世纪，中国已进入铁器时代，不仅能用低温固体还原法生产熟铁，还能用高温液体还原法制造生铁，并浇铸生产工具等器物；能用渗碳法由熟铁生产钢；把生铁柔化成为韧性铸铁；掌握了淬火工艺等。汉代制钢技术又有创新，用熟铁反复锻打制成"百炼钢"。还发明了炒钢法，用生铁水搅拌（炒），增加与空气的接触面，生铁中所含炭有一部分自燃，变成二氧化碳后放出，生铁也就变成了钢。魏晋南北朝时又出现"灌钢法"，用熟铁包裹生铁加热锻打，把生铁中的杂质"挤"出来得到钢。

中国大约在公元前 2 世纪发明了植物纤维纸。至迟在战国时已能生产动物纤维纸，但因表面粗糙，不能作书写用纸。战国到秦汉间，帛书产生后，由于这种纸与帛形状相近而价值低廉，人们设法改善纸的质量，使之能用作书写材料以代替绢帛，就是很自然的事了。今知的改善纸的首要一步是用植物纤维代替动物纤维，1957 年发现的公元前 2 世纪的西安坝桥纸就属于这一类。然而最大的改善是在公元 105 年蔡伦发明的襤褛纸，它用破布、渔网、树皮等为原料，进一步降低了纸的价格，还改进制造工艺，增加砑光工序，使纸面光滑，适于书写。

我国造纸术随着班超通西域，首先传到甘肃、新疆等地区，英国斯坦因于 1906 年在西北一个古长城烽燧遗址中发现过几封用粟特文（粟特 Sogd，中亚古国）写的信纸，年代距蔡伦发明纸不过四五十年。

商代制出原始青瓷后，到战国时，随着龙窑构造的不断完善，已经具备了烧制现代意义瓷器的条件。由于秦汉间的战争，使这个过程延缓了约 200 年，直到东、西汉之交，才烧出了青瓷。考古发掘曾得到大量的东汉中晚期瓷窑和瓷器实物资料。瓷器的出现，表明我国陶瓷技术进入了一个新时期。

我国古代的纺织技术早已闻名于世，尤其以丝织技术为最。我国的丝织物约在公元前 4 世纪就远销国外，汉代以后还形成了著名的"丝绸之路"。在相当时期之内，丝绸是我国的特产。公元 5—6 世纪，波斯人曾派专人来我国学习丝织技术，其后丝织技术才传到欧洲。织造提花织物的提花织机，是我国人民的一大创造，它的功能是要依事先设计好的程序，使经纬线交错变化而织出预定的图样来，这种设计思想与现代的程序控制有着历史的渊源。体现汉代纺织技术的物证，主要是马王堆汉墓出土的大量精美纺织品，其中斜纹锦是最大的发明，其次是起绒锦。这些纺织品上的颜色将近 36 种之多，不仅用了植物染料，而且使用了媒染剂矾，有些在染后还经过了浆碾加工。印染手法是以板印为主，手工敷彩（绘画）为辅。印板可能是凸板，像刊印章一样，把一些简单线条印在织物上，起定位作用，再用手绘，把染色过程最后完成。

总之，上古时代是中国科学思想和科学技术迅猛发展的时代。科学成果和科学人才的数量、质量、密度都是中国科技史上所不多见的。

第三章

中世纪的科技文化

欧洲中世纪是科学史研究中的薄弱环节。对于中世纪欧洲与近代科学产生和发展的历史联系，至今众说纷纭。一种观点认为，中世纪欧洲是开始衰落、倒退的黑暗时期；另一种观点认为，中世纪欧洲是为近代开始兴起做精神准备的时期。究竟如何看待中世纪欧洲在科学史上的地位？[①]恩格斯在批判形而上学发展观时指出："中世纪被看作是由千年来普遍野蛮状态所引起的历史的简单中断；中世纪的巨大进步——欧洲文化领域的扩大，在那里一个挨着一个形成的富有生命力的大民族，以及十四和十五世纪的巨大的技术进步，这一切都没有被人看到。这样一来，对伟大历史联系的合理看法就不可能产生。"[②]恩格斯的这一论断是我们打开欧洲中世纪之谜的钥匙。

---

① 李建珊. 试论欧洲中世纪是近代科学的摇篮. 科学技术与辩证法，1997（5）：43.

② 恩格斯. 路德维希·费尔巴哈和德国古典哲学的终结. 人民出版社，1972：20.

第一节　宗教的作用

我们都知道，欧洲中世纪是一个封建神权统治的时期，在历史上过去常常被称为"黑暗时代"。然而近代科学又确实是经由中世纪逐渐孕育与发展起来的。那么，中世纪的"黑暗"究竟是一种怎样的"黑暗"？在整个欧洲中世纪，宗教对科学到底有着怎样的作用？它们和近代科学的发展，到底有哪些关联？这是需要我们认真思考的问题。

一、基督宗教与希腊文化的冲突

基督教统治欧洲，意味着古希腊文明的衰落。基督教作为世界范围的三大宗教（佛教、伊斯兰教、基督教）之一，诞生于公元前 2 世纪左右。由于耶稣的言传身教与基督教对穷苦人的吸引力，基督教发展很快，到公元 4 世纪时（即公元 391 年）已被罗马帝国尊为国教。基督教的兴起标志着取代古典文化的新文化已经出现。它的出现对希腊文化而言是一种灾难，因为信仰和天启遏制了探索自然的愿望与力量，同时希腊文化被宣称为异教。罗马统治者下令捣毁旧的多神教的希腊神庙，并且封闭所有希腊的学校，让希腊人民一律信仰基督教。

宗教对希腊文化冲击突出体现在几个方面。第一个标志性事件，是亚历山大图书馆的被焚。经历战火洗劫的亚历山大图书馆又受到基督教文化的侵袭。公元 379 年，狄奥多修一世就任罗马帝国皇帝，他为了巩固自己的统治，一方面进行武力征讨，一方面又颁布敕令，将基督教定为国教，要求所有臣民都成为基督教徒。为了赢得这场宗教战争的胜利，他大肆迫害异教徒，捣毁其宗教设施。公元 392 年，狄奥多修下令拆毁亚历山大城所有异教教堂和庙宇。亚历山大城的基督教大教长圣·狄奥菲鲁斯带领狂热的教徒随即将塞拉皮斯神庙夷为平地。位于其中的亚历山大图书馆分馆难逃厄运，许多书籍或遭抢劫，或被放火焚烧。从此，有 600 多年历史的亚历山大图书馆就荡然无存了。

第二个标志事件，是希腊科学家遭到迫害。著名的希腊女数学家希帕蒂娅（Hypatia，约 370—415）作为希腊文明的殉道者，于公元 415 年被基督教会极其残忍地杀害了。希帕蒂娅是数学家兼天文学家塞翁（Theon of Alexandria，约 330—405）的女儿，她本身也是个有影响的数学家。希帕蒂娅协助父亲修订欧几里得的《几何原本》，通过认真修订、润色、加工及其大量评注，一个新的《几何原本》问世了，这部书成为现代版本《几何原本》的基础。她帮助父亲评注托勒密的数学名著《大汇编》，并与父亲合写了《天文学大成评注》，独立写了《天文准则》等。希帕蒂娅曾任亚历山大城新柏拉图学院的主持，以数学和各门精密科学的研究，促进抽象的形而上学思辨的发展。在公元 400 年左右，希帕蒂娅成为亚历山大的新柏拉图主义学派的领袖。新柏拉图主义也在基督教反对的"异教邪说"之列，狂热的基督教徒对希帕蒂娅施行了惨无人道的暴行。[1]她只活了 45 岁。希帕蒂娅之死也标志着希腊数学一个时代的结束。

第三个标志性事件，则是柏拉图学园被关闭。柏拉图学园在欧洲文化史上有着特别的地位，它是欧洲第一所综合性学校，教授哲学和自然科学，众多的有志青年都渴望来这里深造；同时，它也是一所研究机构，许多学者慕名来到这里，更多的学生学成之后再也没有离开这里，学园渐渐变成了一座颇具盛名的研究院。此外，它还有一点最特别的功能——提供政治咨询，许多周边的城邦在建国、立法、组建政府时遇到麻烦，都会来这里求助，就像今天的政策研究室。东罗马皇帝查士丁尼一度统一古罗马，于公元 529 年下令封闭雅典所有学校，让希腊人民一律信仰基督教。其中最令人惋惜的当属柏拉图学园被封闭，延续 900 多年的希腊学术传播地的丧失，迫使希腊思想家们流离、消逝，希腊文化也随之流散、式微。

基督教在欧洲的统治，是以希腊文明的被摧毁为标志的，而这种统治的结果，是使人们对自然界的认识完全地纳入了宗教及其经典的框架之内。这是历史上一个很特殊的时期，从此教会成为凌驾一切的强大的统治力量。

二、宗教迁移希腊科学

希腊科学之东渐是伴随战争和宗教传播而来的。亚历山大大帝的征伐大大扩充了希腊版图，希腊文化由此得到广泛传播。通过这种途径建立的希腊文化中心，有埃及的亚历山大城和中亚的巴克特里亚王国，这标志着希腊科学东渐之始。

宗教对希腊学术的传播起着决定性作用。前述宗教对希腊文化的毁灭性打击都是发生在宗教传播早期，各种宗教都要争夺各自的势力范围，一旦获得在该地的统治权，他们考虑的就是如何站稳脚跟的事情了。各大宗教不约而同地将希腊哲学作为理论依据，这是他们所能找到的唯一的比较成熟的理论体系。于是，在宗教经典的研究与讲授过程中，总是夹杂着希腊哲学中的一些理论。

---

① 孙小礼，等. 自然辩证法讲义. 人民教育出版社，1979：11.

例如，景教（基督教在波斯的称呼）教徒在尼斯比斯城（位于波斯边界）建立的高等教育中心，在讲授《圣经》的同时，也讲授亚里士多德的逻辑学和希腊哲学的其他理论。①这就使宗教占据地开始了希腊化进程。诞生于阿拉伯半岛的伊斯兰教也经历了一个希腊化进程，主要表现在遴选行政机构人员时选用了有教养的波斯人，②而他们已经经历了希腊哲学的洗礼。

随之而来的是希腊著作向阿拉伯文的翻译运动，史称第一次翻译运动。公元 9 世纪，哈里发阿尔·马蒙花了 20 万第纳尔在巴格达建起了"智慧之宫"，包括天文台、图书馆等综合研究机构，还做了大量翻译工作，其中包括把托勒密的《至大论》译为阿拉伯文。巴格达成为当时的学术中心，据说 13 世纪阿拉伯帝国被蒙古所灭亡时，仅仅在巴格达就发现有 36 个图书馆。至公元 1000 年时，几乎全部的希腊医学、自然哲学以及数学科学著作都已经被译成阿拉伯文。

翻译运动、兼收并蓄的开明文化政策、自由广泛的学术交流、发达的文化设施，使得阿拉伯科学盛极一时，与欧洲这一时期的科学低谷形成鲜明对比。在这场文化译介与研究的运动中，古希腊哲学中的自然神学向阿拉伯的穆斯林展示出"真主"的存在不仅可以被理性和论据所解释，还可以被精确地论证。例如，著名的翻译家铿迭（Kindi，796—873），也被阿拉伯及西方学术界一致认为是第一位阿拉伯哲学家，其主要哲学著作有《论第一哲学》《五本质论》《论心知》等。他认为万物的创造者是永恒和单一的，万物由它循序流出。他用物质、形式、运动、空间、时间五个原始实体，代替亚里士多德的十范畴。他认为物质先于形式，形式是物质中存在的一种潜能，物体借助形式而相异，万物间具有普遍的因果联系；哲学是依人的能力认识事物真实性的知识，在一定程度上把神学排除在外；寻求真理是最有价值的事情，人的行为应与真理一致；人可以通过感性经验或理性认识获得知识，感性经验的对象是个别的事物，理性认识是接近事物本质的种与属。他强调数学、逻辑学和自然科学在认识过程中的重要性。

阿拉伯人不仅保存、翻译、研究、传播希腊文化遗产，而且在科学上也做出了一些原创性贡献，只是比较零散，不成体系，具体如下。

（一）数学

十进位制，在一般科学史著作中是被认为从印度流传到阿拉伯的。0 的使用最早也是以印度为先，后来传入阿拉伯世界。西方文化中心论者丹皮尔却认

---

① 戴维·林德伯格. 西方科学的起源. 王君，译. 中国对外翻译出版公司，2001：170.
② 戴维·林德伯格. 西方科学的起源. 王君，译. 中国对外翻译出版公司，2001：174.

为："印度的数字也许是先由希腊人发明，然后传入印度。"①但是，美国地理学史家詹姆斯（P. E. James）认为："在数学上用十进位，这是从印度人那里引进巴格达的，而印度人则又是从中国人那里采用过来的。"②无论如何，阿拉伯数字是由于阿拉伯人广泛的贸易而传播到整个欧洲的，10 世纪基本上为欧洲所接受。

另外，代数学（Algebra）的名字来源于阿拉伯人阿尔·花剌子模（Al-Khwarizmi，约 780—850）约 825 年写的一本书。三角学的独立也归功于阿拉伯人。他们讨论了正切、余切、正割、余割。至于正弦、余弦的研究最早则开始于印度。

（二）炼金术

据法国人记载，阿拉伯炼金术中有 300 多种骗人的方法。实际上早在 1 世纪亚历山大利亚时期就有炼金术。那时的炼金家可以说是最早认识和探讨化学问题的人。过了 600 多年，阿拉伯人重新拾起这一工作，但他们为自己规定的两个目标——把贱金属变为"黄金"（其实是铜）和炼成医治百病的"仙丹"，都是自欺欺人和不能实现的。不过，由于把一种物质变成另一种物质，需要观察、记录和有控制的实验，因而在客观上为后来化学的产生和发展准备了条件，由此而积累了很多化学知识，也的确出现了很多有用的药品，有很多化学名词（如酒精、碱、金属等）就是从这时流传下来的。在后来化学发展中经常使用的许多化学器具（比如用于酒精蒸馏的蒸馏器）及化学药品，都是这个时期阿拉伯人所发明的。

当时阿拉伯最著名的炼金术士是扎比尔·伊本·海杨（Jabir-Ibn-Hayyan，720—813）以及阿尔·雷兹（Al-Razi，854—925）。前者写了《秘密的秘密》（1937 年被法国人翻译出版），书中对物质进行了化学分类，如矾、盐、金属、硼砂、精素等。扎比尔·伊本·海杨的学术思想渊源于亚里士多德的元素学说，但这一学说未能使他完全满意。他特别重视对硫和汞的研究，提出了凡金属皆能由硫和汞按不同比例而组成的炼金学说。阿尔·雷兹写了《医学集成》，被多次翻译成拉丁语，影响非常广泛。在此书中，雷兹展现出简化配方、注重观察和实验、尝试心理疗法等鲜明特点。在此书中讨论了麻疹与天花，首次清晰地描述了这两种疾病的不同特征，而对天花病人进行细致观察，在当时仍要冒着很高的被感染风险。他还把旧化学（即炼丹术）应用到医学中。

---

① 丹皮尔. 科学史及其与哲学和宗教的关系. 李珩，译. 广西师范大学出版社，2001：64.
② 普雷斯顿·詹姆斯. 地理学思想史. 李旭旦，译. 商务印书馆，1982：62.

（三）天文学

阿拉伯天文学在推算方面的研究比较少，在理论体系方面远未超过托勒密，但是也有些在经验研究上比较突出的天文学家。首先一位是白塔尼（Al-Batani，约858—929）。877—918年，白塔尼在阿拔斯王朝的腊卡天文台从事天文观测达41年之久，积累了丰富的观测资料，并进行了独创性的研究和理论综合，取得了辉煌成绩。他吸取古希腊天文学理论的合理部分，并根据新的观测资料和实践经验，运用精确的数学计算和逻辑推理，写成了巨著《恒星表》。他测定的黄赤交角值为23°35′，岁差值为55″，比托勒密星表更为精确。他计算的回归年长度值为365日5时46分24秒，比儒略历还要精确。他记述的关于恒星的位置，太阳和月球的运行及其与地球的距离，日食月食的视差、对月朔黄道交角的观测和计算都比前人准确。这是由于他在天文计算中引入了三角学的正切和余切。白塔尼积累的实测资料和主要观点经常被后人引用，如第谷、哥白尼、开普勒、伽利略等著名科学家，都曾多次引用过其资料作为例证。

另一位阿拉伯天文学家是比鲁尼（Al-Biruni，973—1048）。他献给加兹尼王子的《马苏第星经》，汇聚了托勒密等许多古典时代学者的天文学知识，但他的原创研究在该书每一章都有所体现。例如，比鲁尼通过日全食观察到太阳是一个火热的爆炸物。他讨论过曙暮光的成因，发现当太阳在地平线下18°以内时会出现曙暮光，这与现代数值也是一致的。通过在多地进行观测，比鲁尼给出了黄道与赤道交角的值为23°35′，这与现代值23°26′已很接近。关于月亮轨道，他认为那不可能是古希腊人所设想的完美圆形，因为月亮与地球间最大和最小距离明显不同。经过日积月累，比鲁尼可以察觉到相对于太阳等恒星，月球轨道会随着时间推移产生微小变化。比鲁尼在论述中体现出的冷静和现实态度都值得我们赞赏。①

此外，天文学中有300多个星宿名称，除少数拉丁文和希腊文之外，都是以阿拉伯文命名的，可见近代天文学与阿拉伯人的研究有密切关系。

（四）地理学

前面提到亚古特于1227年写的《地理学大辞典》，19世纪下半叶莱比锡出版社重印了这本书，认为它是地球百科全书。此外，比鲁尼1030年写的巨著《印度地理》（Kitab Al-Hind，全称《对印度传闻的批判性研究，包括合理接受与排斥的各类事物》），把地理和天文结合起来加以研究，并主张精密的测量，②这

---

① 陈巍. 10世纪的桂冠学者——比鲁尼. 中国科技教育，2018（4）：77.
② 普雷斯顿·詹姆斯. 地理学思想史. 李旭旦，译. 商务印书馆，1982：63.

是一位全才。事实上，阿拉伯人在地理测量上超过托勒密，这与他们游动范围广、时间长有关。另一位地理学家意德利希（Al-Idrisi，1099—1154）还为西西里小国的国王做了精致的地球仪，他很早就把地球看成球形的了。

（五）物理学

物理学上突出的成绩是光学，其代表人物是伊本·海赛姆（Ibn-Haytham，965—1040），他写了很多光学著作，如《夕照论》《物行论》《火镜论》《测量原理》等，他被誉为光学之父。海赛姆是控制变量法等现代科学方法的先驱，是第一个以实验和理论结合，解释视觉发生于大脑而不是眼睛的科学家。他通过实验证明光是沿直线传播的，使用透镜和反光镜进行了一系列实验，探讨了入射角与反射角的关系，研究了折射问题，说明在地平线以下可以见到太阳的道理，研究过凸面镜和凹面镜的反射作用（当时已经有了玻璃和镜子），正确解释了小孔成像的原理。他在力学、数学、天文学等领域也有所贡献，提出了兰伯特四边形构想、使用威尔逊定理解决同余问题，提出了求抛物面面积的公式。这些都对西方科学的发展产生了较大影响。

（六）医学

阿拉伯在医学领域最为突出，有些理论比地理学影响要大，可谓集东西方之大成，达到了某种理论化、系统化的程度。阿拉伯人在意大利的萨勒诺设立了世界上第一所医院，中世纪阿拉伯共有医院34所，仅巴格达就有1000多名医生。制药学也从他们开始，如苏打、糖浆、樟脑等都是他们首先使用的。治疗方法和技术也得到了发展，当时已有麻醉方法。

医学方面的代表人物是著名的伊本·西拿（Ibn-Sina，980—1037），欧洲人称他为阿维森纳（Avicenna），他著有《医典》，还有《治疗论》（是哲学著作，中译本名为《论灵魂》）。他在《医典》中综合了希腊医学、中国切脉术（本书专有一章讨论此问题）和印度的医学，对治疗方法、疾病分类等做了理论探讨，还有经验汇集。他还谈到环境、卫生以及音乐对健康的影响，书中对670种药物进行分析，论述了制药法（包括蒸馏法）。他的《医典》于12世纪被全部译为拉丁文，在欧洲各国流行。在欧洲中世纪最早的医学学校，把阿维森纳的著作当作基本教材，莱比锡大学第一学年就要学他的著作，直到17世纪德国还有的学校用他的书作教材。当然，总的来说，他的贡献主要在实用方面，他虽然没有修改和发展盖伦的学说，但他的著作之所以长远地流传下来，主要原因不仅在于其丰富的临床经验，更在于它的条理性和科学性。

欧洲人把阿维森纳誉为"亚里士多德第二"。在物理学方面，阿维森纳研究了很广泛的问题，也有不少天才的猜测，但没有任何实验依据。他说，雷电是云中气体的作用所致；认为光速比声速高，而光速是一定的。在化学方面，他反对炼金术理论，认为金属不能演变，只能变色，不能变质。在数学和天文学方面，他翻译了《几何原本》和《伟大论》，并且发明了一些观测工具。

三、基督教文化中的理性精神

从科学知识的创新和积累上，中世纪欧洲确实可以说是空白。但是，如果从作为科学文化组成部分的科学方法和科学精神气质等层面看，则并非完全如此。在整个中世纪基督教哲学的发展中，不难看到其中包含着理性精神的成长，这样一来，近代科学从宗教思想的统治下产生就是可以想见的事情了。

我们这里的阐述以基督教为着眼点，因为近代自然科学就是在基督教思想统治下诞生的。基督教神学的发展分为教父哲学（2世纪中叶至5世纪）和经院哲学（5世纪至15世纪）两个主要阶段。

教父哲学时期的主要代表人物是德尔图良和奥古斯丁。德尔图良（Tertullianus，约160—225）的名言"我相信它，正因为它是荒谬的"①，明显地表露了他在理性与信仰的关系上所持的观点。在他看来，基督教的基本任务是"对上帝的认识"（即对真理的认识），但是这种认识不能依靠"理性"，而必须依靠人的天性，也就是合乎基督教精神的人的灵魂。基督教的愚蠢是神圣的愚蠢，它比哲学的智慧更聪明。可见，他完全把理性排除在基督教的思想之外。但是，这种状况在奥古斯丁（Aurelius Augustinus，354—430）那里发生了变化。奥古斯丁在对基督教教义进行论证时，常常引用古代希腊罗马的哲学，特别是柏拉图的哲学。我们知道柏拉图的哲学是数学理性萌芽的体现，这就在一定程度上将理性引入神学，把信仰与理性结合起来。但是，奥古斯丁认为："如果要明白，就应该相信；因为除非你们相信，你们不能明白。"②因此，虽然奥古斯丁将理性引入神学，但是在他看来，信仰是高于理性的，理性必须依赖于信仰才能存在。

经院哲学时期，不能不提到的就是托马斯·阿奎那（Saint Thomas Aquinas，1225—1274）（图3-1）。随着亚里士多德著作的重新发现，理性与信仰之间的冲突日益尖锐。因为亚氏著作中的许多观点与基督教的传统观点相距甚远，但是它却得到了许多人的支持与赞赏，这引起神学家的恐慌。而托马斯·阿奎那

---

① 转引自德尔班. 哲学史教程（上）. 罗达仁，译. 商务印书馆，1987：304.
② 东南亚神学教育基金会. 奥古斯丁选集. 基督教辅出版社，1962：2.

将亚里士多德学说与基督教思想结合起来，创立了完整的神学体系，使得基督教神学的发展达到巅峰。他认为知识有两个来源：一是基督教信仰的神秘，由圣经、神父及教会的传说传递下来；二是人类理性所推出的真理。当然，他这里所说的理性并不是个人的难免有误的理性，而是自然真理的泉源，柏拉图和亚里士多德就是它的主要的解说者。由此，他把神学问题也分为两类：自然神学问题，包括上帝的存在及创造等问题；启示神学问题，包括三位一体、道成肉身等。前者可以通过理性给予论证，而后者则只能是信仰。当然，自然神学问题也是来自上帝。这也就是说，在自然神学领域内，理性与信仰是等价的；但在启示神学问题领域中，理性无法有所作为，只能依靠信仰。然而信仰虽然超越理性，但是并不是反理性的。所以，在托马斯的思想体系中，理性与信仰是和谐一致的。因此，在托马斯的理论体系中，实际上理性获得了相对独立性，从而为科学和哲学的发展留有余地。

图 3-1　托马斯·阿奎那

　　经院神学由托马斯的发展而达至其顶峰的同时，反对托马斯体系的学派和思潮也涌现出来，使得经院哲学开始走下坡路，其中影响较大的是"双重真理论"和经验科学思潮的兴起。"双重真理论"主张，除了信仰真理之外，还存在理性真理。这与托马斯的理性与信仰和谐一致的观念不同，它实际上主张的是二者之间的分离，理性拥有完全独立的地位。而经验科学思潮强调，我们只有依靠经验和实验，才能获得真正的知识，把信仰完全排除在科学考察之外。该思潮中贡献最大的就是罗吉尔·培根。关于他的具体成就，我们在后文中会涉及。

　　综上所述，即便在神学思想一统天下的境遇中，理性历经艰难，仍然获得了一定的地位。这就为后来近代科学的发展奠定了思想基础。可见，中世纪的

"黑暗"不是毫无作为的"黑暗"，而是孕育着光明的"黑暗"，是黎明之前那段最黯淡的时光。

第二节　西方的学术复兴

一、十字军东征与学术复兴

中世纪后半期从 1096 年至 1291 年，近 200 年的 8 次十字军东征（因士兵以红十字缝在衣服上为标记，故此得名）是个重大事件。以维护基督教为名的这些东征，有很多人物都被卷入了。实际上，天主教会、封建主和大商人都乘机扩张土地和掠夺财物，使西欧人民遭受了重大牺牲。最后，东征因不得人心以失败告终。但在客观上，这次行动对于西欧科学文化的发展、对东方技术发明的输入，以至于对贸易、工农业发展有不小的推动作用。正是这场战争，加速了一种新文明的铸造。

据梅森的《自然科学史》记载，西方十字军征讨西班牙穆斯林教徒的结果，在客观上使得阿拉伯文的希腊科学著作译本被翻译过来。[①] 十字军从东方带回了阿拉伯人先进的科学、中国人的四大发明以及希腊人的自然哲学文献。此时欧洲人主要从事大量与这些科学内容相关的翻译工作，这一点类似于阿拉伯人。首先是把阿拉伯文的希腊著作译为拉丁文，后来又直接从希腊文翻译为拉丁文。从事这一工作的有大批的人，并且，在中世纪后期欧洲成立了不少的翻译学校。当时包括占星术在内的很多著作都被翻译过来了，这一工作是十分必要的，客观上它为后来的科学复兴作了充分的准备。由阿拉伯文到拉丁文的翻译工作，在西班牙最为活跃，可以说西班牙是个翻译中心。从 1125 年至 1280 年，欧洲学者对亚里士多德、托勒密、欧几里得以及阿维森纳等人的著作进行了大量翻译。而直接从希腊文翻译亚里士多德全集的，是当时最著名的学者格罗塞特（Robert Grosseteste，1175—1253），他是一位主教，曾经担任牛津大学校长，并且是罗吉尔·培根的老师。当时，亚里士多德全集被重新发现，于是他进行了这一极其重要的翻译工作。总之，正是中世纪后期所进行的这些翻译工作，才使近代人得以知晓希腊人的著作及其思想。

---

① S. F. 梅森. 自然科学史. 上海外国自然科学哲学著作编译组, 译. 上海人民出版社, 1977: 103.

经过 10 世纪至 13 世纪的翻译运动，拉丁基督教世界在 12 世纪末已经恢复了希腊和阿拉伯世界哲学和科学成果中的主要部分，引发了欧洲学术的第一次复兴。

二、大学的出现

随着城市的形成，一批世俗大学出现了。这里当然有个过程，公元 11 世纪至 12 世纪盛行于欧洲的是僧侣学校，之后开放为一般教育。最初，全部教学任务由修士担负，神父掌管着教育大权。教学内容以神学为主，还有文法、修辞、数学（主要是几何）、医学、天文、建筑、音乐等。后来从这种僧侣学校分离出了各种高等学校，比如法国的巴黎大学，开始只是巴黎圣母院的一个分院，它于 1110 年初具规模，1150 年开始形成正式大学，最初在巴黎圣母院各个讲演堂上课，无集中教室，由修士任教，后来以教师居住集中的地方为单位，形成诸学院，学院又组成了综合大学。又比如牛津大学也是这样发展起来的，在 1229 年形成正式大学，到 14 世纪已发展到几千人规模。另外，12 世纪西欧各国还出现了法律和医科学校，13 世纪出现了由工商业者办的普通学校（世俗学校）。

中世纪欧洲出现的著名的世俗大学有：博洛尼亚大学（1088）、帕多瓦大学（1222）、牛津大学（1096）、布拉格大学（1348）、维也纳大学（1365）、海德堡大学（1386）、科隆大学（1388）、爱尔福特大学（1392）、莱比锡大学（1409）等。

在中世纪后半期，除了有各种学校之外，还出现了教会办的医院等机构。如 12 世纪，教皇在罗马就设立了圣灵医院。13 世纪，巴黎建立了盲人收容院，它是现在世界有名的巴黎眼科中心的前身，由修女任护理人员。

三、自然观的转变

必须指出的一点是，不论是奥古斯丁、托马斯·阿奎那，还是其他的神学家或哲学家，他们都试图通过自然界和自然秩序来证明上帝的存在。他们认为，自然界的和谐秩序最能证明存在着一种超人的智慧，因而最能证明存在着一位无所不能的有理性的上帝。为此，我们在探讨中世纪的理性精神时，无法回避自然观问题。

在中世纪时，流行的观念认为，上帝创造了万物，并制定了具体的规定万物活动的"自然法"，而后便拂袖而去，让万物依法行事，而他自己不再干涉自然界的事物。也就是说，上帝不能为所欲为。上帝干预自然事物的情况屈指可数，因而称之为"奇迹"。我们不能通过这些少之又少的"奇迹"来理解上帝，而要致力于从事物的本质中来理解上帝。当人们主张上帝创造了宇宙并制定了万物的运行规则时，无异于在主张宇宙是上帝创造的一架大机器，其中的每个零件都是按照各自的规律永恒地运动。基督教的这样一种"上帝创世说"，实际上以宗教的形式，起到了强化数学唯理主义和机械主义自然观两种希腊科学传统的作用。

可见，尽管基督教把对上帝的信仰看得高于一切，不承认理性的自主性权利，但是，为了让人们更加信服和崇拜上帝，神父们不得不吸取希腊哲学中关于自然界存在一个普遍的确定的秩序即"理性秩序"的概念，并将它同罗马文化中的"罗马法"概念相杂交，从而产生了基督教的"自然法"概念，即至高无上的上帝是自然的创造者和立法者，宇宙万物均须服从上帝的自然之法。于是原先纯属信仰和迷信观念的"上帝创世说"被注入了某种理性的成分。

在前面的论述中我们曾经指出，数学理性主义发端于毕达哥拉斯。他从"数是万物本原"的自然观出发，提出宇宙间存在数学上的和谐的假说。柏拉图继承了毕达哥拉斯主义，认为作为万物本原的"理念"可以用数学模型来表征，错综复杂的自然现象可以用数学上的和谐关系来解释，因为造物主在创造宇宙时就已经把数学模型印在无形式的原始物质之上了。在这一基础上，他提出了著名的柏拉图原理。由毕达哥拉斯和柏拉图奠定基础的这种数学理性主义思想，经过中世纪基督教思想家的改造而被赋予了神学内容。上帝按照完美的理性创造了世界，他不甘寂寞，又创造了人，并且赋予人理性，使得人能够通过理性来认识他的杰作，从而认识他的伟大。也就是说，万物及其秩序是可以被人认识的，中世纪的宗教思想中包含着某种唯理主义自然观内涵，而这种唯理主义自然观，随着基督教哲学中新柏拉图主义的兴起，逐渐具体化为一种具有神学内容的数学唯理主义自然观。

这种自然观的大意是：自然界是上帝按照理性的秩序（其中包括数学模型）而构造起来的，由于上帝不仅创造了人而且将理性给予人，因此人的理性可以从数学的角度认识自然。既然世界的合理性被具体化为世界的合乎数学原理性，那么数学就成了人类认识造物主的伟大杰作、认识自然秩序的必要途径。正因为如此，数学以及逻辑在中世纪神学教育中始终被摆在重要的位置，为近代科学的兴起埋下了伏笔。

四、经验科学的兴起与逻辑方法的发展

中世纪欧洲的经院哲学家长期以来歪曲亚里士多德的逻辑思想，强调演绎法是科学研究的唯一方法，坚持认为关于自然界的一切可靠的结论必须从宗教教义中演绎出来。然而在中世纪后期，特别是从 13 世纪以后，一些异端的经院哲学家发展了亚里士多德的"归纳-演绎法"，从而为近代科学方法论的萌芽准备了条件。

（一）第三阶段理论

罗伯特·格罗塞特（Robert Grosseteste，1168—1253）和罗吉尔·培根（Roger Bacon，1214—1294）是 13 世纪两位最有影响的科学方法论者。他们肯定了亚氏的科学研究的归纳-演绎模式。格罗塞特所说的归纳阶段，是指现象"分解"为组成要素，而演绎阶段是指"组合"，即这些要素结合起来重组原来的现象。后来的作者常称亚氏的科学程序理论为"分解和组合方法"。以上可称为第一阶段和第二阶段。而研究的第三阶段就是，通过"分解"归纳出的原理，要接受进一步经验检验。罗吉尔·培根是格罗塞特的学生，继承和发展了格罗塞特的"第三阶段"思想，他指出：对归纳出的原理加以实验检验的程序，乃是实验科学的"第一特性"。他提倡通过知识去征服自然，可以说他是近代科学萌芽的代表人物。

可见，他们都建议应该把研究的第三阶段加在亚氏的归纳-演绎程序上。这是方法论上有价值的远见卓识，并且构成亚氏程序理论方面的重要进展。亚氏曾满足于演绎出关于作为研究出发点的同一现象的陈述。格罗塞特和培根要求对归纳达到的原理做进一步实验检验。不幸的是，格罗塞特和培根他们本人常常忽视他们自己的意见。尤其是培根，常常诉诸先验的考虑和以前作者的权威，而不是诉诸新的实验检验。例如，培根在宣称实验科学绝妙地适合于确定关于虹的性质的结论后，坚持认为在虹中必定正好有 5 种颜色，因为"5"这个数目是阐明性质变化的理想数目。

直到 14 世纪初，一位名叫提奥多里克（Theodoric）的人才真正应用第三阶段理论的方法。他从虹的观察中得出了日光被雨滴折射和反射而引起虹的结论（至于为什么出现彩色，这个问题则是由牛顿解决的）。他为了用实验检验这个假说，用中空的水晶球注满水作为雨滴的模型，结果复制出了两条虹（图 3-2）。

第
三
章

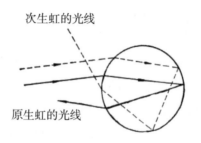

次生虹的光线

原生虹的光线

图 3-2　提奥多里克：虹的实验

（约翰·洛西：《科学哲学历史导论》，华中工学院出版社，1982：37）

（二）邓斯·司各脱的求同法

邓斯·司各脱（Duns Scotus，1265—1308）提出了作为一种归纳法的求同法，即分析发生某一结果的若干事例，在这些事例中与这个结果同时存在的有种种因素，如果其中有一个因素在这些事例中都出现，那么这个因素便是该结果的原因。其格式如表 3-1 所示：

表 3-1　司各脱的求同法

事例	因素	结果
1	ABCD	e
2	ACE	e
3	ABCF	e
4	ADF	e

按照司各脱的求同法，故 A 是 e 的原因。司各脱认为这属于一个结果与一个伴随事件的"倾向性联合"。

（三）奥卡姆的威廉的差异法

奥卡姆的威廉（William of Ockam，1280—1347）提出了作为一种归纳法的差异法，即分析发生某一结果的两个或更多的事例，如果某一因素存在时出现这个结果，而该因素不存在时该结果不出现，那么，该因素便是该结果的原因。其格式如表 3-2 所示：

表 3-2　奥卡姆的威廉的差异法

事例	因素	结果
1	ABC	e
2	AB	—

按照奥卡姆的威廉的差异法，故 C 是 e 的一个原因。

（四）格罗塞特的否证法

格罗塞特提出了否证法，是演绎法的一种形式。我们在上文中提到格罗塞特的"第三阶段"理论，即用经验检验归纳出的原理。由于在检验过程中存在这样一种现象：某个结论可以从许多组前提中演绎出来。也就是说，对于某个结论存在许多种解释，那么就要设法排除其他解释，而只留下一种解释。这相当于医学中的鉴别诊断，医生根据病人的症状和体征推断疾病有几种可能，最后要留下一种可能而排除其他可能。用什么方法排除？格罗塞特提出了用"否定后件推理"来否定某些对立假说的演绎方法，即否证法。所谓否证法，即一个假说（解释、可能）必蕴涵某种结果，如果证明这种结果是假的，那么这个假说也必定证明为假。即：

$$如果 H，则 C$$
$$非 C$$
$$\overline{}$$
$$故非 H。$$

这种否证法在实践中早已为人使用。例如，欧几里得曾用这个方法证明不存在最大的素数（以 N 表示），设 $N' = （2×3×5×7×11×\cdots×N）+1$，那么就可以形成如下的论证：

如果 N 是最大的素数，则 N' 就不是素数
但是 N' 是一个素数（因为 N' 被任何素数除都余 1）
所以，N 不是最大的素数。

（五）罗吉尔·培根的实验法

我们在前面曾经提到过罗吉尔·培根，他是经验科学思潮中最有影响的人

物之一，其最主要的贡献是提出实验法，据称他是应用"实验科学"一词的第一人。他指出，真正的学者应当靠"实验来弄懂自然科学、医药、炼金术和天上地下的一切事物"①，"最严密的逻辑推论也不能有确定的答案，除非让经验来确定答案"②。实际上，他的实验法是"第三阶段"理论的具体运用。他认为，归纳法的成功应用取决于所获得的事实知识是否精确和广泛，而实验可以增加事实知识的精确性和广泛性。他看不起那些有名无实的"权威"和只靠空言争辩而遮盖自己愚昧的人。必须指出，虽然罗吉尔·培根倡导实验科学，但他的实验活动并没有摆脱神秘主义的框架。他的实验主要是炼金术，他先后花10000英镑来搞炼金术，算得上欧洲当时最大的炼金术士，并写过包括实践炼金术和理论炼金术在内的炼金术专著。他所做的真正科学意义上的实验，只限于光学领域。此外，罗吉尔·培根还把经验分为关于外界有形事物的感官经验和内在启发经验，而后者却是经院哲学的残余。

罗吉尔·培根还提出，一切科学的目的都是为了增强人类对自然界的支配以便造福于全人类。正是这种强调实践的精神，使他成为宗教神学的叛逆，同时也成为近代自然科学的一位伟大先驱。

另外，罗吉尔·培根还十分推崇数学。他认为除了语言之外，数学是学习科学的工具，它和光学一样，是其他科学的基础；要研究宗教就必须研究数学，因为数学可以帮助人们确定天堂和地狱的位置，并帮人们修正历法。

罗吉尔·培根学识渊博，他比同时代人更早知道当时刚出现的科技发明，如火药、机制时钟、透镜的作用、彩虹的成因、日历的编制等。他在数学、力学、光学、地理学、天文学、医学等方面都有广泛的著述。他一生中写过《大著作》《小著作》《第三著作》。由于他的思想对经院哲学的冲击，他的晚年大约有14年在铁窗中度过。

从前面的阐述中我们可以看出，在古代和中世纪，处于萌芽状态并彼此分立的数学方法和实验方法，在自然研究中的地位、作用很不相同，并且分别从属于不同的知识传统。古典数学方法基本上从属于以哲学家为代表的学者传统（或思辨传统），并且建立在唯心主义本体论信念的基础之上。尽管它在古典天文学研究中取得了重要成就，但由于轻视以至鄙薄经验观察和实验，致使借它而获得的自然知识不可能摆脱自然哲学的思辨的和猜测的性质。而在阿基米德时代出现的实验方法，则基本上从属于工匠传统（其中包括中世纪产生的非生

---

① S. F. 梅森. 自然科学史. 上海外国自然科学哲学著作编译组，译. 上海人民出版社，1977：105.
② 转引自李建珊，等. 欧洲科技文化史论. 天津人民出版社，2011：60.

产的炼金活动家的传统），尽管由于这种方法的产生使阿基米德被誉为"近代型物理学家"，但同数学方法相比，它远未成为以学者传统为主流的自然研究的普遍方法。两种方法的彼此割裂及其所隶属传统之间的长期对立，导致了近代以前的自然研究不可能获得对自然界特殊本质和规律的理性认识，因此还根本不能产生科学。

自中世纪末叶起，一些"异端"的经院哲学家或多或少地看到了由于两种传统的对立所造成的弊端。如罗吉尔·培根在经院哲学盛行时期第一个提出了"实验科学"（即运用实验方法的科学）的术语。他清晰了解只有实验方法才能给科学以确定性，同时他认为"数学是一切其他科学的门径和钥匙"，这就肯定了数学在自然研究中的方法论地位。他不仅不把数学同实验相对立，而且强调数学与经验及实验的密切关系。

第三节　独立发展的中国科技文明

一、中国科学思想的发展

自隋唐起，中国科技的发展虽然也取得了一定成就，但已经明显缓慢下来，而且其发展受社会意识、政治制度、文化氛围等的影响更加明显，主要表现在天文学的迟滞、"民族化"的医学、民族意识导向的工艺技术等。比起前代，唐宋以来的封建国家，更加重视农业科学的发展和生产技术的改进。

（一）农学

唐代以前的农学著述，完全是个人的事业，自生自灭。到了唐代，官方一面修医书，一面鼓励农学著述。据《中和节献农书赋》记载，唐德宗贞元五年（789）规定，中和节臣子们要进献农书，"用广异同之说"。这是国家政权干预农学著述的发端。大约由于国家的提倡，唐代农书开始增多。

国家还重视推广先进农业技术。南宋时，朱熹请求皇帝下诏，令全部土地都要冬耕，"冻令酥脆"，多加犁耙，然后布种，这样"自然田泥深熟，土肉肥厚。种禾易长，盛水难干"[①]。国家曾重申中秋之法，命令各地执行。国家重视农业，也重视农学。

到了元代，国家组织人力，编成了我国历史上第一部官修的农书——《农

---

① 授时通考（卷 42）. 清乾隆七年内府刊本.

桑辑要》（图3-3）。王磐的序言说：元世祖忽必烈至元年间，下诏立大司农司，"不治他事，专以劝课农桑为务"①。几年以后，功效卓著。司农司官员又怕人们不懂"播种之宜""蚕缫之节"，于是遍求古今农家之书，删繁就简，编成一书，皇帝下诏将其颁布天下。

图3-3 《农桑辑要》

（二）天文学

自隋唐起，天文学的主要成就表现在历法的修订和天文观测仪器的制作两方面。隋唐到清末重要的历法有3种：唐《大衍历》、元《授时历》、明末《崇祯历书》。

唐代天文学家一行（683—727）创造了《大衍历》，这部历法颁行于公元729年，历法的特点是用定气编排太阳运行表，创不等间二次差内插法。此后直到颁布实施《授时历》（公元1281）期间，主要采用《大衍历》的计算方法，不过增损参数、稍加改动而已。

元朝《授时历》，由郭守敬、王洵、许衡等人制定，也是一部集大成的历法，比如它以定朔排历日；以10000为公分母；不立上元积年，推古历日用岁实消长法等。这些都是酝酿已久的成就。而《授时历》的最大成就是用招差法，创

___

① 农桑辑要·原序. 清乾隆武英殿木活字印武英殿聚珍版.

立内插公式计算日、月、五星行度，认为日、月、五星运行速度是时间的二次函数，而日、月、五星行度是时间的三次函数。

《授时历》实行 348 年之久，误差逐渐增大。明朝崇祯年间在徐光启的主持之下重修历法，是为《崇祯历书》，其最大特点是比较系统地介绍了欧洲的天文知识。《崇祯历书》的编纂对于我国古代历法的改革是一次飞跃性的突破，它奠定了我国近三百年历法的基础。徐光启的编历工作为中国天文学由古代向现代发展奠定了一定的思想理论和技术基础。

除此之外，值得一提的是宋代科学家沈括创制的《十二气历》。它是我国历史上第一个阳历方案，也是一部自成系统的历法。它以季名加孟、仲、季为月名，不用 1—12 的月序名；每月自当月节始为 1 日，大月 31 日，小月 30 日。另外，它永无闰月；月亮的运行情形在相应日名后加朔或望二字表示。一月之中可能有两朔或两望，此等现象置之不论。这种历法比较科学，它既符合天体运行的实际，也有利于农业活动的安排。但由于阴阳合历在我国实施很久，此历法因受到守旧势力的反对，一直没有被采用。

精确的观测要以精密的仪器为基础。我国古代的天文仪器也达到了较高的水平。天文观测仪器主要有三种：浑仪、漏壶和圭表。

浑仪（图 3-4）是我国古代观测的主要仪器，大约出现在战国时期。西汉落下闳有开创之功；东汉贾逵增加了黄道环，提高了测量精度，是制黄道仪的先驱；东汉张衡，制造了水运浑天仪，用水作动力，后世各种自动报时仪滥觞于此。元代郭守敬对浑仪进行了一次重大改进，制成了简仪，它的赤道装置中的支架结构与近代天文望远镜普遍采用的天图式装置基本相同，这种装置在欧洲是 18 世纪才开始采用的。德雷尔（Dreyer）在评价简仪的历史重要性时说："这里有两个值得注意的例证，说明中国人的伟大发明往往早于西方成就若干世纪。我们在这里看到，中国在十三世纪时已有第谷式赤道浑仪，更惊人的是，他们还有同第谷用以观测 1585 年的彗星以及观测恒星和行星大赤道浑仪相似的仪器。"[1] 约翰逊认为："无论是亚历山大里亚城或马拉加天文台，都没有一件仪器像郭守敬的简仪那样完美、有效而又简单。实际上，我们今天的赤道装置并没有什么本质上的改进。"[2]

漏壶是测时仪，《周礼》春官所属有携壶氏，专司漏壶。今知最早的漏壶是所谓"汉丞相府漏壶"，是一个带盖的圆形容器，下有出水孔，名旅筒。当器内

---

① 李约瑟. 中国科学技术史：卷四.《中国科学技术史》翻译小组，译. 科学出版社，1975：487.

② 李约瑟. 中国科学技术史：卷四.《中国科学技术史》翻译小组，译. 科学出版社，1975：487.

水从旅筒中一滴滴流出时，浮箭随水面下降而下降，从箭上刻度就能读出相应的时刻来。之后又有唐人吕才加以改进，制成"吕才漏"；宋代漏壶比以前更加科学，其基本情况在沈括《浮壶议》中有详细记载。今存故宫博物院的清代漏壶是综合了唐吕才壶与宋漏壶的优点制成的。

图 3-4　浑仪

（王兴文：《图说中国文化·科技卷》，吉林人民出版社，2009：147）

圭表是用来测定日影长短，判定二至（冬至、夏至）二分（春分、秋分）等节气的位置，从而检验历法正确与否的仪器。测法有两个关键点：一是定南北方向，或是说是判断正午时刻（正午日影为南北向）；二是减小量度误差。由于日影模糊，要量出精确数值不是易事。定南北正向，《周礼·考工记》记述了具体方法和步骤，但没有讲如何缩小量度误差。《元史》中还记录有仰仪、窥几、正方案等，是前述三仪的辅助仪器，观测数据可以互证。

（三）中医学

自从《黄帝内经》采用阴阳五行论作基本理论后，就使中医具有了民族化特征。隋唐时期，儒、释、道三家已成为中国文化的重要组成部分。医学受濡染，从形式到内容，都有了儒、释、道之风，更成为一种异于世界上任何国家的、具有很强中国味儿的学问。以《千金方》的内容为例，卷一叙述说医生应具备的理论素质是，不但要熟读医学经典，精通医理，还要"涉猎群书"，诸如五经三史，诸子百家，释典道论，甚至要求"妙解阴阳禄命、诸家相法、灼龟五兆，《周易》六壬，并须精熟"。这其实是说中医是一门以儒、释、道为辅佐的杂学。书中描述的大医风度是"先发大慈恻隐之心，誓愿普救含灵之苦"。治病时，无问"贵贱贫富、长幼妍媸、怨亲善友、华夷愚智"，凡来治病者，"普同一等，皆如至亲"；此外还要不计个人安危，无论"昼夜寒暑，饥渴疲劳，一心赴救，无作功夫形迹之心"。这副大慈大悲的菩萨心肠自然是建立在佛教理论之上的。又说太医的作风是"望之俨然，宽裕汪汪，不皎不昧"，不"多语调笑，谈谑喧哗，道说是非，议论人物"；到了病家，"纵绮罗满目，勿左右顾盼"。[①]这又是儒家标榜的清谨、耿介的士大夫情操。书中关于房中术、求长生等内容，明显带有道家修炼法的痕迹。[②]

隋唐时期产生的医学名著除了《千金方》外，还有隋代巢元方的《诸病源候论》50 卷，是一部探讨病源和证候的著作；王焘的《外台秘要》40 卷，先论后方，诊断和处方兼备，是一部方诊类著作；李绩和苏敬的《新修本草》（又名《唐本草》），连同图录共 53 卷，是药物学著作，此书已佚，今存残本 10 卷。

医学发展到宋元时期，除了儒、释、道化更加明显外，医学理论也进一步向纵深发展。这时期人们不但对张仲景的《伤寒杂病论》中总结的辩证"八纲"和用药"八法"进行了分别研究，而且还出现了一些医学单科的名家。如专精于儿科的钱乙（1032—1113），他于 1119 年撰成《小儿药证直诀》3 卷；董汲（生卒年不详）于 1093 年撰成《小儿斑疹备急方论》等。南宋陈自明（1190—1270）于 1237 年撰《妇人大全良方》，分作 8 门 24 卷，是第一部较系统、完备的妇产科专著；南宋人杨士瀛（约 1208—1274），在他撰写的《仁斋直指附遗方论》中，第一次对癌症（毒瘤）做了深入描述；元代骨科、伤科专家危亦林（1277—1347）于 1337 年写成《世医得效方》，其中第 18 卷"正骨兼金镞科"具有较高的科学成就，如治疗脊柱骨折用"悬吊复位法"，比英国医生达维斯早约 600 年，用架梯复位治疗肩关节脱位在世界医学史上也具有领先地位；南宋著名法医宋慈（1186—1249）撰写的《洗冤录》，是世界最早的法医专著，被译为英、法、俄、德、日、荷和朝鲜等多种文字，在国外流传；元代滑寿（1304—1386）于 1341 年撰成《十四经发挥》3 卷，首次把任、督二脉和十二经络并列为十四经，并把已知的 657 穴纳入十四经，使经穴关系固定下来，成了后世

① 孙思邈. 备急千金要方·卷一序例. 清光绪四年长洲黄学熙影刻日本江户医学会影北宋本.
② 刘洪涛. 中国古代科技史. 南开大学出版社，1991：449-450.

医家的取穴标准。

明清时期，医学最突出的成就是李时珍的《本草纲目》。李时珍不仅在中国，而且在世界上也是公认的大科学家。他花了整整 27 年时间，付出了大半生心血，参考前人著述达 800 多种，于 1578 年写成了《本草纲目》52 卷，收药 1892 种，分作 16 部 61 类。其中新收药 374 种，按"本草"类图书的一般格式介绍了每种药物的名称、性味、主治，以及产地、修治法，还附有图 1109 幅，医方 11151 个（8170 方是新增）。《本草纲目》不仅是一部药物学巨著，还涉及植物学、动物学、矿物学、化学、经济地理等各学科知识，可以说，它总结了当时人们对自然认识的绝大部分知识，具有十分珍贵的历史价值。

二、中国技术的发展

工艺技术，如金属冶炼、造纸、陶瓷、纺织等，它们的发展除了受资源等物质条件的限制外，由民族意识影响或产生的审美观念、价值取向、情趣追求等也是重要的制约因素。比如，反对奢侈、崇尚节俭是中国的民族传统，这决定了中国人的审美观念是崇尚雅淡，卑薄花巧，对实用价值大于对观赏价值的追求。而工艺技术的发展总是从简单到复杂、从朴拙到花巧，这就使工艺技术在中国经常面对"奇技淫巧"的责难。陶瓷、建筑和纺织，号称中国三大工艺技术，都受着这种意识的导向。

陶瓷生产在唐代是个转折点。中国那时候除了生产传统青瓷，还出现了邢州（今河北邢台）白瓷，形成"南青北白"的对峙局面，名窑崛起，各领风骚。这时候陶瓷工艺技术的创新表现为：发明了匣钵装窑法，提高了产品质量；通过控制釉中铁的含量，改变烧制方法，烧出黄、褐、酱、黑等单色釉瓷，出现了彩瓷的萌芽。在制陶方面，主要代表是绚丽多姿的唐三彩。到了五代时，有了柴、汝、官、哥、定五大名窑，烧制的瓷器各具特色。宋代柴窑式微，钧窑（址在钧州，今河南禹州市）如异军突起，与汝、官、哥、定并列，仍称五大名窑。

宋元间制瓷工艺的发明有很多，如复烧工艺的出现，石灰碱釉、乳光釉、铜红釉、钴蓝釉等新釉料的发明，青花、影青、釉下彩新品种的烧制等。石灰碱釉、乳光釉等的特点是淳厚、含蓄，具有一种内向美。宋瓷的造型也很奇特，以模仿钟鼎彝器为最高追求这显然是审美意识"导向"的结果。

明清瓷的最大成就是各种彩瓷的出现，如宣窑烧制的"祭红""霁青"和"宣黄"，嘉靖以后的"矾红"等，这些都是单色彩瓷，不过已不是宋元均窑的那种单色瓷，用的是铜红釉，技术要求更高，成色效果更好。成化后出现的斗彩，已不是单色瓷；嘉万五彩更为陶瓷别开一洞天。瓷能现五彩，生产各种花色瓷都不再是难事，所以又有三彩、素三彩、夹彩、开光、两面彩等各种名色。在五彩中调以白粉，烧成所谓粉彩瓷，又称软彩。明代不加白粉的彩瓷为硬彩瓷。彩瓷有的还加涂金粉，有描金、炙金、掀金、抹金、抹银等名色，还有的在坯胎上刻花，不刻透的称为雕花，透刻的名为玲珑。从制作难易程度考虑，无疑明清彩瓷要比宋元时期的具有更高的技术水平。

　　建筑和纺织的发展与陶瓷相类似。历代统治者都把居住和衣着看得极重，一方面要以此维持他们的权威，讲究层次和品位，另一方面又怕受舆论批评，违反祖宗节俭的遗训。因而出现一种折中制度：居处和衣着随人的身份等级而不同，各有严格界限。这不仅对市场产生影响，也使建筑和纺织技术的任何革新都成为多余。

　　此外，还有造船、火药、指南针等，因与战争、运输、商业密切相关，也曾一度处于较高的技术发展水平上。

　　我国的造船技术，在隋唐以前循着扩大载重量的方向发展，船越造越大。汉武帝在昆明湖练水军，制造的楼船已达 10 余丈（约 33 米）。隋伐南陈，命杨素在永安造五牙大舰容战士 800 人。由于船太大，仅靠人力已无法撑架，只能自上游放下，一遇"滩流迅急"，则"制不由人"。"增大船体"的路径走到了尽头。隋唐以后，造船向着改善动力机构、增加船身在不同水域中的适应性的路径发展。唐李皋始造车船，把木浆划水改为以轮击水。宋代开始装备水军，南宋洞庭湖农民起义军有 24 只大船。元代以后的海运，以及明代因对倭作战的需要，海船的制造技术提高了，制出了适用于不同水域、不同用途的船只，如在深海航行的有福州造的尖底远海福船；在近海航行的有广州造的窄底近海广船等。此外，载士兵用楼船，作战用海鹘斗舰，巡视有游艇，等等。明代郑和下西洋所乘海船，在当时还是一流的。到清中期以后，造船技术逐渐落后了。

　　火药、火器的制造，指南针、印刷术的发展与造船技术相类似。唐代炼丹家发明的黑火药，大约在五代末到宋代初始在军事中获得应用。北宋兵书《武经总要》中载有三个火药方：毒药烟球方、蒺藜火球方、火药方。按黑火药三种主要成分——硝、硫、木炭的重量比推算，三方都不过是强燃烧剂，火药功能很小。北宋末开始有较强的爆炸性武器，到公元 1232 年，蒙古军围汴京，金人守城使用的"震天雷"，爆炸威力已相当可观。还有一种管形火器，始见于南宋绍兴二年（1132），宋军守德安城时，用火药装填在竹竿中，制成竹竿火枪。南宋末（1259），寿春府生成突火枪，以巨竹为筒，火药内加"子窠"（铁弹子），杀伤力大大提高，应是后世膛炮的权舆。明代火药武器是军队的正式装备，茅元仪的《武备志》记载的火器及附属设备共 15 类 199 种，火药方多至 20 种。在这些火器之中，铜火铳（图 3-5）很有代表性，它是我国古代火药武器发展过程中的一次重大进步。但是，由于机械技术的落后，自元代起，中国火炮质量已落在西人之后，西方制造火器的技术也渐渐传入中国。

图 3-5　铜火铳（1332 年制）

（王兴文：《图说中国文化·科技卷》，吉林人民出版社，2009：143）

我们的祖先不但很早发现了磁石的吸铁性，而且很早就发现了磁石的指极性。战国末年的《韩非子·有度》记载："先王立司南以端朝夕"[1]，司南就是指南针；东汉王充的《论衡·是应篇》中也记载了它的构造与形状。它像一个水勺，投转到地盘上，它的柄部在停止时能自动指向南方（图 3-6）。此后将近千年看不到关于指南针的记载，直到北宋，指南针才又成了人们关注的对象。陈元靓的《新编纂图增类群书类要事广林记》记述了木刻指南针的做法；沈括《梦溪笔谈》记述了指南针的 4 种安装法，还讲到了磁偏角的存在。指南针这项重要发明沉寂千年之久的原因，大约是一直没有找到它的用武之地。中国传统的定向技术是用表测出日出、日落的影子，由此定出东西向（叫作"正朝夕"或"端朝夕"），再由东西向判定南北向，而用正午时的日影和北极方位作为校正，这套方法相当精确。由于磁偏角的存在，指南针的测向效果远远不如。所以至迟到宋代以前，一般工程测量不用指南针定向，其重获后人青睐的原因是它在航海中被派上用场。

中国航海虽然有悠久的历史，但发展很慢。因我国古代主要是边海行船，

---

① 王先慎，撰．钟哲，点校．韩非子集解．中华书局，2003：37.

第三章　中世纪的科技文化

一直没有使用指南针。指南针被用于航海的较早的记载是在宋代的《萍洲可谈》，其中说舟师辨方向，"夜观双星，昼慢观日，阴晦观指南针"。南宋吴自牧《梦粱录》中还说，指南针配有针盘，比北宋沈括说的指南针的安装法进了一步；又说船上有专人掌管，名为"火长"，"一舟人命所系"，是一个极为重要的职务，这也是指南针被重视的原因。中国的指南针在 1180 年前后，经由阿拉伯传入欧洲。

图 3-6　司南模型

（王兴文：《图说中国文化·科技卷》，吉林人民出版社，2009：144）

"印章"和"拓石"，是印刷术的先驱，这些方法导致了雕版印刷术的发明。雕版印刷术发明以后，到宋仁宗庆历年间（1041—1048），毕升发明了活字印刷术。这种方法是用胶泥（粘土和成的泥巴）刻字，每字一印，火烧令坚，因称泥活字或陶活字。元代王桢又制成了木活字，用来印刷《旌德县志》100 部。在他以前，有人制过锡活字，以后制过铜活字，明代还曾制过铅活字，效果都不及木活字。原因是，用水墨印刷，金属活字不沾墨。木活字沾墨，但也有缺点：木字浸水墨后易涨，使字板不平。西方发明油墨后，用铅活字工艺简单，效果最好，因而西方多用此法。不过，起初限于油墨质量，也有缺点，清人说："久之，未免胶粘黄晕，亦是一小病耳。"①

---

① 黄协埙，撰. 锄经书舍零墨. 卷一.《笔记小说大观》本.

总之，在中国政治和思想等社会背景下，人的衣、食、住、行都规定了严格的等级，有的是以法律形式固定下来的，这使得建筑、纺织、陶瓷等工艺技术，几乎完全丧失了继续发展的必要性。有的工艺技术沦入宫廷把持之下，失去了市场意义，丧失了市场动力。所以，工艺技术各自走完自己的辉煌历程后，逐渐落后下来。而如造纸、火药等单科技术，则是由于基础工业条件等因素的限制，也落在西方之后了。

三、中国传统科学发展的特点

对于我国传统科技的形式特征，清代天文学家王锡阐说过一段很好的话："古人立一法必有一理，详于法而不著其理，理具法中。"①只讲怎样做，不讲为什么这样做，道理要在做的过程中慢慢去体会，这给古代科学技术的形象披上了一层神秘面纱，正因如此许多人把中国古代科技与算卦爻课一样看待，当作是术数之学。总而言之，我国科技主要具有如下三个特点。

第一，与西方重视寻找隐藏在自然现象背后"理"的科技目的不同，中国传统科技更重视实用性，从而忽略了理论上的探讨。

中国传统科学的一个显著的特点，是它的很强的实用性。在古代所留传下来的许多科技著作中，大多都是属于对当时生产经验的直接记载或对自然现象的直接描述，除猜测性的议论外，极少进行科学理论的探讨。这种实用的观点，在明代中后期的几部科技名著（如李时珍的《本草纲目》、宋应星的《天工开物》、徐光启的《农政全书》等）中，都表现得很突出。例如，《天工开物》18卷，分上、中、下3编，系统地介绍了我国古代有关农作物的种植、栽培，食品的加工，五金的开采与冶炼，陶瓷的烧制，纸张、舟车、兵器的制造等，是我国明代后期的一部生产工艺百科全书。《农政全书》在当时指导农业生产方面也同样有着重要的价值。这些科技著作的实用性很强，但没有进行理论方面的概括和分析。

第二，与西方科学的理论、实验和技术三者之间互相推动的循环加速机制不同，中国古代科学结构中三者是互相割裂的，因而是不可能出现互相促进的循环加速过程的。

由于受到大一统社会组织形态和相应的地主经济所影响，中国的技术结构系统完全是封闭的。技术被长期封闭在一个个具体的行业中，靠自身经验积累发展着，很难对其他部门产生革命性的影响。此外，技术的继承性往往是由父

---

① 王锡阐. 晓庵遗书·杂著. 清雍正元年刊本.

子"秘传"、行会师授或官营垄断的。这种方法能传达一些极为细微精致的技巧，一些工艺上的关键和奥秘，对工艺技术的继承发展起着极大的作用。但它受到地域和时间的严格限制，十分脆弱，极易失传。我国文献和传说中的许多器械，后人已不复能制造。中国的指南车就曾几次失传，诸葛亮发明的木牛流马也不复重见，考古发现的古代一些精致的织物，其织法也久不流传了。于是后人又得重新在黑暗中摸索。

科学理论伦理化和技术化趋向，限制了重大科技成果的产生。在封建宗法制的社会里，政治和伦理是紧密结合成一体的，科学理论伦理化的趋向就使得科学理论的争论和政治斗争纠缠不清，封建政权愈是强大巩固，科学理论的发展愈是要受到政治的控制，一旦它不能满足统治阶级的需要，前进的道路就有可能被阻塞；儒家要求对自然界的认识为伦理学说服务，其积极入世的现实主义精神使它并不绝对排斥某些为现实生活服务的理论和技术，但不为现实生活服务的理论与技术则被斥之为"屠龙之术"，这就造成理论的技术化倾向，对于独立于技术之外的纯粹理论结构的形成很不利。于是乎，天文学附属于历法，生物学知识几乎完全存在于农学与医学之中。历法经常随着需要而修改，而且越改越趋于精确，到元代《授时历》出现，已达到第谷·布拉赫的水平。但天文学理论几乎是停滞的。中国古代科学理论的这种技术化倾向，自宋至明愈演愈烈，这对构造自然观的建立是巨大障碍。

纵观中国古代所记载的所谓的科学实验，其在古代科技结构中所占的比例很小。除了天象观测受到重视外，其他如物理学上和化学上的实验则很少有记载，即使少数的人（如炼丹家和沈括、赵友钦等）做了某些实验，也不为人们所普遍重视。对于中国传统科学结构来说，尤其缺乏的是进行特定的实验，这就不能把自然界中各种错综复杂的现象逐个分离开来，也不能进行单独的深入的分析研究，结果只能得到笼统、模糊的印象。[①]

第三，与西方重视科学方法的研究和运用不同，中国古代科学研究是长于综合，短于分析，少于逻辑方法的运用。

全面地观察现象，直接从这些现象进行整体上的理论综合与技术发明，是中国古代科学技术成就的一个重大特点。通过实验分析深刻地揭示现象背后的机制，是我国古代科学技术的薄弱环节。"形而上者谓之道，形而下者谓之器"[②]，

---

① 金观涛，等. 文化背景与科学技术结构的演变. //中国科学院自然辩证法通讯杂志社，编. 科学传统与文化——中国近代科学落后的原因. 陕西科学技术出版社，1983：20.

② 孙振生. 白话易经. 中外文化出版公司，1989：98.

重道轻器是中国几千年学术界的一个传统。如具有整体观和综合观的中医理论，重视经验方，却不注重人体解剖，分析人体结构，探求各个部分的功能；地理学也是由对具体的地形、地物的观测，提出解释性原理，就像沈括在《梦溪笔谈》中对地壳变化的认识那样。

在中国传统科学的研究中往往缺乏逻辑方法的运用。如在数学方面就缺乏演绎推理的工作，没有形成公理化的理论体系。研究几何问题只偏重具体的计算而对于几何图形的性质则较少讨论。中国古代在几何学上的成就，一直没有达到欧氏几何学的水平。关于这一点，我国科学界的老前辈任鸿隽曾经把它看成是我国没有产生近代科学的根本原因，如他在 1915 年所写的《说中国无科学之原因》一文中就认为，中国无近代科学完全是由于中国缺少归纳法所造成的。①这种说法虽然不免有偏颇之处，但中国传统科学缺乏用逻辑方法来对大量的经验材料进行整理和概括，实是中国科学的一个重要缺陷。

总之，自 7 世纪开始，有着发达科技传统的中国科技的发展开始放慢了步伐，并从 16 世纪开始逐渐落后于西方国家，其原因曾引起国内外人士的普遍关注，并从经济、政治、文化教育等不同方面进行了有益的探讨。从论证结果来看，我们不难发现，近代中国科技落后的原因是多种因素综合作用的结果。虽然我们可以从科技传统方面能够分析出其中的一些原因，但最主要的还是社会因素，这里不再赘述。

---

① 任鸿隽. 说中国无科学之原因. 科学，1915（1）: 1.

第四章

近代科技文化的产生

　　自欧洲文艺复兴运动开始，世界文明进入了一个新的时期。如果说在此之前的人类文明史，由于科学技术因素的缺乏或薄弱而出现社会生产力水平低下、文化进化相当缓慢的话，那么自近代科学技术诞生以来，情形就截然不同了。

　　1543 年，哥白尼和维萨里这两位科学巨匠分别从大宇宙（天文学）和小宇宙（人体生理学）两个领域发起了震撼人类思想的科学革命。不久，以蒸汽机技术为标志的第一次技术革命也随之爆发，西方工业文明的序幕就此拉开。进入 19 世纪，又发生了以经典电磁理论、化学原子论和生物进化论为标志的第二次科学革命，以及由电力与内燃机技术的广泛应用所引发的第二次技术革命。从社会文化史的角度讲，正是从这时起，科学文化才作为相对独立的亚文化体系，从人类共同文化和混合文化的母体中脱胎而出，并逐步成长为由器物层次、制度层次、价值观层次和行为规范层次构成的现代科技文化。

第一节　近代科技文化产生的历史背景

一、欧洲资本主义生产方式的初兴

从科学社会史的角度讲，作为重要的社会动因之一，欧洲近代资本主义生产方式的兴起，促进了近代自然科学的诞生。

中世纪后期的欧洲，由于生产力的不断发展，社会分工的进一步扩大，加速了小农经济的迅速解体。大约在 14 世纪初，地中海沿岸的一些城市最先出现了一种新型的生产组织——手工工场。它的主要特征是把某些工序甚至整个产品的生产都集中在一个场地来完成，从而取代了传统分散的家庭手工作业。手工工场的出现标志着欧洲资本主义生产方式的形成，它的直接后果是促进了生产技术的改进和工具机械的改革：如纺织、磨坊、染色、冶金、玻璃制造、眼镜磨制、酿造业，以及印刷和造纸等行业，都先后独立出来，从而代替了家庭手工业的生产方式。

从小农经济到手工工场的转变，对生产的材料、工具、动力和传动机械等都提出了新的要求。例如在矿业中已出现了抽水机、碎石机；在冶金业中则出现了达 3 米之高的炼铁熔炉，铁水可用来铸造炮筒、船锚和水锤等。中世纪用于带动水磨的水轮，此时已作为发动机而用于抽水、鼓风、运送矿石和捣碎破布等工作，风车也成了缺水地区的主要动力机械。这些生产技术的改进使社会的生产效率得到成倍的增长。

在技术上，中国、印度、波斯等东方国家技术发明的输入，对欧洲的技术改革具有重要的意义，构成西方资本主义生产方式产生的极为重要的条件。造纸术和印刷术最初只是用于宗教文献的使用上，但不久便成为了传播新思想的工具；火药与铸铁技术结合而产生的火器在战争中的广泛使用，宣告资本主义社会即将到来；而地理大发现则是指南针与航海技术相结合并由此创造的奇迹。尽管资产阶级的冒险家、探险家们一次又一次地成立船队进行远航以致环球旅行带有征服与掠夺的目的，但从此却使人们真正地认识了地球。正如现代物理学家劳厄（Max von Laue，1879—1960）所说："我们必须把 15 世纪末的伟大的航海发现，首先是哥伦布（Columbus，1451—1506）在 1492 年发现美洲作为新的研究精神的第一个标志。"①同时，航海对数学、天文学、力学、气象学、地理学以及造船技术的发展也起到了直接的推动作用。

工场手工业的出现，产生了资本主义的生产方式，"地理大发现"则为资本主义生产方式的发展开辟了道路。上述事实表明，15 世纪末的欧洲社会已经为近代自然科学的兴起提供了必要的社会生产条件和经济条件。

二、文艺复兴的发端与路德的宗教改革

近代科学技术产生于欧洲文艺复兴运动的全盛时期。所谓"文艺复兴"，并不是要复活中世纪后期被宗教化的古希腊科学与哲学学说，而是借"复兴"古代希腊文学艺术之名，"复活"即再现在古代希腊自由天地中生存过的人的精神和文化。这次以复兴古代文化为旗号的反对经院哲学和宗教神学的资产阶级思想文化运动，其中心主张是人文主义，即资产阶级人道主义与人性论，用以人为中心的资产阶级思想来反对和取代以神为中心的封建阶级意识形态。人文主义的核心是提倡人的个性解放，主张保护个人权利和人格自由。它提倡解放人的精神力量和创立符合现代生活要求的哲学、文化和科学，并鼓吹一种以人为中心的世界观。这种世界观认为，人世间的幸福高于一切。例如，在人文主义的代表作——莎士比亚（W. William Shakespeare，1564—1616）的《王子复仇记》（即《哈姆·雷特》）中，有一句台词说"人的理智多么高贵，人的活动多么像天使，人的洞察力宛若神明。人是完善的美，是动物中最高的典型……"，这是对人道主义的艺术表达。

兴起于意大利，随后在欧洲形成燎原之势的文艺复兴运动，以其所宣扬的人文主义精神在近代自然科学的兴起和发展过程中发挥了重要作用。正如德国大哲学家文德尔班所说："文艺复兴时代的人们向我们宣告的正是科学和人类状态的完全革新。……朝气蓬勃，洋溢着青春欢乐，投向现实生活，投向永远年轻的自然界。"②应该说，正是这一人文主义精神为人们探索、研究自然界提供了不竭的精神动力支持。

具体而言，人文主义为近代自然科学的兴起发挥了如下重要作用。首先，从根本上改变了人们的价值观念。其最突出的表现就是把人们的兴趣从天国拉回到了"尘世"，从彼岸导向了此岸，使人们的目光从对来世的企盼转向对现实幸福生活的关注。人文主义者通过对古典著作的收集、翻译、研究和重新阐释，

① 劳厄. 物理学史. 范岱年，戴念祖，译. 商务印书馆，1978：5-6.
② 威廉·文德尔班. 哲学史教程（下卷）. 罗达仁，译. 商务印书馆，1996：498.

营造了积极、自由的精神氛围。这一转变大大激发了人们的聪明才智和创造潜力，激发了其开拓意识和冒险精神。其次，为自然科学的发展构建了全新的哲学思维。在中世纪，对自然界进行研究的工作受到压制。而在人文主义者看来，既然自然界是上帝的作品，反映了上帝的仁慈和智慧，那研究自然界——上帝的作品同样可以达到对上帝赞美的目的。这样一来，从中世纪对上帝的沉思默想，到欣赏上帝所创造自然的迷人魅力，就获得了合法性论证。最后，为自然科学的发展营造了活跃的学术气氛。"人文主义者……为科学的未来的振兴铺平了道路，并且在开阔人们的心胸方面起了主要作用。"①人文主义者通过增设自然科学课程，摆脱了中世纪空洞繁琐的学术研究模式，使学者们从"一个针尖上可以站多少个天使"之类的繁琐争论，转向了对自然界的实际探索，这些都为近代自然科学的兴起和发展奠定了重要基础。正是基于人文主义对近代自然科学的这些贡献，文德尔班得出了这样的结论："近代自然科学是人文主义的女儿。"②

新兴资产阶级反对封建统治的思想文化运动的另一表现是宗教改革。在宗教内部较早打起改革旗号的是德国的马丁·路德（Martin Luther，1483—1546），他于1517年颁布了《九十五条论纲》，斥责罗马教廷通过出售"赦罪符"诈骗钱财的无耻行径。1520年12月，路德指挥了烧教会、烧圣经的行动，还当众烧毁了教皇的"教谕"。除路德外，法国的加尔文教派和比路德稍早些的胡斯也发起过宗教改革运动。这些教派的共同特点有以下几方面：第一，反对"教皇代表上帝"，从而否定了教皇至高无上的绝对权威地位及伴生的种种特权；第二，反对教阶制（即教会内部繁琐的等级制度），以及教会对土地的大量占有；第三，主张成立独立于罗马教会的新教。

宗教改革虽由宗教内部而发，但它的内容却反映了新兴资产阶级的利益。路德提出建立廉价教会，反对宗教宣扬的禁欲主义，认为它违反人性。他针锋相对地提出，获得并保护财产，是基督教的本分。加尔文教派则指出，资产阶级发展工商业是神意，快快发财是神恩的表现，发财快的人是上帝的"特选子民"，并要求建立民主教会。当然，有时他们的口号和行动有矛盾，但从宗教改革的社会内容上说，它毫无疑问是资产阶级思想文化运动的组成部分。

① W. C. 丹皮尔. 科学史及其与哲学和宗教的关系. 李珩，译. 商务印书馆，1997：157.
② 威廉·文德尔班. 哲学史教程（下卷）. 罗达仁，译. 商务印书馆，1996：473.

三、基督教文化背景

尽管中世纪基督教曾严重摧残过古代希腊罗马的自然认识成果，并束缚过人们的思想，但它作为一种文化，毕竟包含着对于对象的认识因素，因此与科学认识活动有相通之处。更何况自 13 世纪中期以来，宗教开禁了亚里士多德和托勒密等人的著作，特别是基督教哲学经过托马斯·阿奎那的改造，引进了大量科学知识，以此作为论证其教义的支柱，这就为近代科学从基督教文化中的萌生提供了可能。正是在这个意义上，丹皮尔指出："在科学历史学家眼中，中世纪是现代的摇篮。"[①]

首先，基督教自然观一反古代物活论的自然观，把神（上帝）、人和自然按不同等级截然分开，进而认为自然是一个"不分灵犀"的独立的第三者，是纯粹的外物，是人从外部进行实验操作并使之"招供"的对象，这无疑为"自然"从神的统治下走向独立奠定了基础。特别应当指出的是，在中世纪随着基督教的兴起，自然哲学在神学的控制下完成了从"万物有灵论"向"上帝创世说"的前提转换。根据这一前提，至高无上的上帝创造了自然界，并为其立法。上帝据以创造世界的模型和管理世界准则的这个"法"，就是宇宙万物必须服从的"自然法"。而在文艺复兴时期，"自然法"概念与自古希腊毕达哥拉斯、柏拉图以来形成的数学理性主义自然观一旦结合，便产生了近代科学中"自然规律"的概念。

其次，尽管基督教的苦行主义曾用严厉而繁杂的仪式和行为规范扼杀过人性，但在客观上却开发了精华人物的意识功能和理性思维能力，这是中世纪后期能够不断汲取古典遗产、从事自然研究的前提之一。同时，基督教把从事手工劳动作为接近上帝的精神生活的组成部分，很多修道士都擅长伐木、制鞋、木匠等工作，这无疑促进了脑力劳动与体力劳动的结合，为培养实验科学和技术创新所必需的实践能力创造了条件。基督教不仅赋予劳动以尊严，而且在《圣经》的典故上写着耶稣的养父约瑟夫是个铁匠，阿坡斯特尔斯的君主是渔夫这样的事例。这种在教义上有意提高工匠地位的做法有利于人们从心理上填补工匠和学者之间长期存在的鸿沟，从而使思辨的哲学传统同操作的实验传统在一定条件下的逐渐汇合成为可能。

① W. C. 丹皮尔. 科学史（上卷）. 李珩，译. 广西师范大学出版社，2005：92.

四、工匠传统与学者传统的融合

近代科学的产生，就知识背景而言，是自然知识的积累与进化的结果。从古代和中世纪流传下来的自然知识，大体上分别隶属于两种很少联系甚至长期对立的传统——工艺传统和学者传统。以工匠为代表的工艺技术传统（即经验传统）在中世纪并没有中断。包括手工业者、航海者、玻璃制造工匠、矿工、冶金工匠在内的劳动者，特别是其中的能工巧匠在劳动实践中积累了各种有益的知识和技能。比如，在 6 世纪欧洲农业耕作中得以普及的用轮子控制犁田深度的新式犁，就是简单机械滑轮的胚胎。又如，为节省人力而用于水磨和水力鼓风机上的水轮，以及随后产生的西方的风车，标志着用自然力（水能、风能）代替人力和畜力的开端。另外，在农业继而在军事上发挥巨大作用的马掌和马镫，不仅提高了马匹的效能，也为力学研究提供了素材。从 13 世纪出现的笨重的机械时钟，到 16 世纪纽伦堡造出的怀表，这些不仅是中世纪晚期工匠的代表性杰作，而且为工场手工业时代的到来提供了最完整的技术基础。

相对于工艺技术传统长期占据主导地位的学者传统，主要在 10 世纪以后相继建立的大学中得到了发展。据统计，14 世纪末，欧洲已有大学 65 所，并初步形成了一套大学教育制度。大学是市民阶级的思想文化阵地，并常常表现出对教会的反叛，因此受到教会的严格控制，但它还是承担了保存和传播世俗科学知识的任务。这些大学里的学者，如杰勒德（Gerard of Cremona, 1114—1187）、罗伯特·格罗塞特（Robert Grosseteste, 1168—1253）等人，先后翻译了托勒密的《至大论》以及亚里士多德、希波克拉底和盖伦等人的多部著作。而托马斯·阿奎那（Thomas Aquina, 1225—1574）、罗吉尔·培根（Roger Bacon, 1214—1293）等人，则在古希腊科学著作的基础上，对其进行了新的诠释，为科学理论的进一步发展起到了巨大的推动作用。

在古代社会，上述两种传统还很少联系。正如巴蒂斯蒂·波尔塔（Giovanni Porta, 1538—1615）所指出的，学者循着"探索着但不进行制造"的道路前进，实践家则循着"制造着但不探索"的另一条道路前进。[1]而由于文艺复兴运动前夕一些自然哲学家所倡导的实验风气，特别是由于文艺复兴运动的冲击，以及资本主义生产方式的萌芽和初步发展，为两种传统的结合，为经验自然知识全面、系统地转化为理论分析和概念批判的对象提供了条件。

---

① 舒炜光. 科学认识论（第 2 卷）. 吉林人民出版社，1990：129.

第二节　科学理性精神的发展

一、"新哲学"的催生与培根的"新工具"

16 世纪是一个充满矛盾的世纪。一方面，文艺复兴运动表现出对古希腊学术发展的敬重；另一方面，为了超越对自然界的天才的哲学猜想和混沌的整体论见解，又不得不对古代自然哲学及其赖以产生的方法加以反思，特别是要对被中世纪基督教神化（宗教化）了的古希腊学术权威，以及统治了几个世纪的亚里士多德主义加以清算和批判。为此，恩格斯曾经把近代初期资产阶级代表人物所倡导的"新哲学"叫作"重新觉醒的哲学"，目的就在于强调这种新哲学同古希腊罗马哲学的联系，并进一步阐明了它同经院哲学的区别。而从某种程度上可以说，近代哲学革命的大师们所寻求的"新哲学"其本质是与传统哲学相背离的：第一，它从对上帝和《圣经》的研究，转向了对自然的研究；第二，它从神秘的目的论，转向根据事物产生的原因和条件来解释事物，这是近代"哲学的最高荣誉"；第三，它从对教条和权威的迷信，转向尊重经验事实和强调人的理性批判精神；第四，它从推崇空洞的思辨和烦琐的论证，转向强调科学实验在认识中的作用。[①]要把这种"新哲学"的精神贯彻于自然研究领域中，当务之急是重建认识自然的新方法论。在这方面做出最杰出贡献的当属培根、笛卡尔和伽利略。

弗兰西斯·培根（Francis Bacon，1561—1626）与帕拉塞尔苏斯等人一样，公开反对亚里士多德主义，抨击经院哲学的贫乏，反对对希腊文献的盲目崇拜。在其名著《新工具》中，培根批评了自亚里士多德以来，仅仅根据少数观察、用简单枚举法匆忙地从感觉和特殊中抽象出最普遍公理的传统做法，并指出这种抽象由于"没有采取对自然作排除和分解或分离的方法"，其所得出的概括必定"是不确定的和含混的"，应当用科学归纳法取而代之。在其经验主义认识论基础上，培根首创了科学中的"排除-归纳法"，这种方法的基本思路是：

第一，通过实验观察获得有关某类现象的一切事实知识，其中包括对该类现象的肯定事例、否定事例和该类现象所具物理性质的程度不同的表现；

第二，将全部事例编制成肯定事例表、否定事例表和程度表（即比较表）；

第三，借助逐步归纳法和排除法，从事例中抽象出最低层次的公理（假

① 舒炜光. 科学认识论（第 2 卷）. 吉林人民出版社，1990：125-126.

第四章

说）；

第四，运用同样的方法从低层次的公理（假说）中构造出较高层次的公理（假说），直至达到普遍性程度最高的公理（即"形式"）。

其中，最重要的方法是逐步归纳法和排除法，而这两者乃是同一过程中相反相成的两个方面。培根把事实之间以及低层次公理之间的相关，区分为偶然相关和必然相关（即本质相关）；不论是从系统的实验观察材料概括出普遍性有限的真理，还是从普遍性程度低的真理上升到内涵更丰富、概括性更强的真理，都要通过比较鉴别，以发现并排除偶然的非本质的相关，从而抽取出必然的本质的相关，作为进一步归纳概括的合适题材。有人认为培根"否定抽象概念"，但事实上，培根仅仅反对简单的枚举法，即只根据少数观察就贸然作出不恰当"抽象"的做法，而对于以系统观察为基础，以排除和舍弃偶然相关（即非本质相关）为关键程序的科学抽象，他是竭力主张的。

当然，需要指出的是，具体应用培根的科学归纳法的程序和规则十分困难，原因是三种表的编制既烦琐又不可能完全。因此，他的这些具体规则和方法对于科学家的研究与发现活动并没产生多少实际影响。但是，培根的三种表的制定毕竟为一些具体的归纳方法（如求同法、差异法、求同差异共用法和共变法等）的应用提供了必要的资料。

二、笛卡尔的直观-演绎法

近代科学尽管在很大程度上得益于实验观察和归纳方法，但要建立逻辑上完备而自洽的科学理论体系，单靠经验方法是无能为力的。笛卡尔（René Descartes，1596—1650）最早注意到了这个问题，并提出了以"普遍怀疑"为前奏、以"直观-演绎法"为核心、以事实验证为补充的科学发现与科学说明的逻辑模式。

在笛卡尔看来，要想使科学取代长期统治人们思想的经院哲学，就必须把科学知识大厦及其每一个组成部分都建立在"理性"的基础之上。为此，就必须"尽可能地把所有事物都来怀疑一次"。笛卡尔认为，感觉有可能会欺骗我们，理性也往往会判断出现错误，故而一切凭感官得到的知识，一切先入之见与偏见，一切传统教条和信念，都应毫无例外地通通放到理性的法庭上加以审判。在笛卡尔那里，怀疑本身不是目的，而是手段；怀疑不是消极的、虚无主义的，而是积极和富于建设性的。因此他的怀疑论是一种方法论意义上的怀疑论，是构筑科学知识大厦的否定性准备。它不仅是科学认识发生的前奏，更是科学作为系统整体而发生的初始环节。

笛卡尔认为，科学的最高成就是一种命题金字塔，其建构顺序是由上而下，即由一般到个别。那么处于金字塔顶端的，作为科学理论体系大前提的最一般原理（即公理）从何而来？笛卡尔的"天赋观念论"是对这个问题的唯心主义解释，但又是相对成功的一种解决途径。在他眼中，来自外界的关于事物的感觉观念是不可靠的，而由人的心灵自由虚构和臆想的观念是个别的和偶然的。只有来自理性本身的"天赋观念"才是一切普遍性、必然性知识的唯一可靠的来源。这种观念作为真理性认识的标准，就在于其无可怀疑的确定性和自明性。由于它既不依赖于感觉经验，也不依人的自由意志为转移而具有客观实在性，因此，以这种观念作为最普遍原理，可以成功地解释一切自然现象。

在笛卡尔的科学方法论中，最核心的乃是作为其知识哲学中心内容的"直观-演绎法"。所谓"直观"，"既不是指感觉的易变表象，也不是虚假组合的想象所产生的错误判断"，而是靠人的认识普遍性、必然性知识的天赋能力而获得的对于基本的、清楚明白的、不证自明的真理的直接了解。所谓"演绎"，是指运用数学中严格的推理方法，从直观得到的第一原理出发所进行的全部带必然性的推理。它相对于"直观"来说，是认识自然的"补充方法"。笛卡尔认为，传统的三段论只能说明已知的真理，而对于那些要发现真理的人来说则毫无价值。作为演绎推理大前提的第一原理，是运用理性直观的力量而发现的，第一原理的创造性保证了由它所推演出的知识的新颖性。

笛卡尔接受了亚里士多德关于科学是演绎陈述系统的思想，并试图用他的"直观-演绎法"构造一个庞大而包罗万象的人类知识金字塔。但这一做法并未成功，因为仅仅根据一般定律的考虑，人们不可能确定物理过程的进程。为了克服"直观-演绎法"的局限和困难，他不得不给实验观察和归纳方法以一席之地，运用这些方法对定律和推论进行事后的验证或经验批准。但同时他又认为，观察和归纳方法仅仅是科学研究中的辅助性的补充手段。笛卡尔的科学方法论模式可表达为下列图式（图 4-1）：

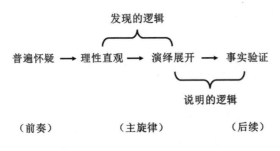

图 4-1　笛卡尔方法论的四段图示

三、实验-数学方法的确立

（一）实验科学传统的形成

美国著名科学史家萨顿曾一针见血地揭示了近代实验精神对近代科学的重要意义，诚如他所言："实验哲学的最终确立，的确是近代科学的主要特征、它的标准和它的光荣。"[①]而弗·培根、达·芬奇、吉尔伯特则是我们不得不提到的对近代实验科学传统的形成产生过重要影响的代表人物。

弗·培根对近代实验科学传统的形成与发展起到了不容忽视的作用。他认为，要揭示自然界的真正奥秘就要从不带任何偏见的观察开始，而且特别是要进行主动的实验。弗·培根把主动的实验看成是获取研究对象系统经验材料的唯一可信的方法。他主张自然哲学家应努力窥探自然的隐蔽和裂缝处，以增进人类幸福。"自然必须作为一个奴隶来服役，它将在强制中被机械技术所铸造。自然的研究者和侦探们将会发现她的阴谋和秘密。"[②]为了让自然吐露秘密，培根认为人类有权使用一切能想到的手段去审问自然，就像法官用各种刑罚迫使犯人说出其所犯罪行一样。他甚至使用了一些纵容对自然使用酷刑的语词，如"缠绕""追逐""驱动""约束""限制""铸造""捆绑""奴役""暗中监视"等。它们是询问自然，向自然提出问题的隐喻，意在凭借实验，"让自然说出其真相"。[③]不言而喻，这些极具鼓动性的词语在促使科学家向自然索取秘密的过程中，可谓发挥了重要作用。但从生态视角来评价的话，可说它们是在使自然不断被"祛魅"并最终沦为无生命、无活力的机器等方面，难辞其咎。

列奥纳多·达·芬奇（Leonardo da Vinci，1452—1519）不仅留下了《蒙娜丽莎》（图4-2）等著名画作，在自然科学方面也非常有成就。据说他曾为别人只知道他是一位画家而深感苦恼。从其留下的数千页的札记中，我们可以看出达·芬奇的出色才华和令人惊叹的业绩。他研究过光学、透视学、染料化学、力学（他独立地证明了杠杆原理），画过完整的心脏瓣膜图；设计过碾压机、挖河机、纺车、齿轮、高效起重机等。达·芬奇认为《圣经》的权威是虚伪的，只有经验才是实在的。诚如他所说："自然界不可思议的翻译者是经验。……自然界始于原因，终于经验，我们必须反其道而行之。即人必须从实验开始，以实验探究其原因。"[④]知识不是靠背诵别人的书本而得来，知识只能来自观察和

---

① 萨顿. 科学史与新人文主义. 陈恒六，等译. 华夏出版社，1989：83.

② 卡洛琳·麦茜特. 自然之死——妇女、生态和科学革命. 吴国盛，等译. 吉林人民出版社，1999：186.

③ Carolyn Merchant. The Scientific Revolution and The Death of Nature. Isis, 2006, (97)3: pp.513-533.

④ 汤浅光朝. 解说科学文化史年表. 张利华，译. 科学普及出版社，1984：38.

实验。在他看来，"对于自然界的观察和实验，是科学的独一无二的真方法"①。
"科学如果不是从实验中产生并以一种清晰实验结束，便是毫无用处的，充满谬
误的，因为实验乃是确实性之母。"②

图 4-2　《蒙娜丽莎》

　　吉尔伯特（William Gilbert，1544—1603）曾是英国皇家医学院的院长，并
对磁学有很深的造诣。他批评当时的学者不亲自做调查研究，讽刺盲目迷信书
本和权威的人是白痴、咬文嚼字者、诡辩家和庸人。他特别强调通过实验直接
研究自然，强调知识来源于经验而不是直觉或推测。在他看来，只有付诸"可
靠的实验"才能使科学繁荣昌盛。

（二）数学方法论意义的发现

　　在今天，数学在各学科中的应用已成为顺理成章的事情。而对于任何人而
言，要掌握现代物理学，首要的就是必须掌握好数学。但数学的重要性并非在
一开始就被人们所认识。譬如，对于古希腊时期的亚里士多德以及延续了亚氏
传统的学者们而言，"把数学引入运动是不合理的"③。而尽管毕达哥拉斯学派、
柏拉图和阿基米德等人对数学颇有造诣，但数学作为一种方法在古希腊并未真
正流行。

　　近代初期，带有神秘主义浓重色彩的"自然法"概念，经过中世纪数学唯
理主义自然观的中介，而最终被客观化为"自然规律"的概念，经历了漫长的
过程。在这一进程中，数学唯理主义逐渐从科学家的自然观信念，转化为一种
方法论观念。在强调数学对研究自然的方法论价值方面起到重要历史作用的，

---

① W. C. 丹皮尔. 科学史及其与哲学和宗教的关系. 李珩，译. 广西师范大学出版社，2001：89.
② W. C. 丹皮尔. 科学史及其与哲学和宗教的关系. 李珩，译. 广西师范大学出版社，2001：91.
③ 戴维·林德伯格. 西方科学的起源. 王珺，等译. 中国对外翻译出版公司，2001：302.

当属伽利略、开普勒和笛卡尔等人。

伽利略（Galileo Galilei，1564—1642）在《实验者》一书中精确地阐述了数学在自然科学中的作用。他说，自然界这本宏大的书是用数学语言写成的，它的印刷符号是三角形、圆形及其他几何图形，没有这些图形，人类就连其中一个词也不可能读懂，而只能在一片混沌中徘徊。伽利略还公开指出，揭开宇宙之谜的钥匙是数学证明而非经院哲学的逻辑，即"我们不是从逻辑手册，而是从充满证明的书中学会证明的，这些书是数学的，而不是逻辑的"①。他还援引《圣经》中的一句话："上帝用数、重量和尺度创造出万物。"

开普勒与伽利略不同，他继承了毕达哥拉斯的神秘主义倾向，这体现在他不仅认为上帝是按照某些模型创造太阳系的，而且还在《宇宙的秘密》一书中骄傲地宣布他已成功洞察到了上帝的创世计划。在他的眼中，"实在世界是一个完全由定量特征组成的世界"。

笛卡尔作为 17 世纪伟大的数学家和哲学家，他不是把数学仅仅视为特殊知识，而是把它当作一种科学规范和普遍方法，这也是他致力于数学研究的主要目的之一。在他看来，数学中借已知求未知，并循着一定的次序和途径，由一个问题讲到另一个问题的方法，完全适用于整个经验自然科学。而且，自然界最基本最可靠的性质是形状、延展和在时空中的运动，它们必定服从于数学规律。笛卡尔认为，数学的概念与证明，能够而且必须能够应用于一切世俗科学。总之，数学的概念与证明，能够而且必须应用于一切世俗科学。"应当有一门普遍科学，即数学，能够解释关于秩序和度量所能知道的一切。"②

（三）伽利略：实验-数学方法的首创者

被近代先哲们倡导和推崇的实验方法和数学方法，在伽利略手中得到了充分而完美的结合。伽利略是近代科学方法论的支柱之一——"实验-数学方法"的首创者。他所提出的"实验-数学方法"的基本思想是：针对一个科学问题，必须以定量实验的观测结果作为出发点和判定理论真伪的标准，同时要运用数学抽象来描述关于客体的各种基本概念和基本关系，即用数学模型来表征物理实在及其运动规律。这种方法突出地体现在伽利略的力学研究中。正如著名科学史家沃尔夫所说："伽利略对于落体定律、钟摆和抛射体运动的研究，提供了科学地把定量实验与数学论证相结合的典范，它至今仍是精密科学的理想方

① 埃德温·阿瑟·伯特. 近代物理科学的形而上学基础. 张卜天，译. 湖南科学技术出版社，2012：57.
② 赫伯特·巴特菲尔德. 现代科学的起源. 张卜天，译. 上海交通大学出版社，2017：71.

法。"①

以落体定律的发现为例。伽利略首先批评了亚里士多德通过思辨和常识所得出的关于落体运动的、颇带目的论色彩的自然哲学解释,并给自己规定了"要发现的不是物体为什么降落,而是怎样降落,即依照怎样的数学关系而降落"的任务。经过长期探索,他发现自由落体在 t 时间内经过的距离 s,同始终以末速度 v_t 的一半 $(v_t/2)$ 所行进的匀速运动在相同时间内经过的距离相等(即 $s=tv_t/2$)。然后,又根据下落物体的(即时)"速度与降落时间成正比"的假设导出了一个数学推论:物体坠落所经过的空间(即距离)按时间的平方而增加(即 $s\propto t^2$)。把上述两项发现结合起来就是:$s\propto t^2/2$(后来惠更斯首次测得了把这个正比式变为等式而出现的比例系数 g)。为了验证借助假说而得出的这一数学推论,伽利略精心设计了斜面小球实验,目的是"冲淡重力"而便于观测与计算。在确认小球下落速度只与斜面垂直高度有关,而与倾角无关,即证明了沿斜面下落与垂直下落的等效性之后,其落体定律得到证实。

美国科学哲学家约翰·洛西认为,伽利略在方法论上继承了毕达哥拉斯主义的倾向。实则不然。因为尽管伽利略把注意力倾注于可量度的事物,并竭力寻找自然现象间的数学关系,但"他所寻找的不是神秘的原因,而是要了解支配自然变化的永恒定律"②,这是他同毕达哥拉斯主义以及中世纪"数学唯理主义"的本质区别。特别是他非但不鄙薄经验、忽视实验,反而巧妙地设计实验,反复精确地测量,使自然定律的数学描述具备了强有力的经验支持,从而彻底摆脱了神秘主义的目的论。

但伽利略并不是一个经验主义者。为了揭示纷繁复杂的自然现象背后的本质,在混乱的经验中发现不变的模式,在进行实验的同时,伽利略还广泛采用了科学抽象、实验和理想化方法。他似乎清楚地意识到科学定律与日常经验事实的本质区别,因此,尽管他深知在空气中发生的实际的落体运动和其他加速运动同他的数学描述并不完全吻合,却并不因此而迁就日常经验。实际上,他的落体定律和单摆定律所描述的仅仅是"真空中的自由落体"和"理想摆"的运动规律。这里把当时已知的空气阻力、摩擦力以及当时尚不清楚的转动惯量导致的能量损耗等次要因素舍弃了,而研究了因素比较单一情况下的运动。伽利略对于经验的这种超越并非一种哲学上的自觉,而是科学家的一种自发意识。

伽利略的"实验-数学方法"的上述特征,使之成为牛顿力学建立的直接方

---

① 亚·沃尔夫. 十六、十七世纪科学、技术和哲学史. 周忠昌,译. 商务印书馆,1985:47.
② W. C. 丹皮尔. 科学史及其与哲学和宗教的关系. 李珩,译. 广西师范大学出版社,2001:114.

法论基础，这一方法开辟了实验科学摆脱自然哲学而向精密科学发展之先河。在伽利略的工作中，新方法论的别具一格的特征，得到了清晰的阐述和富有成效的实践验证。正因如此，我们可以说，伽利略的"实验-数学方法"就是代表近代欧洲新的科学精神，伽利略本人也是当之无愧的近代科学精神之父。①

第三节 "哥白尼革命"

一、日心说的提出

尼古拉·哥白尼（Nicolaus Copernicus，1473—1543）是一位数学家兼天文学家，他的父亲是一位波兰人，母亲是德国人。哥白尼大学毕业后，被送到文艺复兴的圣地意大利去留学，先后在几个大学受到全面的教育，并在数学方面受到了良好的训练。他曾在佛伦堡天主教堂角楼的观测台上，利用当神父的业余时间观察天文现象。在他29岁时，他的一本关于天体运行学说的手抄本《纲要》就已经广为传播了。在这个《纲要》中他提出了与托勒密的地心体系大相径庭的太阳中心说，但系统阐述其观点的《天体运行论》②则在40年后，即1543年才正式出版，这时哥白尼已不久于人世了。

哥白尼在毕达哥拉斯的"中央火团"和阿里斯塔克日心假说等古希腊自然哲学观念的启发下，用一种全新的宇宙观做指导，完成了太阳中心说体系的构建。《天体运行论》共分6卷，在第1卷"宇宙概论"中，他叙述了关于太阳是宇宙中心的基本思想，为全书的精华；第2卷是用三角学研究天体运行的基本规律；其余4卷详细讨论了太阳、地球、月球和各个行星的运动。

这一学说的要点是：地球并非一个静止不动的天体，它也不在宇宙的中心位置上；它是一颗普通的行星，既有自转，又围绕着中心天体旋转。太阳处于宇宙的中心，它照亮整个宇宙，并控制着周围的行星。天体的视运动中包含着地球运动的因素。因为我们站在运动着的地球上观测天象，就像我们站在行驶的船上看岸上的事物一样。如果不考虑地球的运动，就不能正确地理解我们所看到的天体运动的现象。

---

① 李醒民. 科学的文化意蕴——科学文化讲座. 高等教育出版社，2007：228.

②《天体运行论》是今天通用的译法，但译为《天球运行论》更加确切。因为哥白尼沿袭了希腊人的看法，认为天空转动着的是"天球"，所有的星星只不过是附着在天球之上。

在这部划时代的著作中，哥白尼驳斥了亚里士多德和托勒密的地心说和地静说，特别是逐一地推翻了托勒密地静说的种种"论据"。他引用罗马诗人维尔吉尔（Virgil）史诗中的一句话，来说明事物运动的相对性："我们离开港口向前远航，陆地和城市悄悄退向后方。"①他还有一个很重要的思想：行星视运动的不均匀性和行星到地球距离有变化的事实，说明了地球并非所有行星旋转的中心。②最后，他提出了关于太阳系"天体序列"的主张（图 4-3）。

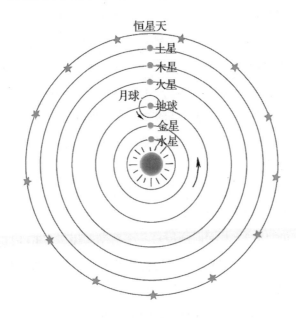

图 4-3　哥白尼的宇宙图示

根据这个"天体序列"图，土星每 30 年绕太阳公转 1 周，其他行星公转周期为：木星 12 年，火星 2 年，地球 1 年（它还带着一个侍从——月球，绕地球转动），金星 9 个月，水星 80 天。哥白尼写道："静居在宇宙中心处的是太阳。在这个最美丽的殿堂里，它能同时照耀一切。难道还有谁能把这盏明灯放到另一个更好的位置上吗？……太阳似乎是坐在王位上管辖着绕它运转的行星家族。地球还有一个随从，即月亮。"③

但需要指出的是，哥白尼体系有很多旧理论的痕迹，甚至在观测的精确程度上比托勒密理论还显逊色。哥白尼仍旧继承了柏拉图原理，把"正圆"和"匀

①　尼古拉·哥白尼. 天体运行论. 叶式辉，译. 北京大学出版社，2006：11.
②　尼古拉·哥白尼. 天体运行论. 叶式辉，译. 北京大学出版社，2006：6-7.
③　尼古拉·哥白尼. 天体运行论. 叶式辉，译. 北京大学出版社，2006：15-16.

速"作为构筑体系的基本原则，延续了柏拉图以来用数学手段"拯球现象"的传统，深信用某些匀速运动的组合就能解释天体视运动的不规则性。因此，他不得不继续用托勒密本轮、均轮的方法去描绘每一个天体的实际运动。

应该指出，尽管哥白尼体系有诸多不完善之处，但它用日心说代替统治天文学多年的地心说，是在重大理论问题上用正确的认识取代了谬误的认识。由此，哥白尼理论的意义仍不容小觑。自从托马斯·阿奎那接受了托勒密地心说以来，基督教思想与托勒密理论的结合，确立了"地球是宇宙中心"的牢固概念；而在哥白尼日心说中，使地球沦为一个普通行星。从社会文化心理层面讲，日心说对地心说的反叛，是对近千年形成的精神生活方式和浓厚宗教情结的挑战。当代著名科学史家托马斯·库恩（Thomas S. Kuhn，1922—1996）称哥白尼日心体系的诞生为"西方人思想发展的划时代的转向"①，它不仅是天文学基本概念的变革，而且是人们对自然理解的根本变革，甚至是西方人价值观念变更的一部分。

哥白尼的著作起初并未引起教会的强烈反应，因为哥白尼本人始终是一个虔诚的基督徒，绝无反叛宗教的意图。何况，《天体运行论》一书之首有一篇献给教皇保罗三世的"序"，声称地动说只一个数学假说，宇宙的真实结构还应按《圣经》的说法。只是过了70多年，教会才发现这部著作对于神学统治的危险性，于1616年将其列为禁书，直至1758年才被开禁。

在一定意义上，可以说哥白尼日心理论在哲学世界观方面的价值大于其在科学上的价值，对于思想解放的意义大于其方法论的意义。无论如何，我们可以说，这部著作是近代自然科学思想革命的起点。

二、日心说的传播

尽管日心说遭到了来自宗教势力的反对，甚至连当时最著名的学者弗·培根也拒不接受这一理论，但它还是被广泛地传播到整个欧洲。最早传播这一学说的是英国科学界，如约翰·菲尔德（John Field）、迪杰斯（Thomas Digges，1543—1595）、吉尔伯特等，都推崇太阳中心理论。在哥白尼之后对日心说的确立做出更大贡献的是开普勒、伽利略和牛顿。在此之前，我们先介绍一下布鲁诺、第谷和笛卡尔的工作。

---

① 托马斯·库恩. 哥白尼革命. 吴国盛，张东林，李立，译. 北京大学出版社，2003：1.

乔尔丹诺·布鲁诺（又译为"乔尔达诺·布鲁诺"，Giordano Bruno，1548—1600）是文艺复兴时期的意大利哲学家、诗人和宗教人物。他年轻时就读过《天体运行论》，1584 年出版了《论原因、本原和太一》和《论无限、宇宙和诸世界》，借助哥白尼的日心说，通过哲学思辨提出了宇宙是统一的、物质的、无限的概念，阐述宇宙没有中心、无限大，不仅在空间上无边无界，而且在时间上也无穷无极，宇宙中可供生物生存的星球有很多。

应当指出，19 世纪至 20 世纪西方早期的科学史教科书一直把布鲁诺作为"科学烈士"加以纪念。然而国际上近年来的科学史研究表明，这种说法存在着把历史上科学与宗教的复杂关系简单化的问题。1964 年英国著名学者、历史学家弗朗西斯·阿米莉亚·耶茨（F.A.Yates，1899—1981）经过长期研究，发表了题为《乔尔达诺·布鲁诺与赫尔墨斯主义传统》（*Giordano Bruno and the Hermetic Tradition*）的专著，提出了与众不同的看法。她认为，布鲁诺接受哥白尼的地动说，不是基于科学的研究，而是建立在法术传统中的"万物有灵论"的基础上的，即"万物的本性就是其运动的原因。"[1]我国科学史学者路甬祥等人也对布鲁诺的传统解释提出了质疑。[2]

布鲁诺一生云游欧洲，传授他的泛神论和古埃及异教思想，在他看来古埃及宗教才是真正的宗教，而现行的基督教是恶劣且作伪的宗教。他主张重新回到古埃及赫尔墨斯法术传统中去。[3]因此，他受到天主教会的迫害，几十年中都过着流亡生活。1593 年起，布鲁诺以异端罪名接受罗马宗教法庭审问长达 7 年，最终于 1600 年在罗马鲜花广场被处以火刑。尽管布鲁诺不是从科学的角度理解和接受地动说，但他在客观上推动了哥白尼学说的传播，是无可怀疑的。

丹麦天文学家第谷·布拉赫（Tycho Brahe，1546—1601）尽管出于神学上的理由，以及观测不到恒星的周年视差等原因而反对哥白尼的日心说，但他也不赞成托勒密关于地球是所有天体中心的主张。在大量观测资料的基础上，第谷接受了哥白尼关于行星绕日运行的思想，并于 1582 年构造了一个折中的天文学体系（图 4-4）。在这个体系中，地球是宇宙的固定不动的中心，日、月和恒星围绕它运转，但其他行星则围绕太阳运转。

第四章

---

① 刘晓雪，刘兵. 布鲁诺再认识——耶兹的有关研究及其启示. 自然科学史研究，2005（3）：263.
② 刘晓雪，刘兵. 布鲁诺再认识——耶兹的有关研究及其启示. 自然科学史研究，2005（3）：267.
③ 刘晓雪，刘兵. 布鲁诺再认识——耶兹的有关研究及其启示. 自然科学史研究，2005（3）：262.

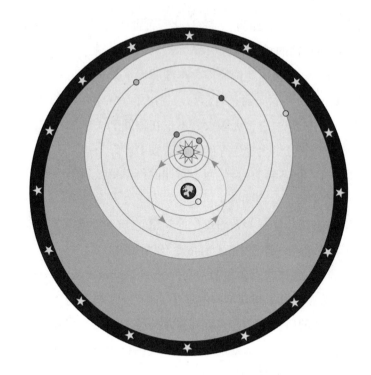

图 4-4　第谷·布拉赫的宇宙图示

　　第谷于 1577 年对一颗大彗星的观测，以及在此之前于 1572 年 11 月对仙后座一颗引人注目的新星长达 18 个月的观察与测量，打破了自亚里士多德以来直到哥白尼所持的关于恒星区域里不可能发生变化，以及各星体存在着肉眼看不见的旋转天球的错误观念。

　　第谷在天文学的理论上的成就虽然不大，但他对太阳系各星球位置所做的经年累月的系统观察和极为精确的观测资料，对以后天文学的发展却产生了极大作用。这些资料的获得与他不断发明或改进天文观测仪器并提高其精确度有密切关系。比如他改革了古代天文学的浑仪，发明了巨型象限仪、墙象限仪和经纬仪等，改进了仪器的制造和使用方法。他认识到不论仪器多么精细也难免有误差，因此他采用反复观测和组合观测的办法来减小误差。正因如此，尽管第谷的天文观测全靠肉眼进行，但其精确度却远远超过前人。托勒密和哥白尼对日、月和行星位置的测量精度只有约 10′，而第谷的测量精度为 2′。第谷对全年的太阳子午圈高度所做的系统观测，改进了太阳视轨道的各个主要常数的公认数值，从而计算出了精确的太阳表。他还对月球在其轨道各点上的位置做了经常性的定期观测，从而把托勒密以来 1000 多年的月球运动理论第一次向前推进了一大步。但第谷不是一个卓越的数学家，再加上他的过早去世，因而未能在对行星的大量观测基础上建立一个数值行星理论。第谷在理论概括上的缺乏正如他的学生开普勒所说的那样："他是个富翁，但他不知道怎样正确地使用这些财富。"①第谷曾经表示要制出一个 1000 颗恒星的星表，但长期的超负荷工作使他积劳成疾，逝世前只完成了 777 颗（一说他已测定了 1000 颗）恒星星位的测定。在他的星表中，标准星坐标的误差仅为 25″左右。

一般科学史著作极少提及笛卡尔对哥白尼日心理论的贡献。笛卡尔为宣传哥白尼日心说曾撰写过《宇宙论》（即《论世界》），只是在听到伽利略于 1633 年被宗教裁判所传唤到罗马受审的消息后，才被迫放弃了公开出版的打算。为避免与教会发生直接冲突，他提出了为哥白尼日心理论立足和传播提供论证依据的"以太-旋涡理论"。这一理论认为，一切运动都是相对的，物质只是相对于它相邻的另一些物质而运动，充满以太的天空相对于太阳做圆周运动时就带着它所含有的所有天体（恒星、行星和地球）一起运动。但这些天体自身按各自的旋涡旋转，所以每个天体（如地球）相对于各自的局部旋涡而言是静止的，而局部旋涡则绕着太阳运转。不难看出，笛卡尔的旋涡理论具有调和托勒密体系与哥白尼体系的特点。不过，考虑到当时科学发展的外部环境，宁可说这种调和是策略性的。

特别值得指出的是，与经典力学和近代天文学的其他奠基人不同，笛卡尔在宇宙观方面采取了发展的观点。他运用"以太-旋涡理论"，先于康德 200 年前就展示了包括地球、太阳在内的所有天体自然历史的演化全景。在这方面，与其说他完成了机械论宇宙观，不如说他已经超越了机械论宇宙观。

三、日心说的发展

尽管哥白尼体系从理论上否定了托勒密地心体系，但从上面的叙述中可以看出，在日心说诞生的数十年中，其命运是极不确定的，只是由于开普勒的工作才使日心说得到发展。开普勒（Johannes Kepler，1571—1630）是一位德国的天文学家，他出身于一个家境贫困的军人家庭，靠宫廷资助读完了大学。在上学期间，开普勒就接受了哥白尼学说，而开普勒恰恰是一位太阳崇拜者，他认为自己有义务去证明和捍卫它："我当然知道我对它（哥白尼的理论）有这种义务，当我已在灵魂深处证明它为真时，当我带着难以置信的狂喜沉思它的美时，我也应当竭尽全力向我的读者们公开捍卫它。"②

---

① 艾哈德·厄泽尔. 开普勒传. 任立，译. 科学普及出版社，1981：35.

② 埃德温·阿瑟·伯特. 近代物理科学的形而上学基础. 张卜天，译. 湖南科学技术出版社，2012：41.

　　他在宇宙论方面的最早著作《宇宙的秘密》于 1596 年出版，并寄给了第谷。尽管第谷不同意开普勒所鼓吹的哥白尼体系，但十分欣赏他的数学天才，于是在 1600 年邀请开普勒与他合作。第谷对开普勒的赏识可说是天文学上的一件幸事：第谷为了从数学上构造他的折中体系而找了精通数学的开普勒；而后者却利用第谷的资料提出了自己的理论体系，从而在天文学上迈出了重要的一步。①

　　开普勒一方面对第谷的观测精确度抱以绝对的信任，另一方面第谷的折中体系与实际观测结果的差异又使他十分苦恼。在经过许多踌躇之后，开普勒毅然抛弃了作为哥白尼体系中致命赘疣的柏拉图原理，在 1609 年出版的《新天文学》，并于 1619 年出版的《宇宙和谐论》中提出了行星运动的三大定律（图 4-5），其主要内容如下。

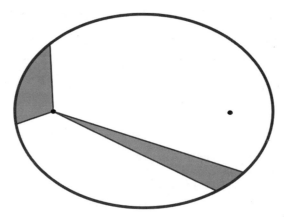

图 4-5　开普勒定律

　　第一定律：每一行星轨道不是一些运动的正圆联合的结果，而是一个椭圆，太阳在椭圆的焦点上。

　　第二定律：行星绕日公转的线速度不是均匀的，而是在相同时间内"太阳-行星矢径"所扫过的椭圆扇形面积相等。换句话说，行星运动的面速度是均匀不变的常数。

　　第三定律：对于任一行星来说，其围绕太阳旋转一周的时间 T 的平方与该行星的平均半径 R 的立方之比是一个常数。

　　开普勒的发现把哥白尼学说向前推进了一大步，他突破了圆形轨道和"本轮-均轮模型"的传统观念，使行星运动的不均匀性得到了自然而合理的说明。

---

　　① 吕乃基. 科学与文化的足迹. 陕西人民教育出版社，1995：105.

正如《古今数学思想》的作者克莱因所指出的那样："开普勒的工作比哥白尼的工作要革命得多。他们在采用日心说上是同样的大胆，而开普勒采用椭圆（与采用圆运动相反）和非匀速运动则从根本上打破了权威和传统。"[①] 开普勒之所以在天文学理论上获得重大突破，其主要原因就在于他坚持了科学应独立于一切哲学和神学之上的信条，假说及由它做出的推论必须经过实践来检验。

不少科学史家把天文学革命的发端归之于开普勒而不是哥白尼，除了上述理由外，还在于哥白尼没有摆脱传统天体数学的模式，而开普勒则试图从物理上解释天文现象，从而将行星运动的动力问题提到日程上来。尽管他的努力未取得最终的成功，却为牛顿等人从引力角度说明天体运动的物理机制奠定了基础。

四、日心说的确立

如果说开普勒推翻了 2000 年来在天文学中占统治地位的哲学理念——柏拉图原理，并提供了行星运动的现实轨道模型，从而使天文学革命真正成为革命，那么伽利略对近代天文学革命的贡献则在于他借助望远镜和力学（主要是动力学）思想证实并捍卫了哥白尼的体系。

在开普勒公布其第一定律和第二定律的 1609 年，伽利略就根据他对光折射的知识，制作了可将物体直径放大 30 倍的望远镜，并于 1610 年在《星际使者》中公布了由此得到的若干重大发现。

其一，他发现木星有四个较小的"行星"（后来被开普勒称为"卫星"）围绕它旋转，这就好像一个缩小了的太阳系模型，这四个卫星各有其可量度的周期。这就用科学事实推翻了地球之外只有 7 个天体（恒星除外）的传统观念，并且向世人表明，地球不可能是宇宙中所有天体绕之旋转的中心。

其二，他还发现月球表面并不是平坦、均匀的，而是凹凸不平和粗糙的，有的山脉高达 4 英里（约 6.4 千米）。这个发现加上他后来观测到的太阳黑子（记叙于 1613 年发表的《关于太阳黑子的书信》一书中）存在的事实（其面积大于地球亚非两洲面积之和），打破了自柏拉图、亚里士多德以来关于天上事物是完美无瑕的神话，驳斥了"月上世界"与"月下世界"属于截然不同的两个世界和天贵地贱的神秘主义的观点。

其三，在以往，银河用肉眼看上去好像是延绵不绝的一片光区，而从望远镜中他分辨出这不过是数以万计单独恒星（其中包括用肉眼连细微的光线都看

---

① M. 克莱因. 古今数学思想（第 1 卷）. 张理京，等译. 上海科学技术出版社，2002：284.

不见的成千上万个恒星）分布较为集中的结果。这个发现使人们不禁要怀疑：如果上帝为人类利益而创造了宇宙，那为什么把如此之多不可见的东西放在天上？

尽管伽利略在理论上没有给哥白尼的宇宙体系增加什么内容，但上述发现以其为日心体系提供的强有力的证据而沉重地打击了经院哲学和传统教条。当时唯一公开支持伽利略的科学家只有开普勒，在《同星际使者的对话》一书中，开普勒指出这些新发现同他本人的理论是一致的。但教会却把日心说视为洪水猛兽，1616 年教会把哥白尼的著作列为禁书，并警告伽利略，让他放弃地动说。经过长期准备和精心构思，伽利略在 1632 年发表了《关于托勒密和哥白尼两大世界体系的对话》（图 4-6）。在这部著作中，他成功地分析了反对日心说的两个主要理由，即没有恒星视差和地上物体垂直坠落的问题，从而使哥白尼的日心体系得到进一步论证。由于伽利略使更多的公众看到了日心体系简单明了的证明，以及他不遗余力地捍卫哥白尼体系，1633 年他被押到罗马宗教法庭受审，在拘禁生活中伽利略顽强地度过了生命中最后的 9 年。

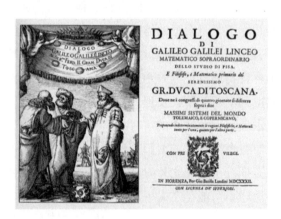

图 4-6　《关于托勒密和哥白尼两大世界体系的对话》书影

在伽利略之后，对日心说做出更大贡献并导致其最终确立的，是英国科学家牛顿。借助微积分和万有引力理论，牛顿在 17 世纪 80 年代不仅证明了一个拥有万有引力的球体对其表面物体的吸引力与其所有质量集中在其中心时所拥有的引力等价，而且证明了引力必然导致行星运行的轨道成为椭圆，而圆形不过是极为特殊情况下的特例。①由此，牛顿就为把太阳与行星、地球与月球之间相互的吸引化简为我们今天所说的质点问题，并最终为开普勒提出的椭圆轨道

① 刘兵，杨舰，戴吾三. 科学技术史二十一讲. 清华大学出版社，2006：154.

提供了令人信服的理论依据，也实现了开普勒试图从物理上解释天文现象的梦想。

第四节　生命科学的进展

一、医学与生理学

（一）医学革命的初兴

近代初期的医学领域，希波克拉底的"四体液"学说仍占重要地位。治疗人的疾病通常是试图重新调整人体中体液的比例，对疾病的专门化研究还十分缺乏。到了 16—17 世纪，一些医生开始注意各种疾病的差异，在文献中也出现了对不同疾病的仔细观察和详尽描述的记载。如吉罗拉摩·法拉卡斯托罗（Girolamo Fracstoro，1478—1553）专门研究了斑疹、伤寒，还研究过被称为"爱疫"（即梅毒）的病因和治疗方法；他最先指出了疾病的 3 种传染病方式，即直接接触传染、经媒介物感染和超距感染；他还指出肺痨（即肺结核）是传染性的，并研究过发烧的类型。还有些医学家对佝偻病、中风、感冒、鼠疫、痛风、绦虫、疟疾、黄热病、精神病等进行了研究与论述。这些表明观察试验传统在医学中的重新建立。

随着人们对各种疾病治疗方法的研究，医学技术也有了突破性进展。著名医学家圣托里奥（Santorio Sanctorius，1561—1636）发明了第一个体温计。他还首创或推广过脉搏计，发明了称量椅、用于气管切开手术的新器械、取除膀胱结石的器械等。圣托里奥最先在医疗实践中使用度量仪器，把定量实验法引入医学研究中，是医学物理学派的早期代表。量化技术的发展表明医学的精确化趋势，这与近代科学的进展方向完全一致。

在这些医学技术中，最值得一提的还是显微镜的发明和广泛使用。最早的复显微镜（图 4-7）是詹森（Z. Janssen，1580—1638）于 1590 年制造的，它由若干会聚透镜组合而成，其中有一个短焦距透镜，在高倍率时它所成的像是有像差和色差的。伽利略曾用它观察过昆虫的运动器官、感觉器官和复眼等。后来，马尔比基（M. Malpighi，1628—1694）和列文虎克（Antoni van Leeuwenhoek，1632—1723）对复显微镜进行了改造，用于研究肺的结构、毛细血管、腺和人体其他器官，以及观察血液的循环。列文虎克借助显微镜补充了哈维对血液循环研究中的不完善部分。他还研究了毛细血管循环和肌肉纤维，明确指出了红血球的存在，而且对人和动物的红血球做过比较性研究。最重要的是他发现了原生动物以及比它更微小的细菌。另外，胡克等人也对显微镜的改进与应用做出了重要贡献。

图 4-7　历史上第一台显微镜

（陈瑞麟：《科学哲学：理论与历史》，群学出版社，2010）

显微镜的应用使生物学知识的范围在 17 世纪得到大大扩展，其最突出的功劳就是导致了细胞学和微生物学的创立，这两个学科在 19 世纪获得了迅速发展。同时，借助显微镜而开创的显微生物学成为生物学中一个非常重要的领域，这一领域直到 19 世纪还保持着无与伦比的地位。

同中世纪相比，16—17 世纪的医生一般注重观察事实，而不注重抽象的理论，他们崇尚经验，而不怎么崇尚纯粹的书本知识。在这方面最典型的代表要算是瑞士医生帕拉塞尔苏斯（Paracelsus，诨名；原名霍亨海姆，B.von Hohenheim，1493—1541）。帕拉塞尔苏斯曾于 1527 年在巴塞尔医学院讲过学，他宣称自己所讲的内容不是来自盖伦和阿维森纳，而是来自大自然。他不接受任何传统医学的束缚，在一次上课时，因把盖伦等人的著作放在硫磺里一起烧掉而被院方解雇。他的外号表明，他自认为比罗马名医塞尔苏斯更伟大、更高明。他骄傲地否定历史上的医学家，甚至宣称："连我的靴子也比盖伦博学。"帕拉塞尔苏斯反对希波克拉底的 4 种体液学说，并用三元素（硫、汞、盐）在体内比例的失调解释人的疾病。他主张用无机化学药品治病，而反对用动植物体及其分泌物（有机物和本草）治病，并因而被称为医学史上的马丁·路德。由他首创的医化学学派在欧洲医学史上有着十分重要的影响。

（二）维萨里的"人体结构"理论

近代科学诞生之前，在医学生理学中居统治地位的是罗马名医盖伦（Galen，129—199）的生理学说。尽管他的生命元气等学说错误百出，但由于基督教的思想统治而在整个中世纪倍受推崇，从而堵塞了生理学新探索的道路。第一个站出来批判盖伦学说的是比利时医生、近代解剖学的奠基人——安法勒斯·维萨里（A. Vesalius，1514—1564）。维萨里于 16 世纪 30 年代进入巴黎大学读书，并于 1537 年以医学博士的身份在帕多瓦大学任教。维萨里一反教授不亲自解剖而推给外科医师的传统旧习，在外科学和解剖学教学中亲自执刀进行解剖，从而实现了医学、生理学教学方法上的变革。很多外地学者远道而来听他讲课。他写的 7 卷本的《人体结构》发表于 1543 年，与哥白尼的《天体运行论》发表在同一年。在其著作中，维萨里指出了盖伦的 200 多处错误，并且敢于向中世纪被奉为绝对权威的亚里士多德提出异议。例如他驳斥了亚里士多德"心是思维的器官"的观点，并认为脑和神经系统才是思维的器官。关于心脏的构造，他也批评了盖伦的错误见解，并指出：心室间隔不能有缺损，心室壁是厚而密的组织，没有什么小的空隙（或小孔）。此外，他还通过亲自解剖而发现了男女具有相同的肋骨数量。

维萨里的《人体结构》是对盖伦等的传统医学和中世纪权威的挑战，同时也标志着人类正确认识人体的第一步。由于维萨里对《圣经》和教义的公开抵触，因而受到了教会和权威们的反对，但他说："我不能因为权威而怀疑我自己的眼睛和我的理性。"此外，他的著作中还有大量的（共 278 幅）生理解剖图，其中一些最精美的插图（图 4-8）是请当时著名画家绘制的。维萨里 28 岁就出名了，但由于他触犯了教义，怀疑了权威，而且解剖过很多尸体，因而遭到教会的迫害。据说，他曾被宗教裁判所判处死刑，后经西班牙国王菲力二世调解而改判为去耶路撒冷朝圣，1564 年客死他乡。

图 4-8　《人体结构》中的人体肌肉构造图

（三）塞尔维特的"肺循环"理论

维萨里的同学塞尔维特（Michael Servetus，1511—1553）是西班牙的生理学家，还是一位虔诚的神学家。他曾在西班牙和法国的几所大学学习，后在巴黎大学攻读医学。在1553年出版的《基督教的复兴》一书中，塞尔维特发现了流传1000多年的盖伦血液运动理论的错误，提出了另一种循环学说。他阐述了血液的肺循环（即小循环）理论。这一理论的主要内容是：心脏是血液最初的本源。血液的再生过程为：血液从右心室经过肺动脉而流向肺部，在肺部同"吸入的空气"（即氧气）相混合，其中的"烟气"（即二氧化碳）通过呼吸被清除掉，吸收了新鲜空气从而恢复鲜红颜色的血液再经过肺静脉流入左心房，并进入左心室。于是具有"活力灵气"的血液又向全身输送，这就是血液为何是生命之所在的原因。

塞尔维特早在1546年的草稿中就已经提出了肺循环假说，但是后来在他所著的《基督教之复兴》一书中，不仅进一步宣传了他的科学发现，而且拥护非正统的"唯一神"教派的主张，对基督教关于"三位一体"的教义进行攻击，终于触怒了教会，天主教正统派咒骂他的著作是具有煽动性的"狂妄恶魔的异端邪说"。尽管他一度逃过了异端裁判所的法网，但后来被加尔文（John Calvin，1509—1564）教派指控为"异教徒"。最终，宗教裁判所以"反三位一体说"和"反婴儿洗礼说"的罪名逮捕了他，并于1553年10月27日被处以火刑。他的著作也被付之一炬。[①]

（四）哈维的"体循环"理论

中世纪以来，亚里士多德和盖伦的理论统治着医学领域，而其中有很多根本性的错误都被奉为经典和教条，从而束缚了近代医学的发展。其中，盖伦的血液运行理论的主要错误体现在两方面。第一，他分不清人体的各个生理系统，而把它们搅和在一起；他把消化系统与血液循环系统混在一起，还把肺和肝脏等与血液循环系统搅在一起。第二，他的血液流动路线也是错误的。他认为肝脏造血之后先储存在静脉中，静脉血先流到右心室，然后穿过心室的隔膜（"小孔"）转入左心室；并且血液流动的路线没有回路，于是只好让血液在血管中来回流动。

在哈维之前，有很多医学家都先后批判过盖伦的理论，如维萨里就曾指出盖伦理论的200多处错误，但他没有正面明确地论述和说明血液循环的途径；塞尔维特也仅仅解决了肺循环问题。和他们相比，哈维的工作要彻底得多，而

---

① 徐爱国. 异端塞尔维特与宗教裁判所的火刑. 人民法院报，2018年12月21日.

且是建立在大量实验的基础上，在论述方法上也非常鲜明，从而才最终推翻了盖伦关于血液运行的错误理论，并科学地阐明了血液循环的基本原理。

哈维（W.Harvey，1578—1657）是英国著名的生理学家，年轻时曾在意大利的帕多瓦大学进行深造，并于 1602 年获得医学博士学位。在那里，他受到文艺复兴时期进步思想的影响，认识到旧哲学对科学的束缚及实验方法对科学的意义。在《心血运动论》这部名著的献辞中，哈维写道："因为我承认无论教解剖学或学解剖学都当以实验为据而不当以书籍为据，都当以自然为师，而不当以哲学家为师。"①正是这种尊重事实、不迷信传统的科学态度使哈维能够做出重大发现。

在塞尔维特提出的"肺循环"理论以及法布里修斯（Hieronymus Fabricius，1537—1619）发现静脉瓣膜的基础上，哈维通过严格的科学实验，提出了"体循环"理论，从而建立了完整的血液循环理论（图 4-9），其主要内容为：静脉血从右心房进入右心室；然后沿肺动脉进入肺，经过肺静脉，流入左心房，再从左心房流入左心室；之后由左心室进入动脉血管到达全身；再通过静脉流回右心房，一个循环完成。此外，他还提出血液运动的动力在于心肌的收缩，心脏起到推动血液流动的机械作用，从而揭示了血液循环的真正动力。哈维猜想，在动脉和静脉之间一定有一个肉眼看不见的起连接作用的血管网。由于当时没有显微镜，因此无法证实这一假说。

图 4-9　哈维的血液循环示意图

哈维在方法论上的创新主要体现在大力提倡科学实验方法和数学方法。在长达 12 年的实验中，他对 80 多种动物进行了活体解剖。在分解、分析实验的基础上，哈维通过亲自观察动物心脏的结构和功能，从而达到了对血液的科学

① 哈维（W. Harvey）. 心血运动论. 黄维荣，译. 商务印书馆，1956：10.

完整的认识。通过扎动、静脉血管的实验，哈维发现：结扎动脉时，近心端膨胀；而结扎静脉时，远心端膨胀，从而把血流的方向彻底搞清楚了。此外，他还把数学用于生物学中，与科学实验相结合，并通过简单计算，说明了心脏跳动在每1小时中挤压到全身的血液总量相当于3个成年人的总血量。他的计算过程如下：心脏每压缩一次所挤出的血有2英两（约56.70克），每分钟有72次脉搏，则1小时挤出的血量为：$2 \times 72 \times 60 = 8640$ 英两（约244.94千克），这相当于3个成年人的总血量。显然，如果不是循环，这是无法想象的，而唯一可能的是血液在全身沿着一个闭合路径作循环运动。哈维把数学运用于生物学中解决了大问题，所以有人说他是生物数学的创始人。他的老师曾发现静脉瓣，但不知其如何作用。哈维在计算的启发下，通过分解分析实验，把血液的方向彻底搞清了。哈维强调不应迷信书本和权威，而要尊重实验，尊重自然，也代表了这个时期的自发的唯物主义倾向。

由于确立了血液循环学说，盖伦的各种"元气"说被人们彻底地抛弃了；而随着越来越多的以分解、分析为特征的科学实验的出现，关于消化吸收、营养、生理化学等新陈代谢功能得到了研究，生理学从此也被确立为一门科学。哈维也因为这一光辉成就而被誉为近代生理学之父，他曾被选为英国皇家医学院院长，人们在他在世时就为他塑造了雕像。

（五）18世纪的生理学

18世纪的生理学不再局限于纯粹的解剖学或对生理过程的纯物理和化学研究，而是扩大了研究的视野。如斯塔尔对生物机械论进行了批判。斯塔尔认为，人体既不为一般机械规律所支配，也不为一般物理和化学规律所支配。当它活着时，在一切细节上它都在一个远远超过物理学与化学的水平上，为一个有感觉的灵魂所管理。这种"有感觉的灵魂"与范·海尔蒙脱（J. B. van Helmont，1577—1644）的"感觉灵魂"不同，它不需要"生基"或发酵物之类的中间媒介，而是直接控制着体内的化学过程与其他过程。它更不同于笛卡尔的"理性灵魂"，因为根据笛卡尔的二元论，离开灵魂的身体只是一架机器，仅服从于机械规律。从斯塔尔开始，生物学中的活力论与机械论、整体论与还原论之间的争论至今也没有停止。

不过，18世纪生理学更主要的进展是在实验生理学方面，其中最杰出的代表是哈勒尔（Albrecht von Haller，1708—1777），他的8卷本的《人体生理学原理》标志着生理学史上的一个新时代。哈勒尔研究方法的特征是试图完整描绘生物，同时用实证的方法平息某些争论（如关于呼吸机制的争论）。他考察了肌肉的作用及其与神经系统之间的关系，证明肌肉是在大脑通过神经传到肌肉的另一种力量的调动下发生作用的。他用实验证明神经是唯一的感觉工具和运动工具。他还指出，一切神经都聚集到大脑中部的脑髓，脑和神经的另一功能是知觉，即在经受外界物体的作用或影响所引起的变化时，在心灵中激起相应的变化。此外，列奥弥尔（Réaumur，1683—1757）、斯帕兰札尼（Lazzaro Spallanzani，1729—1799）对胃液的消化作用都进行过研究，英国的黑尔斯对呼吸、血压等问题的研究都做出了开创性的贡献。

二、生物科学从博物学到胚胎学的进展

（一）林奈：近代博物学的集大成者

在文艺复兴以前，植物与动物的研究从属于医学。文艺复兴以来，对古典文献的挖掘与接触引发了学者纯博物观察的兴趣，新一代博物学家开始涌现。自哥伦布发现新大陆以来，特别是西欧各国向北美的不断移民，新的植物和动物纷纷被发现，由此也引发了日渐高涨的对生物现象的研究兴趣。与此同时，各种私家花园和菜园相继建立，如较大规模的植物园于1545年前后在帕多瓦、比萨、威尼斯和莱顿等地设立，在那里保存和培植了由探险家和冒险家带回的罕见花木。医学界和药剂师协会还设立了较大的药圃，如1676年在伦敦切尔西设立的药圃至今尚存。到了16世纪末，各个著名城市都出现了附属于大学或私人的植物园，当时还流行在纸上粘贴植物标本的风尚。16—17世纪一些有作为的博物学家所具有的共同特点是：第一，不把自己观察与研究的视野限制在狭小的领域；第二，能够撇开古代著作中的描写与见解，而将现时代的自然历史建立在准确而周密观察的基础之上。他们对动物、植物、矿物乃至人体生理结构的观察，促进了人们在物种分类和归纳水平上的提高，并促成了相应学科的诞生。

瑞典科学家林奈（Carl von Linne，1707—1778）是在众多博物学家中脱颖而出的博物学集大成者。林奈本身是一位医生，但他曾做过很多次考察旅行，也管理过欧洲大植物园，这些经历使林奈成为了一名出色的分类学家和博物学家，并因此成为瑞典著名的乌布撒拉大学的教授。该大学先后从500名学生激增到1000人，再到1500人。林奈的代表作《自然系统》初版于1735年，当时仅12页，而到第12版时竟然达到了1327页。在这部著作中，林奈完成了近代科学史上第一个按照外部标志所建立的自然界分类系统，其在生物学中的主要贡献如下。

第一，确立了双名命名法在生物分类学中的地位。之前的欧洲各国对于各种动植物的命名极为混乱，不仅因地而异，而且带有宗教色彩。当时有的皇家植物园甚至出现了很多奇怪的命名，如"上帝的眼睛""上帝的慈悲""基督的刺""我们的父亲"等。由于生物种类繁多，再加上命名又极不统一，学术交流根本不可能，而且严重阻碍了生物学的发展。林奈试图扭转这一状况，他说："我们尊重上帝创造万物的神圣，但决不允许用宗教涵义的名称来混乱我们的科学"。在他看来，一个人如果不知道名称，那么他关于事物的认识就是无用的。为了做"正名"的工作，林奈在提出植物命名法的博欣（Gaspard Bauhin，1560—1624）和土尔恩福特（J. P. Tournefort，1656—1708）两人工作的基础上，创立了适用于动物和植物的"双名命名法"，即用拉丁文来规定动植物的属名和种名（相当于人的"姓"和"名"）。比如，动物中的猫科（他当时称为"猫属"），他命名为：

Felis leo（狮），Felis tigris（虎），
Felis pardus（豹），Felis catus（猫）。

又如，植物中相当于现在"蔷薇科"的桃、杏，他命名为：

Prunus persica（桃），Prunus armeniaca（杏）。

在上述拉丁文中，前面的词是属名，后面的词是种名，从此结束了生物命名问题上的混乱。他创立的命名法，还通过其学生柏克曼而影响到化学。

第二，在命名的基础上，建立了统一的静态分类系统。林奈把自然界分为三界：即动物界、植物界和矿物界，并把人类当时所认识到的动物、植物、矿物统一纳入一个完整的分类系统之中，作为进一步认识自然的重要起点。他以种为单位，把10000多种动植物划分为纲、目、属、种，如把10000多种植物分为24个纲，把4000多种动物分为6个纲。林奈对矿物也进行了分类，这就把人类认识自然的成果条理化了。

林奈的生物分类系统的建立，是人类认识史上一项划时代的成就。不过需要指出的是，林奈的分类方法是一种人为分类法，即人为地规定某一个性状作为分类标准，这就难免带有主观性。比如他对植物的分类是以植物的生殖器官

（花蕊）为基础的，所以将芦苇和牵牛花归为一个属，直到 19 世纪，这种人为分类法才被自然分类法所取代。另外，和牛顿一样，林奈也受到形而上学观点的支配，他的分类法无视物种间的相互联系，从而导致他成为一个物种不变论者。在他看来，每一个种最初被创造时，都有一对（雌、雄）。每个种都有一个共同的祖先，而且种一旦被上帝创造出来，就永恒不变。但随着新种、亚种和变种的不断被发现，晚年的林奈在一定程度上承认了物种的可变性。在 1758 年印行的第 10 版的《自然系统》中，"种不会变"的说法被他删去了。

（二）胚胎学：预成论与渐成论的交锋

早在 17 世纪，哈维就曾提出个体发育理论：新的生物个体是通过渐次的增长过程发育而成的。这种猜测后来被称为渐成论，但因缺乏显微镜观察的依据而未能占主导地位。在胚胎学中，占主导地位达百余年的是与渐成论相反的预成论。所谓预成论，是指成熟机体的器官以压缩的形式在胚胎中预先形成。预成论在当时分为两派，即卵原论和精原论。持卵原论的代表是马尔比基，他主张动物胚的原基在卵中就已存在，因此所谓发育无非是这种原基渐次的膨胀或业已形成的东西的展开；以列文虎克和莱布尼兹为代表所提出的精原论，则认为精子可以被看成是完全的种子，至于母体只不过为其展开提供了营养。无论卵原论还是精原论，都不承认发育过程中的质变，而只承认个体生长是纯粹量的增长。

最先起来反对预成论的，是德国的胚胎学奠基人沃尔夫（C. F. Wolff, 1733—1794）。他在 1759 年发表的《发生理论》以及 1768 年发表的《论肠的形成》中，阐述了反预成论的立场，他证明了动物和植物的发育都是通过未分化物质的分化而进行的。他对小鸡的肠由片状到管状的发育过程以及其他内脏和脑的形成过程所做的阐释，为其理论提供了最有力的证据。但其观点在当时遭到了一些最有影响的生物学家的反对，其中之一是以杰出的生理学才能而声名卓著的哈勒尔（Albrecht von Haller, 1708—1777），他认为如果有足够倍数的显微镜，那么就可以发现看来似乎未分化组织本来就具有的各种器官的结构。这一观点得到了另一位富于哲学思辨的预成论者——博内特（Bonent，1720—1793）的支持。直到 19 世纪，沃尔夫的著作才广为人知，渐成论也才真正得到确立和承认，并取得了它在胚胎学中应有的历史地位。

第四章

第五节　经典力学的建立与物理学的发展

一、牛顿：经典力学的集大成者

（一）伽利略、笛卡尔：近代力学的先驱

近代力学产生之前，在力学中占据主导地位的是亚里士多德关于运动学的理论，这些理论作为一种桎梏曾严重束缚了力学的发展。伽利略是最先向亚氏发起挑战的斗士，而其反驳的对象首先是从亚氏的落体理论开始的。亚里士多德认为，在落体运动中重的物体必定先于轻的物体落到地面。他还认为，体积相等而重量不同的两个物体从同一高度自由落下时，其速度比等于二者的重量之比。伽利略运用思想实验和归谬法反驳了这些错误理论。他指出，若两个重量、大小不同的物体捆在一起，其下落速度有两种相反的可能：（1）由于两物体总重量均大于其中任何一物重量，故捆在一起时下落速度比两物体中较重的物体单独下落时速度要快；（2）由于两物体一轻一重，捆在一起时较轻者会牵制较重者的下落速度，因此下落速度必定大于较轻者而小于较重者。通过分析相同比重的物体在同一介质（如空气）中下落的种种情况和介质密度对物体下落的影响，以及经过"冲淡重力"的斜面实验，伽利略最终得出三个结论：第一，比重相同而重量不同的物体在空气中以同样的速度运动（下落）；第二，在完全没有阻力的介质（即真空）中，所有物体以同样速度做自由落体运动；第三，物体均以匀加速运动自由下落，而下落距离与时间的平方成比例地增加。据传伽利略曾登上比萨斜塔做过落体实验，证实了所有物体均同时落地，但这一传闻至今也未得到科学史界的公认。

在《关于两种新科学的对话》中，伽利略不仅反驳了亚里士多德的运动观念，而且讨论了匀速运动、加速运动、单摆和抛射体运动的规律。关于匀速运动，他给出了以下定义："我们称运动是匀速的，是指在任何相等的时间间隔内通过相等的距离。"关于匀加速运动，则是指"运动质点在相等的时间间隔里获得相等的速率增量"。在这两个概念的基础上，再引入"合成速度"的概念，就可以容易地解释抛物体的运动。伽利略将抛物体运动分解为水平方向的匀速运动和垂直方向的匀加速运动，从而证明了意大利数学家塔尔塔利亚（Niccolo Tartaglia，1499—1557）早期的发现：抛物体仰角为45°时可有最大射程。他第

一个成功地证明了炮弹的运动轨迹是一条抛物线。

在单摆实验和小球在相对的两斜面滚下与滚上运动的实验中，伽利略发现了类似机械能守恒定律的思想，由此得出"惯性"概念，从而否定了亚里士多德"力是运动的原因"的错误观念，确立了"力是改变运动的原因"的思想。这些思想连同他对匀速和匀加速运动的定义，共同为牛顿的运动第一定律和第二定律的最终确立奠定了基础。通过对单摆的研究，伽利略发现单摆的摆动周期与振幅无关。在《关于两种新科学的对话》中，他详细描述了这些实验及其结果，证明单摆周期不依赖于摆的重量和材料，而与摆的长度的平方根成比例。

由于伽利略想要发现的不是物体为什么运动（降落），而是怎样运动，并通过实验揭示了其中的数学关系，这就使得从他开始，时间与空间在物理科学中具有了本原且根本的性质。不过，由于他认为惯性定律只在水平面上成立，因此他的力学仅停留在地面力学上，而未能扩展到天体力学。

笛卡尔和牛顿才把惯性定律作为普遍的力学基本原理来把握。笛卡尔所处的时代正是西欧各国从行会手工业向工场手工业过渡的时代。机器的复杂化使机械平衡定律普遍化，并能进行定量计算。笛卡尔在 1637 年寄给惠更斯（Christiaan Huygens，1629—1695）的一封信中，以"说明一种借助它可用很小力提起很重货物的机器"为主要内容阐述了他关于滑轮、斜面、楔形物、绞车、螺丝和杠杆的理论。他这样写道："所有这些机器的发明都基于包括在其中的一条统一原则：同一个力能够把某一个比如 100 磅的重物提高 2 英尺，还能够把 200 磅的重物提高 1 英尺，或把 50 磅的货物提高 4 英尺等等。"[1]

笛卡尔还是科学史上清晰地陈述惯性定律的第一人。他写道："一件物体，在它静止的时候，具有保持静止并抵抗每一件能使它变化的事物的能力。同样，一件物体，在它运动的时候，具有继续以同一速度和同一方向运动的能力。"[2]这就是说，一件完全不受外力影响的物体便可不经历任何运动的变化。在《哲学原理》中，笛卡尔把惯性定律分成两条"自然规律"。第一规律确认，"任何物体总是尽可能地继续保留在同一位置上"；第二规律的内容是"物体的每一部分都力求继续沿直线运动"。[3]

笛卡尔还探讨了大量的碰撞问题。他认为违反惯性定律的唯一原因只可能是相撞，并用他命名的第三、第四自然规律阐述了相撞时物体动量的传递规律。

① 转引自 Н. д. Моисеев. 力学发展概论（俄文 1961 年版）. 第 1 编第 1 章.
② 转引自 Н. д. Моисеев. 力学发展概论（俄文 1961 年版）. 第 1 编第 1 章.
③ 转引自 Н. д. Моисеев. 力学发展概论（俄文 1961 年版）. 第 1 编第 1 章.

他写道："如果一个运动着的物体在同另一物体相遇时，拥有一个继续沿直线运动的、小于第二物体阻抗它的力，那么它就失去原来的方向而不会在运动中失去什么。""如果它具有较大的力，那么它就带动着迎面的物体，并且它在自己运动中失去的，就是传递给第二物体的那个动量。"①在这里我们可以看到：前者指的是完全弹性碰撞的情形，后者指的是完全非弹性碰撞的情形。此外，他还叙述了 7 条关于物体相撞的个别定理，但由于受当时不完善实验基础的制约，他还没有抽象出"完全弹性碰撞"和"完全非弹性碰撞"这两个概念。

此外，笛卡尔还借助神提出了作为能量守恒定律先声的动量守恒定律。关于动量守恒的思想，他曾在《论光》和 1639 年写给德·博恩纳的信中表述过。1644 年，在出版的《哲学原理》中，此定律得到了最充分的阐述，他这样写道："神以他的全能创造了带有运动和静止的物质，并且现在以他的经常协助在宇宙中保持着与他创造宇宙时所放进去的同样量的运动和静止。因为运动只不过是运动的物质中的一种方式，然而物质却是一个一定的量的运动，这个量是从来不增加也从来不减少的，虽然在物质的某些部分中有时候多一点，有时候少一点。"②倘若抛弃神学的外衣，这个定律就成为经典力学的重要规律之一了。

（二）伊萨克·牛顿：天才的科学家

为牛顿主持葬礼的英国著名诗人亚历山大·蒲柏（Alexander Pope）把他推崇为不朽的圣人，为英格兰增添了无上的荣光。有诗写道："自然和自然的法则隐藏在黑暗之中。上帝说：让牛顿出世吧，于是一切豁然开朗。"③从这首诗中，不难窥见牛顿在他那个时代的重要地位。伊萨克·牛顿（Isaac Newton, 1642—1727）出生在一个农民家庭，幼年时身体很弱。在他 12 岁进入文科中学读书时，就显示出制造机械工具及其模型的才能。1661 年，牛顿进入剑桥大学三一学院深造。在攻读文学学士学位的过程中，他完全依靠自修而研读了数学与光学的名著以及天文学和力学等方面的最新成果。

牛顿称得上是一位全能的科学家。在力学上，他系统总结了力学中的三大运动定律，确立了完整的牛顿力学体系；在天文学上，他发现了万有引力定律、在光学上，他提出了对后世产生重大影响的"微粒说"，也由此引发了科学史上著名的波动说与微粒说之争。他还发现了太阳的光谱，并制作了反射式望远镜；在数学上，牛顿也是硕果累累：他于 1665—1666 年在家乡躲避伦敦一带的瘟疫

---

① 转引自 Н. д. Мoиceeв. 力学发展概论（俄文 1961 年版）. 第 1 编第 1 章.
② 转引自 Н. д. Мoиceeв. 力学发展概论（俄文 1961 年版）. 第 1 编第 1 章.
③ 维基百科"艾萨克·牛顿"条目。

期间，发明了二项式定理的流数法。尤其值得一提的是，牛顿和莱布尼兹各自独立发明了微积分的计算方法。当然，这一数学上的突破也引发了关于微积分的优先权之争，并导致了英国和欧洲大陆之间数学交流的一度中断。但不管怎样，微积分的创立与发展对于物理学特别是经典力学体系的建立提供了直接而强有力的工具。牛顿还做过一些化学实验，可惜在 1692 年的一次大火中，他的化学手稿与他的光学手稿全部被焚毁。

对于牛顿在科学史上的地位，我们似乎可以从这段话中获得某种启示："牛顿在近代科学史上无与伦比的重要性不只是由于他对当时的科学所做出的那些贡献，还在于他在塑造后来形成的科学传统上所起到的不可磨灭的作用。牛顿的工作代表了科学革命的顶峰，同时还为天文学、力学、光学以及其他一些科学领域确定了研究的方向"[①]。

牛顿是英国历史上第一个获得国葬待遇的科学家。在安葬牛顿的威斯敏斯特教堂竖立的纪念碑上，刻着这样一首诗："这里躺着牛顿爵士，他以超人的智力首先证明了行星的运动和图形、彗星的轨道和海洋的潮汐。他孜孜不倦地研究光线的各种折射率及其所产生颜色的种种性质。对于自然、考古和《圣经》是一位前所未有的勤奋、敏锐而忠实的诠释者。他的哲学中确认了上帝的尊严，他的行为中展现了真正的纯朴。让人类欢呼曾经生存过这样伟大的一位人类之光吧！"[②]

（三）万有引力定律的发现

牛顿发现万有引力定律的过程，前后历时 20 年之久。此间他受到当时一些著名物理学家（如哈雷和胡克）的帮助或启发，并借助了皮卡特 1679 年关于 1 纬度对应的地球表面长度的测定值等重要的天文观测结果，从而在伽利略地面力学和开普勒天体力学成就的基础上发现了万有引力定律。

牛顿有一句名言："如果我比别人看得远些，那是因为我站在巨人们的肩上。"事实也的确如此，作为万有引力定律概念基础之一的"离心力""向心力"思想早在 1632 年伽利略的《关于两种新科学的对话》中就已提出来了。不仅如此，伽利略的抛射体运动还使牛顿受到启发，并促使他去思考"月亮为什么不下落"等问题。而作为万有引力定律概念基础之二的"引力平方反比"思想，也早在 1645 年就为布里阿德所提出。在前人的基础上，牛顿开始了对万有引力

① 詹姆斯·E. 麦克莱伦第三，哈罗德·多恩等. 世界史上的科学技术. 王鸣阳，译. 上海科技教育出版社，2003：136.

② 潘际坰. 牛顿. 商务印书馆，1965：42-44.

的探索。

首先，他于 1665—1666 年提出了离心力定律（$F = m\dfrac{v^2}{R}$）（这一定律在 1673 年也为惠更斯独立地得出）。随后，他从这一定律和开普勒的第一定律、第三定律中推出了圆形轨道上天体间的引力与距离的平方成反比关系。1669 年他又把圆轨道上的引力平方反比关系，近似地用于对行星的椭圆轨道的研究中，但是这种研究尚存在一些困难：其一，缺乏关于地球半径的足够精确的数据；其二，天体是实体，怎样来计算所有物体的任何部分所产生的吸引力的联合作用；其三，牛顿当时还不能肯定是否应该由地心开始计算月地距离，因为这牵涉到地球对月球的引力是否正像它的全部质量都集中于地心。

鉴于这些困难无法立即得到解决，牛顿就把主要精力放在光学研究上。但不久牛顿又重新回到引力问题的研究中，他于 1684 年借助向心力概念并运用微积分和极限理论，从离心力定律中得出了引力平方反比定律；还利用皮卡特的测定值成功验证了在平方反比于距离的力作用下，行星必定在椭圆形轨道上运动。随后，在发现运动第二定律的基础上，牛顿把它应用于解决万有引力问题，得出了万有引力与相互作用物体的质量乘积的正比关系。1685—1686 年间，牛顿终于得出了关于重力或万有引力与质量乘积成正比，而与距离的平方成反比的完整表述，并发表在《自然哲学的数学原理》的第 3 编中。

（四）《自然哲学的数学原理》

在整个科学史上，没有任何一部著作在创新或思维力量方面可以和《自然哲学的数学原理》（以下简称《原理》）（图 4-10）相媲美。在《原理》中，实验和观察、机械主义的哲学和先进的数学方法被糅合成一个完整的、能用实验加以证实的思想体系。这部于 1687 年完成的巨著谈的不是实验物理，而是普遍适用的万有引力定律的推导，所达到的抽象数学的水平可以用来计算其他自然现象。牛顿在世时，《原理》一共出了 3 版。在纠正若干错误后，第 2 版由英国数学家科茨（Roger Cotes，1682—1716）于 1713 年编辑出版，第 3 版于 1726 年出版。

《原理》第 1 编谈到一系列奠定力学基础的定义和公理，对质量、动量、惯性、力和向心力下了定义。牛顿对"力"这个概念所下的定义，实现了力学向近代物理的转变：力是运动状态改变的原因，即产生加速度的原因。匀速直线运动只有在没有力作用的情况下才能保持。这样一来，牛顿就结束了在古代和中世纪关于"力"的争论。牛顿还对"外加力"这个词做了解释：这种力只存在于推动之中，当作用过去以后，它就不再停留在物体之中。

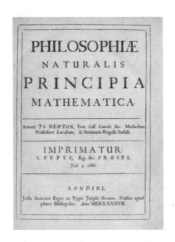

图 4-10　《自然哲学的数学原理》

　　此外，牛顿对时间、空间、地点和运动的概念也做了透彻分析。他认为，绝对的、真正的和数学的时间是自身在那里流逝，而且其性质是等速的，与任何其他外界事物无关。"绝对的空间因其性质与外界任何事物无关而永远是相等的和不动的。"与亚里士多德的时空观念相较而言，牛顿对时间和空间的看法似乎多了些冷冰冰的色彩，而少了些人文的东西。因为在亚氏的理论视域中，无论时间还是空间，它们都有着丰富的人文意蕴。"亚里士多德对空间的探讨，是一种人性化的思维方式，与人的生活实践息息相关。"而亚氏"将时间说成是心灵计算运动所得之数"，就恰恰将事物的运动分成了前和后，而"前和后都是对人有意义的运动的显现"。由此，人的实践活动就把时间展现为"过去""现在"和"将来"①。这种渗透着人文主义关怀的时空观，是牛顿的绝对时空观所缺乏的。

　　在《原理》中，牛顿还阐明了他的三条运动定律。

　　第一定律：每个物体可以继续保持其静止或匀速直线运动的状态，除非有力加于其上，迫使它改变这种状态。

　　第二定律：运动的改变和所加的致动力成比例，并且发生在所加力的那个直线方向上。

　　第三定律：反作用与作用总是相等而相反；或者说，两物体间的相互作用总是大小相等，方向相反。

---

① 赵卫国. 亚里士多德自然哲学中的人文向度. 科学技术与辩证法，2008（4）：85.

应当指出，牛顿的惯性原理是科学认识史道路上迈出的重要而非凡的一步。同时牛顿以一种具有深远影响的形式表达他的第二定律：$\Delta(mv) = F \cdot \Delta t$。这种表达方式，至少在思想上为运动状况变化时相对的质量变化，提供了强有力的依据。此外，由于牛顿把第三定律概括为"作用"和"反作用"定律，从而使月亮对地球的引力和地球对月亮的引力相等同，它还为质点力学向质点组力学过渡提供了前提。

更为重要的是，牛顿在《原理》第1编中提出的天体力学理论，即如果有一种与距离平方成反比的力起作用，一个物体就呈圆锥曲线（椭圆、抛物线、双曲线）运动；引力的中心就在圆锥曲线的一个焦点上。此外，他还对三体问题即太阳、地球和月亮这个系统的运动问题做了初步解答。

《原理》的第2编讨论的是物体在有阻力的介质中的运动。牛顿批驳了笛卡尔的"以太-旋涡理论"，并指出没有旋涡也可以计算出媒质中的运动。《原理》的第3编运用运动普遍规律来解释现实自然界的实际问题。例如，根据测得的天文数据，研究行星的运动、月球的运动、潮汐、二分点的岁差和彗星的运动。《原理》以"论宇宙体系"作为结尾。

（五）牛顿力学的社会经济根源

在考察牛顿时代的科学技术史时，人们经常要问：是什么原因使牛顿能够位于科学发展的转折期？又是什么原因使他有可能对这一转折给予新的启示呢？对此，苏联物理学家黑森在1931年第2届国际科学史大会的发言中指出："物理学的建设主要是根据新兴资产阶级提出的经济技术课题而决定的。"[1]他认为牛顿所著《原理》一书的内容，与伴随这一时代经济和技术的要求而产生的物理学课题是相一致的。黑森还针对当时3个突出的部门——交通、工业以及军事，列举了以下几个方面的课题，以支持他的观点。

其一是水上运输：（1）增加船的装载能力和航行速度；（2）提高船的浮力，增加安全率和持续航行能力以及操作的简易化；（3）确定船在海上的位置、时差和潮汐涨落的方法；（4）内河水道的完成以及它与海上的联络，运河和闸门的建设。

其二是矿山业：（1）从深矿井中把矿石运出来；（2）井内的通信手段；（3）排水及导出设备、水泵问题；（4）熔矿炉的改进；（5）用破碎机和分选机等完成对矿石的加工。

其三是军事技术：（1）研究发射时火炮内部发生的作用及其改进；（2）火

---

① 汤浅光朝，解说科学文化史年表，张利华，译，科学普及出版社，1984：205.

炮的最小重量及其安全度的关系；（3）合适的瞄准法；（4）真空弹道问题；（5）空气弹道；（6）子弹的空气阻力；（7）子弹对弹道的偏离。

（六）经典力学形式的发展及外展式应用

在牛顿《原理》出版后的近半个世纪中，除了流体力学和弹性理论之外，没有人提出过新的力学原理，力学发展也由此从"革命时期"的质变进入"常规时期"的量变阶段。这一时期力学的发展主要表现在两个方面：其一是力学"在牛顿定律基础上的一种演绎的、形式的和数学的发展"[①]；其二是牛顿力学的外展式应用。

由于牛顿的《原理》没有采用微积分方法而是用几何方法表述与论证的，加上他的流数法在符号上的不方便，使《原理》的传播和普及受到了阻碍。英国著名哲学家贝克莱（G. Berkeley，1685—1753）曾对牛顿的数学分析提出过批评。他的批评激发了达朗贝尔（Jean Le Rond d'Alembert，1717—1783）和柯西（A. L. Cauchy，1789—1857）等人，使之在发展微积分和极限理论的同时，实现了牛顿力学的形式化发展。18世纪中叶以后，达朗贝尔的《动力学》、欧拉（Leonhard Euler，1707—1783）的刚体和流体运动方程、拉格朗日（J. L. Lagrange，1736—1813）的《解析力学》和拉普拉斯（Laplace，1749—1827）的《天体力学》等相继问世，这些著作完善了牛顿理论，其中数学分析方法成了理性向自然界逼近的锐不可当的武器。

自《原理》出版以后，众多的自然现象通过经典力学，尤其是引力理论的应用而得到成功解释。牛顿理论解释了物体的下落速率为什么会在不同高度和纬度发生变化，解释了月球的规则运动和不规则运动问题，还提供了理解和预报潮汐现象的物理基础，并揭示了地球的岁差率现象是月球对地球赤道隆起处吸引的结果。牛顿理论最成功的应用，当属哈雷对彗星回归周期的预言。哈雷（Edmund Halley，1656—1742）（图4-11）通过对1682年大彗星的观测与研究认为，不仅是行星，彗星同样在万有引力作用下运动。他发现1531年、1607年、1682年出现的3颗彗星的轨道非常相似，从而推断它们可能是同一颗彗星。哈雷计算出该彗星接近地球的周期为75—76年，并预言下一次它出现的时间是1758年。尽管哈雷在1740年去世了，但后来以他名字命名的这颗彗星于1758年圣诞之夜如期出现在了地球上空。

---

① 霍尔顿. 物理科学的概念和理论导论（上册）. 戴念祖，译. 人民教育出版社，1987：227.

图 4-11　哈雷

比哈雷对彗星的成功预言更加辉煌和振奋人心的还是海王星的发现。当时，人们发现天王星存在着明显的"越轨"（即其实际运动与其运行表不相符合）现象。针对天王星的"反常"及其与牛顿万有引力定律的冲突，有人设想可能有一颗未知的行星对天王星产生着摄动作用，才导致了后者的"越轨"。英国青年亚当斯（John Couch Adams，1819—1892）和法国青年勒维列（Le Verrier，1811—1877）分别根据万有引力定律和摄动理论，研究推导出了未知行星的位置，勒维列随后将计算结果寄给了德国柏林天文台的天文学家加勒。1846 年 9 月 23 日，加勒收到了勒维列的来信，并于当天晚上在预测的位置上找到了这颗后来被命名为海王星的行星。

（七）经典力学作为形而上学模式

牛顿和他的同时代人约翰·洛克（John Locke，1632—1704）都是伟大新思想的象征。这种新思想孕育了在思想信仰和习惯势力领域中的革命，标志着以启蒙运动为起点的新时代的到来。正如一位学者所说："牛顿思想的影响是巨大的；不管这些思想是否被正确地理解，整个启蒙运动的纲领（尤其是在法国）是自觉地建立在牛顿的原理和方法的基础上的，并且从牛顿的辉煌成就派生出启蒙运动的信心及其广泛的影响。这在后来则转变为——的确，大大地创造了——西方现代文化。道德、政治、技术、历史、社会等等的某些中心概念和发展方向，没有哪一个思想和生活地域能够逃脱这种文化转变的影响。"[1]。牛顿经典力学不久即被提升为一种形而上学模式。这种模式有以下三个特征。

---

[1] 伯纳德·科恩. 科学革命史. 杨爱华，等译. 军事科学出版社，1992：174.

第一，牛顿模式中包含一种依靠一个个事实的实证与归纳达到原理的方法，这种方法的实质是只能问"怎么样"（How），而不能问"为什么"（Why）。因为问原因归根结底就是问第一原理，那就等于探索创造的神秘。正如法国启蒙运动领袖之一伏尔泰所说："任何第一原理，我们也不可能认识。"①尽管牛顿晚年为了解释造成行星椭圆轨道的切向力来源，曾提出"上帝的第一推动"的神学思想，但他认为创造后的宇宙不再受神的任何控制。因此牛顿模式的形成客观上有助于启蒙运动的领袖们切断神学与自然科学联结的纽带。

第二，牛顿模式的又一精髓，是把数学作为开启宇宙秘密的钥匙，因为数学结论的优点在于它的普遍性。在这种模式看来，整个自然界符合机械原理的有规则运动完全可用数学来描述。这就是说，空间与几何学领域变成了一个东西，时间则与数的连续变成了一个东西。外部世界于是成为一个量的世界，一个可用数学计算的运动的世界。这种由伽利略奠基而由牛顿完成的模式统治自然科学达 3 个世纪之久。

第三，由于牛顿经典力学是当时自然科学中唯一上升为理论层次的学科，加之它所取得的辉煌成功，使力的概念以及由波义耳开始到牛顿完成的关于物质理论的微粒（素）学说被众多学科所运用，"力"和"素"的概念超出了力学、光学和化学领域而被赋予了一般方法论的意义。比如用热素来解释热的本质，用燃素来解释燃烧的本质，以及用弹性素、磁素等来解释振动和磁等各种现象的物质基础。又比如在运动的原因问题上，以各种不存在的"力"（化学亲和力、电接触力、生命力等）来解释各种运动过程的本质，这是统治一个时代的形而上学自然观的机械论特征。

二、物理学的全面发展

（一）真空与流体力学

流体力学是除刚体力学外，近代力学的又一分支学科。在流体力学方面做出重要贡献的代表人物主要有西蒙·斯台文（Simon Stevin，1548—1620）、托里拆利（E. Torricelli，1608—1647）、帕斯卡（Blaise Pascal，1623—1662）、盖里克（O. Guericke，1602—1686）和波义耳（R. Boyle，1627—1691）等人。

斯台文作为近代力学先驱，曾发现过许多流体静力学定律。例如，他曾用实验演示了所谓"流体静力学悖论"：液体对盛放液体的容器的底所施的力只取决于承受压力的面积大小和它上面的液柱的高度，而与容器的形状无关。他还

---

① 李建珊，等. 欧洲科技文化史论. 天津人民出版社，2011：128.

隐含地假设了后来由帕斯卡提出的原理：流体中任何一点处的压强各向相等。此外，他还研究了浮动物体的平衡条件，他发现这种物体的重心必定和所排开的流体的重心（即"浮心"）在同一垂直线上。

伽利略的学生托里拆利，是在真空和流体力学中做出杰出贡献的物理学家。伽利略在 1638 年就曾注意到，在超过 18 腕尺（约 10 米）的深井里，泵就不能起作用了。对该现象做出科学解释的是托里拆利。1643 年，他和伽利略的另一名学生——维维安尼（V. Viviani，1622—1703）使用比水的比重大 13.6 倍的水银反复进行实验（图 4-12），发现管内水银柱上部形成的真空是大气压力所致。托里拆利还发现水银柱高每天略有变化，他认为这是大气压变化所导致的结果。他们用来进行实验的设备，后来被称为"托里拆利气压计"或"托里拆利管"，管子顶部留下的空间被称为"托里拆利真空"。托里拆利还创立了流体动力学。在 1644 年出版的《几何操作》一书中，他证明了从一个充满水的容器侧壁的一个孔喷出的水柱的路径呈抛物线状，射流的速度及单位时间流量和一个物体从水面高度自由落到孔的高度时所达到的速度成正比，因而也和水柱在孔上面的高度的平方根成正比。

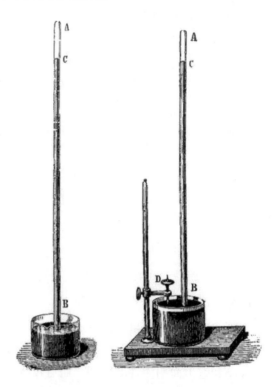

图 4-12　托里拆利大气压实验

帕斯卡是继托里拆利之后在流体领域做出重要贡献的法国科学家。帕斯卡不但用汞和水多次重复了托里拆利的实验，而且于 1648 年沿着海拔 1648 米的多姆山的山坡，从山脚到山顶设置若干观测站，每站安装有一个托里拆利气压计。他发现，汞柱的高度随着站的高度的增加而递减，而是山脚下的气压计也不时有微小变化。这个实验有力地证实了托里拆利的假设。帕斯卡对流体力学的主要贡献是提出了著名的"帕斯卡定律"：流体中任何点上的压强必然按原来的大小向各方向传递。

盖里克也是这一时期对真空和大气压力研究贡献突出的代表人物。盖里克尝试了用泵排除空气形成真空的实验，并先后发明了 3 种抽气机。抽气机的发明与改进，对于气体物理性质的研究具有至关重要的意义。1654 年，盖里克公开演示了用 16 匹马拉开排除了空气的两个铜半球（被命名为"马德堡半球"）的实验（图 4-13）。

波义耳得知此实验后，利用自制的抽气泵进行多种实验，并提出了"空气的收缩与压缩的力成正比"的波义耳定律。哈雷以这一定律为根据列出了第一个气压对高度关系表。而牛顿则把气体粒子假定为静止的弹簧从而推导出了波义耳定律。

图 4-13　马德堡半球

（二）热学的起步

在近代，人们对热现象的研究是从测量"热度"开始的。当时人们往往将温度的变化和物体所含热量的多少混为一谈，并均用"热度"来表示。为了能精确地测量热度，许多科学家都致力于研制温度计，我们在伽利略时代的测温器中看到了温度计的原始形式。与之相比，法国的阿蒙顿（Amontons，1663—1705）发明的空气温度计可说是一个相当大的进步；德国人丹尼尔·加比尔·华伦海特（Daniel Gabriel Fahrenheit，1686—1736）是华氏温度计的制造者；瑞典人安德斯·摄尔絮斯（Anders Celsius，1701—1744）于 1742 年采用了以水的冰点和沸点作为固定点的百分温标，至于在 0 和 100 之间插入数值的精确性问题直到 19 世纪才被提出。一直到 18 世纪，热量和温度才被真正区分开，而"冷"这个术语直到 19 世纪才从科学的词汇中消失。

关于热的本质问题，在整个 17 世纪，人们普遍认为热是由组成物体的最小粒子的运动而形成的。如培根在《新工具》中就指出："热是向外扩张而又受了限制的一种运动，热的精英和本质就是运动，并不是别的。"约翰·洛克也说："热是物体中各部分难以察觉的非常活泼的搅动，我们所感觉的热，除了物体中的运动以外，别无其他。"①这些描述非常具有思辨性，因此在 18 世纪就被"热质说"所代替了。

英国化学家布莱克等人在对热现象进行大量研究的基础上，提出了热质（素）说。这种学说认为：热是一种流体，它可以渗透到物体中去并在热交换中从一个物体流向另一个物体；加热就是给一定物体增加热质，而冷却则是从该物体放出热质。尽管在热交换前后，热质在不同物体中的含量有所改变，但它们的总量是守恒的。热质说能解释许多已知的热现象，因而在 18 世纪很快成为一种主流观点。直到 19 世纪，热质说才让位于"热是能的一种形式"的观念。

关于热的定量测定直到 19 世纪才开始。苏格兰的约瑟夫·布莱克（Joseph Black，1728—1799）在温度和热量之间画出了明确的界限。他引入了卡路里、比热、热容量、熔解热和潜热等术语，他的研究使热质说几乎得到了普遍的公认。在当时，热的唯动说还没有完全被放弃。丹尼尔·伯努利（Danier Bernouli，1700—1782）在 1738 出版的《流体动力学》中，把热归结为分子的相互排斥。他还利用数学推理，成功地推导了波义耳和马略特定律，论证了压强和分子速度的平方成比例关系，并证实了阿蒙顿实验：当密闭的定量气体的温度增加某一数值时，气体压强的增加和密度成比例。当时一些科学家如拉瓦锡、皮埃尔·西蒙和拉普拉斯，用冰量热器对热进行的测量对量热术做出了贡献。

18 世纪末，美国人本杰明·汤姆逊，即伦福德伯爵（Benjamin Thompson，1753—1814）批判了热质说。他对摩擦所产生的热量进行了广泛的测量，焦耳则从这些测量数据中推导出了热功当量的数值。汤姆逊证明，加热金属球时，其重量不变，他由此做出了如下推论：如果热全然是一种物质，那么无论如何，它必定是没有重量的一种物质。汉弗莱·戴维支持伦福德对于热质说的批判，他认为热素是不存在的，热现象的直接起因是运动。

在热质说和热之唯动说之间进行的争论，在当时持续了很长时间，大体来

① 培根. 新工具. 许宝骙，译. 商务印书馆，1984：195.

讲热质说在早期占据优势地位。例如奠定热力学基础的卡诺在研究热机效率问题时，还用热素的撞击来解释热机的运转，但他后来放弃了热质论，并指出热是动力（能量），是改变了形式的运动。直到克劳西斯证明理想气体的绝对温度是由分子的平均动能所决定。焦耳确立了热功当量（图 4-14），以及能量守恒与转化定律的提出，才使热的唯动说牢固地确立起来。

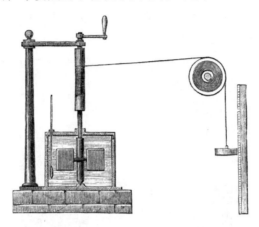

图 4-14　焦耳的热功当量实验

（三）电学的进展

　　古代人类虽已发现摩擦生电现象，但直到 17 世纪上半叶关于电的认识仍无新的进展。直到 1672 年奥·冯·盖里克（O. V. Guericke，1602—1686）才在一本书中描述了一台早期的摩擦起电机；1709 年弗·豪克斯贝（F. Hauksbee，1687—1763）在《物理数学实验》中曾谈到摩擦旋转着的玻璃球、封蜡或硫磺球会产生火花的实验；1729 年英国的斯蒂芬·格雷（Stephen Gray，1666—1736）把物体区分为导体和绝缘体；1746 年荷兰莱顿大学教授马森布罗克（Pieter van Musschen broek，1692—1761）在 18 世纪制造了能蓄电的工具莱顿瓶，为静电学的研究创造了实验条件。

　　富兰克林（Benjamin Franklin，1706—1790）是 18 世纪对电现象研究中值得一提的科学家，他还是《独立宣言》的起草人之一。他提出了关于单电流体的一元论，并认为所有物体都包含有一种电流体，这种电流体超量则物体带正电，不足则物体带负电。1749 年富兰克林向英国皇家学会提交了《论闪电与电之相同》一文，并在 1752 年 5 月的一次著名的"风筝实验"中证实了闪电同实验室的电花在本质上是相同的，均属放电现象。富兰克林也因此获得了英国皇家学会授予的金质奖章。不久，他又发明了避雷针。教会起先反对这一新技术，但避雷针以其显著的避雷效果而很快在全欧流行，最终连教堂的屋顶上也高高耸立起了避雷针。

18世纪的电学理论虽限于静电学，但毕竟除力学之外比其他学科要先进。值得一提的是，英国的普利斯特列（Joseph Priestley，1733—1804）所著的《电学历史的现状及其原始实验》①是近代最早介绍电学领域的学科史著作。18世纪末叶，电学开始由静电研究向流电研究发展。1780年意大利的动物学家伽伐尼（Luigi Galvani，1737—1789）在解剖青蛙（图4-15）时发现了动物电流。但真正把这一物理现象从生理学中分离出来并做出物理学解释的是伏打（Alessandro Volta，1745—1827）。他在电堆实验和发明原电池的基础上，提出了"接触"理论。该理论认为任何物体中都含有电流质，只是其紧张程度不同；当两种不同金属接触时，电流质就可从一种金属流向另一种金属。尽管这一解释较之伽伐尼的动物电观点更为流行和被人们所接受，但这两种解释都未触及电流产生的真正本质。从静电到流电的研究标志着电学认识上的一次飞跃。

图4-15　伽伐尼实验

（四）声学、光学的状况

人类对声学的研究起源于音乐，如从古代到17世纪，人们主要是从算术（比例）的角度对谐音的音程进行研究的。17世纪许多科学家提出过音程的计

---

① 尹林娜. 探秘高中物理两个扭秤实验. 物理通报，2024（1）：158.

算原则，如伽利略、笛卡尔、梅森（Marin Mersenne，1588—1648）、胡克等人，均证明了一个律音的音调由产生它的振动频率决定。伽利略的学生默森在 1636 年所著的《普通声学》中，提出了弦的律音的频率和弦的张力的平方根成正比，而和弦的长度及单位长度上的质量成反比的定律。沃利斯（John Wallis，1616—1703）等人研究了伽利略提出的"和应振动"及其规律。法国物理学家索维尔（Joseph Sauvclit，1653—1716）曾对共鸣现象进行观察，并对弦的谐音做了研究；他还对振动频率进行了测量，并在驻波理论中引入了"波节"与"波腹"等科学术语。牛顿在计算空气中所产生声波的波长时，曾利用了索维尔的测定频率装置。

18 世纪的许多数学大师，如达朗贝尔（D'Alembert，1717—1783）、丹尼尔·伯努利（Daniel Bernoulli，1700—1782）、布鲁克·泰勒（Brook Taylor，1685—1731）、欧拉（Lonhard EuLer，1707—1783）、拉格朗日（Lagrange，1736—1813）和拉普拉斯（Pierre-Simon Laplace，1749—1827）等都曾对弦振动的数学处理做出了贡献。其中，欧拉于 1739 年提出了更为精确的确定音调的方法，即一根弦的振动频率（n）与其长度（l）、张力（T）和单位长度质量（m）之间有如下关系：

$$n = \frac{1}{2l}\sqrt{\frac{T}{m}}$$

此外，拉普拉斯在牛顿研究的基础上，引入了拉普拉斯因子，从而精确地解释了声速与气体温度变化的关系。

关于声音的传播媒质问题，在亚里士多德时代人们就已猜到空气是声音的通常媒质，但在抽气机发明之前，这一猜测还未得到证实。17 世纪中叶，抽气机的发明人盖里克（O.V. Guericke，1602—1686）最早进行了关于空气和人们对声音的感知两者间关系的实验。他在一容器中放入可用时钟机构敲响的铃，并用抽气机抽去容器中的空气，他发现随着容器中空气的稀薄，铃声变得越来越小。18 世纪初，豪克斯贝（F. Hauksbee，1687—1763）沿着相反的思路改进了上述实验，他发现当容器中的空气为 1 个大气压时，铃声可传到 30 码（约 27.4 米）以外；2 个大气压时，铃声可传到 60 码（约 54.9 米）以外；3 个大气压时则可传到 90 码（约 82.3 米）以外。他还用实验证明了声音可在水中传播。后来，普利斯特列证明声音可在空气之外的其他气体中传播。

18 世纪末，由于德国科学家恩斯特·克拉尼（Ernst Chladni，1756—1827）所进行的对弦、杆、薄膜和板的振动研究，使声学从数学的或音乐的研究方法上升到物理声学的高度。克拉尼在 1802 年发表的《声学》中，记载了他在 1785 年前后的一些重要实验。拿破仑看了他的声图实验后说："克拉尼使声音变得可以看见了。"克拉尼还研究过纵波，以及声音在不同气体中的传播速度比等问题。

光学是一门古老的学科，古希腊时期人们就已知道光的直进和反射规律。托勒密在光折射实验的基础上，提出入射角与折射角成正比的思想。而关于视觉的本质，伊壁鸠鲁和亚里士多德等，都提出过一些哲学猜测。中世纪的阿尔·哈金（即伊本·海赛姆，Ibn-Al-Haitham，965—1038）曾用实验测定了折射率。但总括来讲，古代与中世纪的光学知识是极其有限的。

开普勒是近代光学的奠基人，他在 1611 年出版的《屈光学》中，解释了望远镜及显微镜所涉及的光学原理，并提出了改良望远镜的建议，他的建议在近代导致了远距照相透镜组合的发明。开普勒还首次明确提出了光度学基本定律，即光强与离光源的距离平方成反比地变化。他还研究了球面像差这一复杂现象，为以后巴罗等人的几何光学研究奠定了基础。关于视觉理论，开普勒提出了视网膜上的成像本身不构成整个视觉行为的正确思想。

第一位提出精确的折射定律的是荷兰人斯涅尔（W. Snell，1580—1626）。1621 年，在大量实验的基础上他得出了折射定律：入射角与折射角的余割（正弦的倒数）之比为常数。笛卡尔于 1637 年提出了折射定律的现代形式，即入射角与折射角的正弦之比为常数。他还提出了关于光的本性的微粒假说。他对虹霓现象的研究成为牛顿对虹霓解释的前提。

关于光的本性的波动说，在达·芬奇的著作和伽利略的书信中已有迹象，但明确提出光具有周期性特性的，是意大利数学家格里马尔迪（F. F. Grimaldi，1618—1663）。从波动观点出发，格里马尔迪解释了似乎同光的直线传播定律相悖的衍射现象。他还指出，颜色的不同乃是眼睛受到速度不同的光振动刺激的结果，这个思想对后来的光学发展具有根本性意义。

1665 年胡克的《显微术》问世，在该书有关光学的阐述中，胡克对多种透明薄膜的闪光颜色现象进行了实验和理论上的探讨。他注意到，在一定的厚度范围内，云母薄片里会出现虹霓的色彩，不同厚度的部位颜色不同。虽然胡克未能确定厚度与颜色之间的精确关系，却为牛顿对"牛顿环"现象的研究奠定了基础。胡克认为光是一种振动，发光体的每一次振动或脉动必将以球面向外传播。

不过，比较系统地提出光的波动理论的当属荷兰物理学家惠更斯（1629—

1695）。他认为，构成一个发光体的微粒把脉冲传送给邻近的一种弥漫媒质的微粒，每个受激微粒都变成一个球形子波（即次波）的中心。用微分几何的语言来表述，即波阵面所及的任意点均可看作新的次波源（即子波中心），而新的波阵面则是所有次波源向外发出的半球面次波的包迹①。这就是著名的惠更斯原理。

"微粒说"是 18 世纪占据主导地位的关于光的本质的学说，持这一观点的有牛顿等人。牛顿在大学时期就对光学有浓厚兴趣。1672 年，牛顿在《哲学学报》上发表了他对色散现象的研究成果。牛顿最初吸取了胡克的波动思想，倾向于把微粒说和波动说结合起来。1675 年，他提出弹性以太的思想以试图解决微粒说的困难，但他拒绝纯粹的波动理论。在 1704 年的《光学》中，牛顿则主张彻底的光微粒假说。由于牛顿在科学界的崇高威望，光的微粒说在 18 世纪始终占据着主导地位。

第六节　化学发展的基本线索

化学借助燃素说彻底从炼金术中解放出来大约经历了 300 多年的时间。其中主要经过医化学与工艺化学时期、微素理论时期、燃素说时期和氧化说时期。

一、医化学与工艺化学

医化学即医药化学，尽管与炼金术有千丝万缕的联系，但这一联系也为化学的发展开辟了新的方向。医化学的代表人物主要有帕拉塞尔苏斯②（Paracelsus，1493—1541）和范·海尔蒙脱（J. B. van Helmont，1580—1644）等人。前面提到的帕拉塞尔苏斯不仅是医学史上的改革家，而且也对化学的发展做出了贡献。尽管帕拉塞尔苏斯还没有从实践上完全摆脱炼金术，但他认为炼金术的目的是荒诞的。他给炼金术下了一个新定义——把天然原料转化为对人类有用的产品的科学。帕拉塞尔苏斯在炼金术的两元素（"硫""汞"）说基础上增加了"盐"而提出三元素说，以此作为他的理论观念来解释自然界的物质变化。他认为"硫"是可燃元素，"汞"是挥发性或可溶性液体元素，"盐"则

---

① 程路. 光的波粒二象性. 天津人民出版社，1979：22.

② 原名霍亨海姆，帕拉塞尔苏斯是他的绰号，帕拉来自拉丁语 "Para-"，意为 "超越"。他为自己起这个绰号想说明其超过了古罗马名医塞尔苏斯。

是不挥发和不可燃元素。这3种元素在物质中所占的不同比例，决定了物质所具有的不同性质。帕拉塞尔苏斯做过制药、提纯和大量化学实验，区分了白矾和蓝矾，研究了二氧化硫的漂白作用，发现了醚类物质及其麻醉作用，并强调化学操作中定量的意义，他的工作为医药化学奠定了基础。

帕拉塞尔苏斯的医化学学派在17世纪产生了很大影响。比利时的范·海尔蒙脱（图4-16）就是该学派最后一位颇有影响的代表人物。但海尔蒙脱不同意帕拉塞尔苏斯的三元素说，并认为水和气才配称为元素，因为它们都是再不能被还原为更基本的东西，且两者不能互变为对方。海尔蒙脱通过著名的柳树实验，论证树的所有新物质几乎都是由水转化来的。海尔蒙脱柳树实验过程：把一棵柳树栽在一个非常大的盆里，把盆里的泥土和大盆都一起给烘干然后称重，种下这棵柳树之后给这棵柳树经常淋水，等5年后柳树长成了大树后，把盆里的泥和大盆给烘干后称重，发现它的重量并没有减少。于是海尔蒙脱认为柳树长大所增加的重量，只能来源于水，水能转变为土，被柳树所吸收。尽管他的实验构思和结论是错误的，但其定量研究的方法为现代化学奠定了方法论基础。同时他的"无不生有"的信念蕴涵着朴素的物质不灭思想。海尔蒙脱还注重对气体化学的研究，他最早区分了空气、水蒸气和其他气体（gas），还区分了呼吸用的空气和使人中毒的气体（即一氧化碳）以及可以灭火的气体（即二氧化碳）等。他还研究了酸、碱等物质，并倡导化学教学应当用火的操作来证明，并自称为"火术哲学家"。海尔蒙脱对波义耳元素定义的形成有很大影响。他还提出过人体消化过程中的"酸素"理论，这已经孕育了近代生理学中的酶学说。[①]

图4-16　海尔蒙脱

① J. R. 柏廷顿. 化学简史. 胡作玄，译. 商务印书馆，1979：61-62.

除医化学外，工艺化学也是从炼金术向近代化学过渡的重要方向之一，其中代表人物主要有德国医生阿格利柯拉（G. Agricola，1494—1555）和意大利工匠毕林古修（V. Biringuccio，1480—1539）等。阿格利柯拉写过很多冶金和矿物学著作，最著名的是 1556 年出版的《论金属》。尽管该书侧重于应用方面，但已有部分金属化学以及地质现象的内容。此外，它摆脱了炼金术的束缚，并成为其后 200 年中采矿、冶金方面的重要指南。毕林古修在其 1540 年出版的名著《火术》中，叙述了铸钟和铸炮等各种运用火的生产技术，并从矿物形成、采矿、提取、冶炼、化合物及其性质一直谈到火药和其他可燃、可爆的物品。针对炼金术，他直接提出了"金属不能转化"的思想。此书和《论金属》均在化学方面体现了学者传统和工匠传统的结合，是从炼金术通过工艺化学向近代化学发展的里程碑。

二、波义耳的"微素"理论

使化学从炼金术的影响下解放出来，从而真正成为一门科学的是英国的科学家波义耳（Robert Boyle，1627—1691）。波义耳由于与马略特分别独立地发现了气体定律（PV＝常数）而成为著名物理学家，但他在科学史上更主要的贡献是在化学方面。在其 1661 年出版的《怀疑派化学家》中，波义耳系统地批判了炼金术中"性质决定一切""性质组合而成为物质"等错误原则，并在古代原子论以及医化学家范·海尔蒙脱的影响下，提出了微素理论。

微素理论认为构成自然界的材料是一些细小致密、用物理方法不可分割的微粒，正是物质的这些机械微粒决定着物质的性质及其变化，其中包括它们的大小、位置、机械运动，以及当时人们所了解的一切物理、化学性质。物质的机械微粒结合成更大的粒子团，而这些大大小小的粒子团作为基本单位参加各种化学反应。也就是说，所谓化学变化就是这些粒子团的运动、组合、排列从而形成新物质的过程。

波义耳还批评了炼金术中的"同情""憎恶""亲和"等颇带感情色彩的概念。在他看来，化合反应中的吸引力或"亲和力"，可以解释为运动粒子相互匹配集聚的结果[①]，而根本不是什么"相亲相爱"的结果。波义耳用微粒本身的特点来解释化学反应，是很有意义的。他的微粒说是燃素说的理论前身，比如他认为金属燃烧后，由于火的微粒（火素）穿过玻璃容器与金属化合，从而产生了金属灰，这是燃烧后重量增加的原因。尽管波义耳的"火素"不是后来斯塔

① H. M. 莱斯特. 化学的历史背景. 吴忠，译. 商务印书馆，1982：125.

尔（1660—1734）的"燃素"，但波义耳的微素学说对燃烧现象的解释却是建立燃素说的基础。两者作为机械的微粒哲学，反映了那个时代人类认识自然的机械论特征。

波义耳不仅否定古代的元素说，也否定炼金术和霍亨海姆的三元素说。他认为既然不能通过实验把元素从物体中提取出来，它们就不配作为构成物体的元素。他给元素下了一个较清楚的定义："指某种原始的、简单的、一点没有掺杂的物体，元素不能用任何其他物体造成，也不能彼此相互造成。元素是直接合成所谓完全混合物的成分，也是完全混合物最终分解成的要素。"①他认为化学的一个重要任务就是把复杂的物质分解为它的组成元素，并由此认识物质的本性。应当指出，波义耳所指的"元素"在多数情况下相当于现代化学中的"单质"概念。后来拉瓦锡正式使用"单质"概念，以区别于"元素"概念。

作为弗·培根的信徒，波义耳认为化学应建立在大量实验的基础上，应对化学进行定量研究。他首次使用"分析"一词，而元素概念的提出就是由"分析"而来。波义耳认为，化学不仅要指出自然是由复杂元素组成的，而且要指出到底由多少种元素组成。他一生中记录了很多定性分析的实验。由于确立了化学的独立性，给出了比较清楚的化学元素的定义，并进行了大量的化学实验，这些成就使波义耳成为了近代化学的奠基人。在西方文化史上，波义耳对于扬弃古代自然哲学的整体论思维，并过渡到近代科学的分析思维，无疑是做出了巨大的贡献。

三、斯塔尔的燃素说

完成化学学科统一的并不是波义耳的元素定义，而是在他的"火素"概念基础上形成的燃素说。法国化学家贝歇尔（J. J. Becher，1635—1682）不同意波义耳把燃烧现象解释为化合过程，而提出燃烧是一种分解过程，即释放"燃烧性油土"的过程。所谓"油土"指的是炼金术中的"燃烧性硫"。后来，他的学生、德国御医斯塔尔（G. E. Stahl，1660—1734）于1703年重新编辑出版了贝歇尔的著作，并增加了大量注释。他用"燃素"代替了波义耳的"火素"和贝歇尔的"油土"范畴，并提出了系统的燃素说。燃素说的基本观点是：

第一，燃素是构成火的元素，当它们聚集在一起时就形成火焰，当它们弥散时只能给人以热的感觉。

第二，燃素充塞于天地之间，大气中因为有它才会有闪电，生物体因含有

---

① J. R. 柏廷顿. 化学简史. 胡作玄，译. 商务印书馆，1979：77-78.

它才富于生命活力，无生命物质因含有它才会燃烧。物体失去它就成为死的灰烬，而灰烬获得它就会得到复活。

第三，燃素不会自动从物体中分离出来，只有在借助空气而发生燃烧时，燃素才能释放出来。火焰是自由的燃素，燃素是被禁锢的火。

第四，所有燃烧现象都可归结为燃素的转移——吸收或释放。比如，金属燃烧时逸出（释放）燃素而成煅灰，而煅灰与木炭一起燃烧时又从木炭中吸收燃素，重新变为金属。

由于燃素说使包括燃烧现象在内的大多数化学反应在系统的理论基础上得到了说明，从而使化学摆脱了炼金术，结束了化学在 18 世纪中叶以前知识零散、解释混乱的局面，完成了化学学科的统一。燃素说传播日广，到 18 世纪中叶时，几乎被举世公认，很多著名化学家都成了它的信徒。

四、拉瓦锡"氧化学说"的诞生

燃素说作为一种把化学学科统一起来的学说，被 18 世纪的科学家广为推崇，并统治了欧洲科学界百余年之久。但燃素说是一种有严重错误和重大困难的理论，其主要的错误是把煅灰说成是单质，却又把金属说成是化合物，并把金属的燃烧过程说成是分解反应。而它最大的困难是：如果真有"燃素"这种物质存在，它就应具有重量。然而，金属经煅烧释放燃素后重量非但没有减少，反而增加了。当时有人曾设想燃素具有负重量（"轻量"），这实际上是向亚里士多德元素说的倒退；还有人设想燃素逸出后，有另一种较重的物质被吸收。此外，燃素与空气之间的依赖关系，以及找不到独立存在的燃素，也是燃素说的理论困难。这些困难使燃素论者之间产生了意见分歧，一批批新发现的事实不断要求对这些理论进行修改。诚如化学史家莱斯特所说："一旦有某种更加合理的学说可供利用，燃素说就不可避免地要一败涂地。"[1]拉瓦锡（A. L. Lavoisier，1743—1794）（图 4-17）的氧化学说在这种背景下应运而生。

图 4-17　拉瓦锡

---

① H. M. 莱斯特. 化学的历史背景. 吴忠，译. 商务印书馆，1982：137-138.

在氧化学说诞生之前，实验化学在气体分离和发现方面均取得了重大进步。1755 年英国的布莱克（Joseph Black，1728—1799）发现了被他称为"固定空气"的二氧化碳；1766 年卡文迪什（H. Cavendish，1731—1810）发现了被他误认作"燃素"的"可燃空气"——氢气；1772 年丹尼尔·卢瑟福（Danier Rutherford，1749—1819）发现了被他称为"浊气"的氮气，不久卡文迪什和瑞典的舍勒（K. W. Scheele，1742—1786）也制得了这种气体；特别重要的是 1773 年舍勒制得了被他称为"火焰空气"和"活空气"的氧气，他认为燃烧是"活空气"与燃素结合的过程；1774 年英国的普利斯特列（Joseph Priestley，1733—1804）在实验中也独立地发现了这种物质，他称之为"脱燃素气体"。普利斯特列还用实验表明小鼠在充满这种气体的环境里存活时间最长，而人吸了它之后也很舒服，但他却至死也不愿放弃燃素说。舍勒和普利斯特列发现的这种气体并没有使他们成为批判燃素说的革命家，这一事实说明：燃素说一方面促成了实验化学的新发现，另一方面又阻碍着理论化学的发展。

借助别人制造的武器并最终摧毁燃素说的是法国化学家拉瓦锡。拉瓦锡于 1772—1775 年在从事气体化学和燃烧理论研究时，就对燃烧增重问题产生疑问。他不同意负重量的说法，也不同意波义耳的"火素"，而认为增重的原因是金属燃烧时从空气中吸收了某种物质。1774 年，他重复了波义耳的煅烧金属（锡）实验（图 4-18）。但与波义耳不同的是，拉瓦锡在实验中加盖了瓶塞，结果发现反应前后总重量不变，从而驳斥了增重是火素穿过瓶壁进入锡的错误解释，并提出了灰烬是金属与空气中某种成分化合的全新解释。而舍勒与普利斯特列的新发现则为这种解释提供了强有力的支持。拉瓦锡在严格定量的基础上重复了舍勒的燃烧磷实验和普利斯特列加热氧化汞实验，使他的燃烧学说即氧化理论得以最终确立。在 1780 年出版的《燃烧通论》中，拉瓦锡提出了如下学说：

图 4-18　拉瓦锡著名的制取氧气实验装置

（徐建中、马海云：《化学简史》，科学出版社，2019）

第一，燃烧时均有光和热放出。

第二，物体只有在纯粹空气（氧气）存在时才能燃烧。

第三，空气由可助燃的和不可助燃的两种成分组成，物质燃烧时由于吸收了空气中的纯粹空气而增重，增加的重量恰好等于吸收的纯粹空气的重量。

第四，一般可燃物（非金属）燃烧后都变成酸，氧是酸的本质；金属燃烧后所变成的灰烬是金属的氧化物。

这就是化学史上著名的氧化理论。

对于氧气发现这一化学史上的里程碑式事件，历史主义科学哲学家库恩在其《科学革命的结构》一书中指出："我们需要有一套新词汇和新概念用以分析类似于氧的发现这样的事件。"[①]在他看来，氧气的被发现不仅意味着有一种东西被看见，而更多地是指我们不仅看见了该东西，而且能够用一种全新的概念框架，也即新范式去描述和揭示所看到的东西。也正是在此意义上，我们说普利斯特列、舍勒等人虽然制得了"氧气"，但由于他们始终停留在旧范式，也就是"燃素说"的框架中，所以并未真正认识到所制得的东西究竟是什么。而拉瓦锡较之于他们的区别就在于，"发现那个东西又能发现它是什么"，因而在氧气的发现上其贡献显然远超出普利斯特列和舍勒。

到 1785 年以后，拉瓦锡的氧化理论，除普利斯特列等少数科学家外，已被化学界普遍接受。1789 年，在拉瓦锡《化学大纲》中，正式把"纯粹空气"命名为氧气（gaz oxygène）。在这部被认为是标志着化学发展重要里程碑的划时代著作中，拉瓦锡阐明了"元素是化学分析所达到的真正的终点"，并列出了包括 23 个元素的第一张真正的化学元素表。还讨论了化学的对象、方法、仪器、化学物质的命名法，总结了前人和同时代有关气体化学和燃烧现象的实验成果。《化学大纲》以其前所未有的条理性和系统性，对近代化学做出了巨大贡献，堪与牛顿的《原理》对物理学的贡献相媲美，它的问世也标志着化学作为一门科学已经正式形成。

在雅各宾专政时期，拉瓦锡因涉嫌经济问题而受到指控，并于 1794 年 5 月 8 日被处死。法国著名数学家拉格朗日曾说过："砍下拉瓦锡的头只需要一瞬间，而在法国再产生这样一个头颅恐怕一百年也不够。"拉瓦锡死后不到 2 年，法国人就为他竖起了半身塑像，以缅怀这位杰出的化学家。

---

① 托马斯·库恩. 科学革命的结构. 金吾伦，胡新和，译. 北京大学出版社，2003：51.

第七节　科学的社会建制

一、近代科学的社会化进程

16—17 世纪，欧洲发生了人类历史上一次伟大的科学革命。从 1543 年哥白尼发表《天体运行论》、维萨留斯发表《人体结构》开始，到开普勒、伽利略等人相继在科学领域中取得重大进展，直至牛顿完成《自然哲学的数学原理》，最终导致实验科学的诞生。它标志着一个全新时代的开端，以至"启蒙运动以来，人们就把科学等同于从传统和迷信中脱离出来的社会进步和道德解放，科学已被视为人类所有理性实践的典范"①。

从社会学角度看，近代科学革命的实质是一场社会建制的变革，是逐步实现科学社会化的进程。所谓"科学的社会化"是指科学逐步与社会相适应，并发展成社会大系统中有机组成部分的过程。与近代科学革命的发生几乎同步的科学社会化，根源于科学与社会的互动。一方面，"17 世纪的欧洲科学革命，从整体上来看，与社会结构和经济结构中的封建主义到资本主义的转变是密切相关的"②；另一方面，社会价值观的变化促进了科学精神的形成和科学体制的逐步完善。著名科学社会学家默顿（Robert King Merton，1910—2003）指出，当时在英国占主导地位的是清教主义，而清教主义的功利主义以及反传统主义的价值观，与科学的价值观相一致，正是"清教的精神气质所固有的种种社会价值……导致了对科学的赞许"③。17 世纪以后，经验主义和功利主义逐渐成科学、教育的主题，实验科学如物理、化学等逐渐进入大学乃至中学课堂。人们的职业兴趣也发生了巨大转移，据统计，诗人和教士的人数在 17 世纪的前 70 年下降了 180%，而医生和科学家的人数在同期都增长了 1.4 倍。这种功利主义倾向使得科学成为"时尚"，神职人员也开始成为科学共同体的成员，甚至科学著作出现在贵族夫人的梳妆台上。而科学与社会价值观的统一，使得科学的价值开始得到社会认同，科学的社会地位得到肯定，从而使科学在社会结构中获得了合法性和体制保证。

---

① Tephan Fuchs. The Professional Quest for Truth, a Social Theory of Science and Knowledge. State university of New York press, 1992. p.1.

② 约翰·齐曼. 元科学导论. 刘珺珺，等译. 湖南人民出版社. 1988：248.

③ 默顿. 17 世纪英国的科学技术与社会. 范岱年，译. 四川人民出版社，1986：201.

其实，社会化、体制化也是科学自身发展的内在需要。近代科学在本质上是实验科学，只有靠科学工作者的专业以及社会集体力量，才能获得合适的工作场所和必要的仪器设备。可见，科学体制化、社会化是一种必然趋势。

科学的社会化主要表现为科学家社会角色的形成以及科学研究体制、建构机制（场所、规模）的社会化。科学研究作为正式的社会职业，不再是纯粹的个人兴趣与爱好，从而使得科学研究者从私人身份开始向公共身份、社会身份过渡。"这种新的科学家角色得到了社会的承认和接受，在尊严方面他享有传统的哲学家、神学家和天文家的同等地位，在实用性方面，它比这些传统角色优越"。①科学家的角色一旦形成，科学就有了成为社会的相对独立的子系统的可能性。从此，科学与哲学、宗教、技术这些相关领域分离开来，科学通过社会化进程而获得了自我强化的能力。科学家的社会角色的形成使科学家之间的私人关系社会化，科学共同体在社会大系统中得到巩固和加强。

这种由正式和非正式的社会组织所组成的科学共同体，其本身又构成了相互交织、相互作用的复杂社会结构。②这些团体的出现及其定期与不定期科学期刊的发行，提高了科学在社会上的影响，促进了科学研究的社会化。由此，科学家们逐渐形成了共同的方法、信念、价值观、行为规范，科学奖励制度也逐渐完善起来，科学通过社会机制实现了良性循环和正常运转。科学与其他社会建制之间的相互作用、相互影响，促进了科学作为社会建制的影响力，使得科学逐渐占据社会系统的核心，最终将成为引导社会发展的决定性力量。

二、科学交流与"无形学院"的出现

16 世纪 50 年代，在意大利的那不勒斯出现了最早的科学社团——自然奥秘协会，但不久就被以"私搞巫术"的罪名封闭了。1601 年，罗马建立了第一所科学研究院——猞猁学院，该学院有 32 名院士，但在 1630 年由于学院赞助人的逝世也被迫关闭。这两个科学社团的出现，标志着近代科学史上科学社会建制的萌芽。17 世纪中叶，意大利又出现了以不同形式进行科学交流和科学研究的社团，如西芒托学院。另外，整个欧洲还出现了类似的社团，如英国哲学学会，此外一些官方的科学组织也陆续建立，如皇家学会、法兰西科学院、柏林科学院等。

科学社团在 17 世纪的形成，不仅与许多献身于科学事业的科学家的巨大

① 本-戴维. 科学家在社会中的角色. 赵佳苓，译. 四川人民出版社. 1988：55.
② 黛安娜·克兰. 无形学院——知识在科学共同体的扩散. 刘珺珺，等译. 华夏出版社. 1988：3.

感召力有关，而且与这一时代特有的开拓精神密切相关。这是一个开拓者的黄金时代，在经过近千年传统和权威的禁锢之后，人们强烈要求冲破各种教条的束缚。新兴资产阶级的代表人物冒险远洋航行，力图发现未知的海洋与大陆，他们以探险者的开拓精神，借助实验科学的手段去认识与改造自然。这种批判、开拓和探索的精神在大多数旧大学中根本找不到。而培根在《新大西岛》中设想的学术机构则成了人们培养新时代精神的理想天地，在这里人们可以自由地交流思想、研究自然、追求真理。正是这些因素最终促成了科学社团的真正确立和形成。

1657 年，伽利略的学生维维安尼（Vincenzo Viviani，1622—1717）和托里拆利（E. Torricelli，1608—1647）受美第奇家族的资助，在佛罗伦萨创立了西芒托学院。西芒托学院的口号是"实验，再实验"，在其从 1651 年开始的筹备期间，来自不同领域的科学家，如解剖学家波雷里（G. A. Borelli，1608—1679）、博物学家斯特诺（N. Steno，1638—1686）、胚胎学家雷迪（F. Redi，1626—1698）和天文学家卡西尼（G. D. Cassini，1625—1712）等，已经在美第奇家族创办的实验室里举行多次定期聚会，并进行实验和就各种科学问题进行探讨和交流。该学院于 1667 年发表了《西芒托学院自然实验文集》，成员在相互批评与合作中形成了一些自我约束的原则，如必须采用精密的实验方法，所得结论要严格建立在观察和实验数据的基础上，而不能作思辨的遐想。这种不成文的规定对英国皇家学会乃至后来的科学共同体都产生了重要影响。

17 世纪中叶，世界科学中心开始从意大利向英国转移。当时的英国不但出现了像哈维、波义耳和牛顿这样的科学巨人，而且科学研究活动得到了社会的认可与重视。这些因素使英国的科学领先于其他国家并实现了初步的体制化。其标志就是英国皇家学会的前身——"哲学学会"的建立。该学会约从 1645 年开始，每周在伦敦的格雷山姆学院举行星期聚会，讨论自然问题。当时年仅 20 岁的波义耳曾多次参加这种聚会，并在私人信件中戏称这种组织为"无形学院"。[①]

波义耳提出的"无形学院"一词，被当代科学社会学家借用，意指在国家兴办的组织定型、章程明确、分工具体、活动记录完整的正式科学机构建立之前，进行频繁交流与研究的科学社团。这种团体组织上不明确，成员不限于科学家，没有正式的章程、活动场所和分工，活动自由松散。显然，英国哲学学会就属于这种非正式的民间社团。此外，上述猞猁学院、西芒托学院，以及柏

---

① 刘珺珺. 科学社会学. 上海人民出版社，1990：120.

林学院建立之前，德国的自然研究学会、实验研究学会等均属于这种无形学院的形式。无形学院对西欧各国正式科学机构的建立，以及对当时自然科学的研究与交流都发挥了重要的作用。

三、皇家学会的初创

1660 年，英国哲学学会在原有成员的基础上，筹建了致力于探索实验知识的正式科学机构——英国皇家学会，并于 1662 年得到英王的特许状。世界上第一个有影响的科学家组织从此开始了自己的历史。英国皇家学会的成立不仅宣布了科学活动在英国社会中正式得到承认，而且宣布了科学活动的初步体制化。皇家学会指明了科学活动是以探索自然规律为目的的实验观察活动和精确性研究，其社会功能和价值在于发展工业、造福人类。1664 年皇家学会又建立了机械发明、贸易史、农业和天文学等专业委员会。1665 年还出版了学会用于交流科学思想和实验结果的重要杂志——《皇家学会哲学会刊》，开辟了科学团体出版学术杂志之先河。

需要指出的是，皇家学会虽然是得到皇家特许而成立的学术组织，但它并没有从政府那里得到任何经济资助。因此，在那里也就不存在以科学为谋生手段的职业科学家，而仅仅是业余科学家聚会的场所。会员中有相当一部分人不是科学家，而只是科学的业余爱好者或代言人，其中有社会活动家、诗人、文学家乃至政治家等。所以，从某种程度上讲，皇家学会在当时只是起到了凝聚科学爱好者的作用。

始建于 1666 年的法国科学院与英国皇家学会的最大区别，就是科学院院士可以从国家那里得到丰厚的年薪和助手配备。法国科学院不仅是专门的科学机构，它还承担了行政与管理的职能。如在 18 世纪它就致力于处理市政、军事、教育以及工农业中涉及科学技术的有关问题，此外还负责审查发明和颁发奖励。法国科学院的建立与发展，标志着"专家科学"的产生，它对后来欧美各国科学的建制化过程产生了很大影响，如德国、俄国均按照它的模式建立了国家级的科学院——柏林学院和彼得堡科学院。

四、大学职能的转换

由于学者传统和宗教势力的影响，17—18 世纪上半叶的大学教育还显得相当保守和陈旧。除少数学校因为可以传播新的科学思想而富有生气之外，大多数大学中传授的仍是古典的传统知识体系，严重脱离了当时科学和技术的发展状况。实验科学课程在大学中尚未成为正式内容，实验室基本上仍属于私人，而且规模很小。到了 18 世纪下半叶，法国、英国等一些有远见的科学家、哲学家纷纷对这一状况表示不满，要求改变这种局面。在此背景下，法国出现了有别于旧大学的一些职业学校，如桥梁公路学校等。法国国王控制下的法兰西皇家学院（即后来的法兰西学院）也开始兴起研究世俗学问的新风气。1794 年，拿破仑当政后，立即着手改革旧有的科学机构，并建立起包括军事、医疗和机械技术等专业在内的专业化职业学校。"综合技术学校"和"高等师范学校"即是两所培养出一大批杰出科学家的著名学校。这些因素为 18 世纪下半叶的法国成为世界科学中心奠定了基础。

应当指出，无论是科学社团、无形学院的勃兴，还是大学职能的转换，这些现象的出现并非偶然。究其社会动因，是人类社会在近代产生了广泛的对发展科学与技术的需要，即不仅为了更深刻地认识自然而产生的对于科学研究的需要，也为了利用与改造自然以及发展工商业而产生的对技术的需要。科学技术与工业的结合正是英国乃至整个西方世界产业革命的前提。

第五章

近代技术革命与产业革命

300 年前，当 18 世纪来临的时候，中国的康熙皇帝正在用他的文治武功，开辟一个新王朝的辉煌，并开始对遥远的西方产生了兴趣。此时的英国，正在孕育人类历史上一种崭新的生产方式，后世称之为"第一次工业革命"，即产业革命。

第一节　近代技术产生的基础

一、产业革命前夕的工业技术

控制论的奠基人维纳（N. Wiener，1894—1964）在《人有人的用处——控制论和社会》中指出："在历史上，机器曾经一度冲击过人类的文化并给它带来了极大的影响。机器对人类文化的这次冲击称为工业革命。"[①]如果说 17 世纪欧洲大部分国家尚处于工场手工业时代，那么从 18 世纪起，在那里则开始进入用

---

① N. 维纳. 人有人的用处——控制论和社会. 陈步，译. 商务印书馆，1978：111.

机器代替人力、用工厂生产取代工场手工业的时代。生产方式上的这一巨大变革，被称为产业革命，也被称为工业革命。

在产业革命之前工场手工业的时代，生产的技术基础主要是磨和简单机械，如农业中的割草机、割谷机、播种机，手工业中的机械织机、炼铁高炉和鼓风机等。这些机械的动力是包括人力、风力和水力在内的未发生能量形式转换的自然力。尽管如此，这些简单工具的改进和多样化，成了机器产生的物质条件。

在相当长的时间里，科学研究与技术发明是分离的，学者传统与工匠传统是分立的。大多数科学家由于受学者传统影响而基本上不关心科学知识的应用，更少去关心技术工作；同样，从事技术工作的工匠几乎不与科学家有直接的接触，因而不认为科学发现对技术工作具有头等重要性。这种状况到 18 世纪发生了较大的改观。一方面，由于经典力学的一些原理已经公式化，科学家们开始转向细节问题和实际的问题。例如，化学家马格拉夫（Andreas Sigismund Marggraf，1709—1782）用甜菜根制糖，富兰克林对家用炉的改进，地质学家赫顿（J. Hutton，1726—1797）发明了硇砂制法，化学家马凯（P. J. Macquer，1718—1784）等人发明了纺织品染色新方法，库仑（C. A. Coulomb，1736—1806）等做了建筑与工程方面的实验，地质学家德马雷斯（Nicolas Desmarest，1725—1815）积极促进工业和应用技术的发展，提出多项关于布匹、纸张、乳酪等生产的报告。另一方面，实际工匠或技师对自己工作的科学方面表现出新的兴趣。例如，英国工程技术家斯米顿和瓦特本着严格的科学精神进行了一些实验。这些能工巧匠成为技术革命的有生力量。

总之，学者传统与工匠传统的越来越密切的结合，使得科学与技术之间的关系由近代以来技术发明先于理论知识，逐渐往科学发现促进技术发明的方向转化。

二、传统技术的两大生长点

技术史的研究表明，磨和钟这两种从古代继承下来的传统工具，蕴含了机器大工业技术的生长点。

（一）近代水磨的发展为机器的出现提供了技术的可能性

磨是从东方传入欧洲的。水磨是凯撒时代从小亚细亚传入罗马的。第一批水磨在奥古斯都时代之前，在罗马的台伯河上建成。只是由于罗马帝国的衰亡使它的推广受阻，直到公元 10 世纪才在西欧农村得到普及。据考证，1086 年英国水磨数量不少于 5624 台，平均每 400 人就有一座磨坊。其最早的用途是把谷物碾成粉，以后很快又转向其他用途，如提水、压榨油籽、磨碎染料、漂洗、造纸，驱动锤、锯、车床等工具。这些演变大约在 14 世纪初就已完成。从 17 世纪末开始，水磨被广泛地用于锻造、冶炼、制革等领域。同时，它的结构有了很大改进，出现了一台水轮通过传动机构带动两台水磨的体系。

（二）钟表的发展促进了更复杂结构机械的产生

如果说磨是从东方传入欧洲的，那么钟表则是中世纪西欧的技术发明。早在 11 世纪的欧洲，一些修道院就使用靠重锤驱动的摆轮钟，13—14 世纪则开始流行在大教堂尖顶上安装钟的风气。其中保存至今的是 1348—1872 年一直在英格兰东南部港口多佛尔（Dover）报时的多佛尔钟，它现在陈列于伦敦南肯辛顿的科学博物馆。钟表的文化价值之一，在于它对后中世纪基督教的机械主义自然观的形成有至关重要的作用。

伽利略去世前，曾试图把时钟机构应用于摆而设计过一种摆钟，但未能具体实施。惠更斯于 1655—1658 年间利用伽利略发现的摆的等时性发明了摆钟。它标志着钟表制造史的新纪元。惠更斯还同胡克分别发明了手表中的平衡发条装置。钟表的发展促进了更复杂结构机械的产生。此外，人们对钟表自身精确度要求的不断提高，不仅直接导致了钟表生产中更精细的分工，而且造就了后来成为工业革命生力军的能工巧匠。正如维纳（N. Wiener，1894—1964）所说：在工业革命中，工匠的先锋队包含两类人物，一是钟表工，他们用牛顿的新数学设计出钟摆和摆轮，二是制造光学仪器的工匠，他们造出了六分仪和望远镜来，这些做精密工作的机械工具便是我们现在机械制造工业的先驱。①换句话说，没有这个时代造就的能工巧匠，就没有工业革命以及后来蓬勃发展的近现代实验科学。

三、新兴生产方式的萌芽

当工场手工业取代简单协作（较多工人在同一时间、同一空间为生产同种商品而在同一资本家指挥下进行的协同劳动）之后，劳动过程中的分工（把手工业活动分成各种不同的局部操作，其中每一种操作都形成了一个工人的专门职能）越来越细致，即把手工业活动分成各种不同的局部操作，全部操作就由这些局部工人的联合体来完成。《资本论》以马车制造工场、造纸工场和制针工场为例，说明了过去一个行会工匠要依次完成的 20 种操作，在手工业工场则由

---

① N. 维纳. 人有人的用处——控制论与社会. 陈步，译. 商务印书馆，1989：113.

20 个工匠同时分别操作，而后来这 20 种操作又进一步划分，并独立化为各个工人的专门职能。

分工的发展必然带来对工艺流程合理化的要求，使得原先自发形成的分工协作获得巩固和扩展，从而为承担着该流程上不同程序的不同操作工具的合理组合提供了可能。而这一系列担当不同职能的工具的有机组合本身，创造了机器和机器体系的"原型"。

第二节　新型技术体系的出现

一、工具机的发明与机械化

工场手工业分工的主要结果首先是同类用途的工具（如切削工具、钻孔工具、破碎工具等）的分化、专门化和简化，从而便于工具同人的体力、技巧和熟练经验相分离（即与人身相分离），这就为手工工具向机器的过渡提供了工艺方面的前提。

尽管机器由许多简单工具结合而成，但机器同工具的根本区别既不在于其复杂程度的差异，也不在于以什么为动力，而是在于：首先，在机器中各种工具同时由同一个动力来推动；其次，被组合的所有工具在动力、规模和作用范围上是一个统一的整体——机构。机器用一个机构代替只使用一个工具的工人，摆脱了手工工具所受的自然器官的限制。如工场手工业时期的手工工具——脚踏式纺车，只有技艺特别高超的纺纱能手才能同时使用两台进行劳动，而工业革命初期，詹姆斯·哈格里夫斯（James Hargreaves，1745—1778）于 1765 年发明的珍妮纺纱机（图 5-1）一开始就能用 12—18 个纱锭来纺纱，后来发展到几百个纱锭。又如，一台粗梳机可同时带动几百个梳子，一台织袜机可同时带动一千多枚甚至几千枚织针。工具机的出现标志着手工工具的质变，标志着机械化的开始。

18 世纪在工业中首先使用工具机的是纺织行业。在纺纱工序，除了前述的"珍妮机"外，还有理查德·阿克赖特（Richard Arkwright，1732—1792）在 1771年发明的水力纺纱机，以及克隆普顿将两种纺纱机的原理结合而发明的骡机（即走锭纺纱机）。在织造工序，首先是 1733 年英国机械师凯伊（John Kay，1704—1764）发明的飞梭，其次是 1785 年由卡特莱特（E. Cartwright，1743—

1823）发明的由水车带动的自动织布机。纺纱与织造工序的工具机的革命，有力推动了其他工序工具机（如净棉机、梳棉机、漂白机等）的发明和改进。

图 5-1　珍妮纺纱机

纺织业的机械化很快波及毛纺、化工、染料行业，乃至冶金、采煤、机器制造等行业。这不仅导致机械化浪潮的全面到来，而且从工业部门的整体角度提出了对动力革命的要求。

产业革命从技术发展的逻辑上，可划分为两个层次，其中上述的手工工具向工具机的转化属于第一层次，它指的是"同加工的材料直接接触的那一部分工具的改革"①。具体地说，这一层次的改革表现为工具机中工具组合的不同形式，其中包括：第一种形式是一台机器同时带动许多同种工具，它们由同一动力推动；第二种形式是依次对原料进行加工的各种机器彼此衔接，并由同一动力推动；第三种形式是很多工作机与完成准备作业的预制机器相连接，并由同一动力来推动。

从这些组合形式的发展可以看出，工作机的诞生及其变革，使得人由直接参加生产过程，转为只起简单的动力作用，而所要完成的工作的原理越来越由机器所决定，这就为机器向机器体系的过渡创造了条件。

从另一角度讲，第一层次的工具机的改革已经为第二层次——即动力机的变革，埋下了伏笔。

---

① 马克思. 机器、自然力和科学的应用. 人民出版社，1978：54.

二、动力机的巨大变革

继工具机的产生与发展之后，采用蒸汽机作为产生动力的机器，则是第二层次的变革，而且是一次巨大的变革！曾经有人误认为是蒸汽机引起了历史上"第一次工业革命"，对此马克思早就否定过，他强调指出："17 世纪末工场手工业时期发明的、一直存在到 18 世纪 80 年代的那种蒸汽机，并没有引起工业革命。相反地，正是由于创造了工具机，才使蒸汽机的革命成为必要。"[①]显然，工具机的出现与变革与动力机的出现与变革之间，存在着不以人的意志为转移的确定的逻辑关系和历史顺序。

近代技术发展的历史告诉我们，当生产工具还没有能够摆脱它自身所受的自然器官的限制、还不能大幅度提高生产率时，究竟是靠人力、畜力和其他自然力（风力和水力），还是靠另一台机器（如 17 世纪的蒸汽机）做动力，都无关大局。而随着工具机规模的日益扩大、工具机中各个组成部分及组合方式的复杂化，很快就发生了工具机的发展同有限的原有动力之间的尖锐矛盾，不仅人力、风力解决不了这一矛盾，而且马力、水力也不能解决这一矛盾，于是产生了对新型的强大动力的迫切需求。可见，机器的出现取决于工具机的产生与改革，但机器向机器体系的发展则是由动力机的变革所决定的。

在动力机变革中做出巨大贡献的，以下有几位代表人物。

1. 帕潘（Denis Papin，1647—1712）

蒸汽机最初是为了满足深矿井排水的迫切需要而由法国物理学家帕潘（图5-2）于 1690 年设计的。它只有汽缸和活塞，通过蒸汽冷凝获得真空后借助大气压而抽水，这种早期的蒸汽机难以在实际中应用。1698 年英国军事工程师萨弗里发明了一种可实用的蒸汽抽水机，并经过纽科门和他的同乡考利的改进而广泛应用于矿山抽水。

2. 萨弗里（Thomas Savery，1650—1716）

1698 年萨弗里发明了世界上第一台可实用的蒸汽提水机，并取得标名为"矿工之友"的英国专利。他将一个蛋形容器先充满蒸汽，然后关闭进汽阀，在容器外喷淋冷水使容器内蒸汽冷凝而形成真空。打开进水阀，矿井底的水受大气压力作用经进水管吸入容器中；关闭进水阀，重开进汽阀，靠蒸汽压力将容器中的水经排水阀压出。如此反复循环，用两个蛋形容器交替工作，可连续排水。

---

① 马克思. 资本论（第 1 卷）. 人民出版社，1975：412.

图 5-2　帕潘

3. 纽科门（T. Newcomen，1663—1729）

纽科门及其助手考利在 1705 年发明了大气式蒸汽机，用以驱动独立的提水泵，被称为纽科门大气式蒸汽机（图 5-3）。但它的热效率很低，这主要是由于蒸汽进入汽缸时，在刚被水冷却过的汽缸壁上冷凝而损失掉大量热量，只在煤价低廉的产煤区才得到推广。

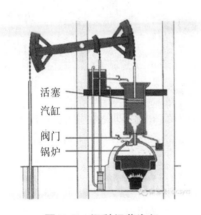

图 5-3　纽科门蒸汽机

4. 瓦特（James Watt，1736—1819）

对蒸汽机进行划时代的改革，使之成为"大工业中普遍应用的发动机"的，不是别人，而是瓦特。瓦特蒸汽机（图 5-4）的改革从技术上可分为两个阶段。

第一阶段是 18 世纪 60 年代。1763 年，瓦特应邀修理格拉斯哥大学的纽科门蒸汽机时，运用物理学家布莱克关于"潜热""比热"的理论，发现纽科门蒸汽机效率低，是因为 4/5 的蒸汽消耗在重新加热汽缸上。1764 年他发明了独立的冷凝器，从而把纽科门蒸汽机改造成"单独凝汽引擎"，使热效率提高了 4 倍，并于 1769 年获得专利。不过，这种蒸汽机的缺点在于，只能由蒸汽直接推动活塞做功，并仅仅具有抽水泵的特殊用途。

第二阶段是 18 世纪 80 年代。瓦特于 1784 年发明了双向旋转式蒸汽机，从而使专门的泵用蒸汽机变成作为各工业部门普遍动力的万能发动机。1788 年他又设计了离心调速器，6 年后他在发动机上装入蒸汽指示器，以对蒸汽机的运转加以适当控制，从而使第二种蒸汽机进一步得到改进与完善。

图 5-4　19 世纪初的瓦特蒸汽机

正是由于 18 世纪新型蒸汽机，即瓦特发明的第二种蒸汽机的问世，工业革命才找到了适合机器生产的动力基础，它使只有工具机的单环节机器变成由动力机、传动机构和工具机三个环节构成的发达形态的机器，并进一步促使独立的机器发展成为机器体系。

从人类文明史的高度看，蒸汽机的出现具有划时代的意义：它作为新的动力机而区别于以往动力的本质特征，在于它的发明和改进使得从过去对自然力（人、畜、风、水等）的直接应用而过渡为对于经过能量形式转换的巨大自然力的应用。从技术原理的层次看，这是包括力学、热学等更高层次科学原理在技术实践中的运用。产业革命初期，能源和加工都遇到"热"的问题，为搞清热的本质，数学家欧勒、化学家罗蒙诺索夫都研究过热学，特别是物理学家布莱克对潜热现象的研究是对瓦特发明蒸汽机的直接而重要的启示。因此，第二层次的革命在一定意义上标志着原理上的深刻革命。

包括着工具机发明和动力机变革在内的第一次工业革命即产业革命在英

国爆发后，很快扩展至欧美主要的资本主义国家。各国产业革命年代大体为：英国自 1760—1830 年，法国自 1830—1860 年，德国自 1840—1875 年，美国自 1865—1890 年，日本从 1868—1900 年。

三、综合技术群的产生

马克思曾在《资本论》中指出："大工业必须掌握它特有的生产资料，即机器本身，必须用机器来生产机器。这样，大工业才建立起与自己相适应的技术基础，才得以自立。"①换句话说，在瓦特蒸汽机出现以后，机器制造业在产业革命中居于关键的甚至是核心的地位。

（一）机器制造业的兴盛

无论是蒸汽机还是各种机器系列，均由一些标准零件组成，这些零件在制造上首先要求有相当高的精度，因此精细加工的方法及其工具（如车床、镗床、刨床、钻床和切割机、抛光机等）的发明和改进就显得十分重要，而这些金属加工技术又是机器制造业的基础。

金属加工的新时代由威尔金森（J. Wilkinson，1728—1808）和莫兹利（H. Maudslay，1771—1831）等人开创。威尔金森于 1775 年发明的圆筒镗床对蒸汽机汽缸的制造具有决定性意义；莫兹利于 1797 年发明了车床刀架，这种车床带有精密的导螺杆和可互换的齿轮，这是机床技术的一大突破，是切削加工的质的飞跃，也是近代机械工程发展重要的里程碑。

紧接着，在 1817 年英国罗伯茨（Richard Roberts，1789—1864）发明了手动刨床，1818 年美国怀特尼（E. Whitney，1765—1825）发明了卧式铣床，特别是英国人惠特沃斯（J. Whitworth，1803—1887）于 1850 年发明了用于精密工作的测量仪器，大大提高了机械加工的精度，使机器制造向标准化方向迅速发展。

（二）蒸汽机的广泛应用

棉纺织业。蒸汽机的使用从棉纺织业开始，它的推广普及使纺织业发生了巨大的变革。然而，纺织业的变革只是第一次技术革命的开始，它必然使整个工业发生革命，因为一个工业部门的进步会把其余的部门也带动起来。英国的纺织厂式样见图 5-5。

第五章

---

① 马克思. 资本论（第 1 卷）. 人民出版社，1975：422.

图 5-5　1800 年英国的纺织厂

采矿与冶金业。蒸汽机及机器体系在生产中的普遍应用，导致作为"工业食粮"的煤炭、钢铁等原料的急剧增长。同时蒸汽机在采煤业中的各种应用（如蒸汽凿井机等），又为采煤量的迅速增长提供了可能。由于煤产量的提高，使得以木材为燃料的炼铁业长期面临的能源危机得到缓和，再加上炼铁方法的改进，为钢铁与煤炭时代的到来奠定了技术基础。

交通运输业。首先是蒸汽机车的问世：1803 年特列维西克（Richard Trevithick，1771—1833）发明效率不高的轨道式蒸汽机车；1829 年，斯蒂芬逊（George Stephenson，1781—1848）制成平均时速为 14 英里（约 22.53 千米）的比较实用的火箭号蒸汽机车（图 5-6），并在利物浦至曼彻斯特之间的铁路上试行成功。

图 5-6　火箭号蒸汽机车

其次是轮船的发明与使用：第一艘实用的轮船是美国机械师富尔顿（R. Fulton，1765—1815）于 1807 年制造的装有明轮的 100 吨重的平底船克勒门特号（图 5-7）。它于当年 8 月 17 日在哈德逊河试航 240 公里，获得成功。火车、轮船的普及使世界的距离"缩短"了，促进了地区之间乃至世界范围的商品循环，给社会经济带来了巨大的变革。

图 5-7　富尔顿蒸汽轮船

化学工业。化学工业正是在纺织工业中的漂白技术和天然染料化学处理技术的基础上形成和发展的，其中最值得一提的是：1789 年英国化学家台耐特（Smithson Tennant，1761—1815）发明了漂白粉；1746 年英国人罗巴克（J. Roebuck，1718—1794）发明了用铅室法制工业硫酸，从而实现了硫酸生产工厂化；1791 年法国化学家卢布兰（N. Leblanc，1742—1806）发明了人造碱工业制法，使人造碱产业化。

总之，自蒸汽机革命以后，以机器制造业为中心的技术发展，带动了冶金、化工、交通运输等行业的技术革命和技术改造，从而形成了以蒸汽动力技术为核心的综合技术群。正是 18 世纪中叶以来，以动力机革命即蒸汽机的广泛使用为标志的技术革命所引起的工业部门的一系列连锁反应，使得西方文明进入了工业化时代。

第三节　产业革命时代的开端

产业革命是用工厂制度代替手工工场的革命。它作为生产技术上的根本变革之所以发生，是由资本主义经济发展的客观要求所决定的。

所谓产业革命，又称为工业革命（Industrial Revolution）。准确地说，就是本章所讨论的第一次工业革命。它兴起于 18 世纪 60 年代的英国，持续到 19 世纪 40 年代。包括工具机和动力机在内的机器的发明和运用是这个时代的标志，因此史学家也称这个时代为机器时代。实际上，近代的产业革命还包括以电力的大规模应用为代表的第二次工业革命，也称为电力革命。我们将在第六章展开讨论。

一、产业革命为什么首先爆发在英国？

为什么产业革命首先在英国爆发？一个半世纪以来，多少专家学者潜心研究，得出了非常不同的结论。比如说，雄厚的资本，充足的劳动力，丰富的资源和原料；又比如说，持续的海外扩张和殖民贸易，带动了对商品的需求；科学意识和市场意识，提高了英国人普遍的认识水准；等等。尽管自 18 世纪中叶起，英国科学已开始出现衰落的征兆，世界科学发展中心已从英国向法国转移，然而，这一切并没有妨碍工业革命首先从英国开始。从对英国产业革命的背景分析中可以看出，各国产业革命发生的普遍性前提。

第一，在西方国家中，英国最早进行了资产阶级革命，清除了封建割据和等级制度等不利于资本主义发展的种种束缚。同时，英国资产阶级取得政权后，采取了保护和奖励科学技术创造的政策，他们没有把"知识就是力量"仅仅当做口号招摇过市，而是把它转化为可操作的政策和行动。在 18 世纪，英国不仅实行了专利制度，而且政府重金悬赏征求技术改革方案。美、法及 19 世纪的德、日等国先后效法，从而推动了技术更加迅速的发展。

第二，英国在资本主义世界中，是最早消除农业中的封建生产关系和小农经济、最先建立农村资本主义生产关系的国家。从 16 世纪至 18 世纪，代表资产阶级利益的英国新贵族为大量出口羊毛，用了 300 多年的时间以暴力手段实行圈地运动，使农民沦为雇佣劳动者、乞丐或流浪者；而法国农民从大革命中却得到较以前更多土地，从而更加留恋自己的家园。相比之下，前者在客观上为工业革命后的英国工业发展提供了足够的劳动力。

第三，包括圈地运动和海外扩张在内的资本主义原始积累，为英国建立资本主义大工业提供了巨额货币资本。17 世纪末，伦敦已成为世界上最大的两个信贷中心之一（另一个是阿姆斯特丹）。此外，从 16 世纪末开始，英国还从西班牙、葡萄牙手中夺取了海上霸权，加速了海外扩张和掠夺殖民地的进程，使殖民地或附属国成为其产品销售市场和原料产地。

第四，工场手工业发展导致的分工和分工基础上的协作，使得生产工具日益分化和专门化；而发明和改进工具机的主体，则是工场手工业所培养出来的以钟表匠和仪器制造工为主的能工巧匠。这一切为工场手工业生产向机器大工业的过渡准备了技术条件。

总之，在各种合力作用下，英国通过工业革命而成为世界上第一个工业化国家，开创了影响深远的自由主义经济模式，并建立起一个地跨全球的所谓"日不落帝国"和"世界工厂"，在18世纪中期到19世纪中期，引领着世界的发展。

二、专利制度的建立

近代早期科学革命的特点，是科学发展同实际应用领域的紧密结合。这正是18世纪技术发明专利大量涌现的原因。

欧洲有那么多国家，为何工业革命偏偏首先发生于英国，而不是其他资本主义国家？我们说，除了前面已经讨论的原因之外，还有一个很重要的原因：英国是世界上第一个建立专利制度的国家，即第一个保护知识产权的国家。这种专利制度保障了发明人的应得权利，从而催生了大量的技术创新。[1]18世纪中叶，英国对知识产权的保护和奖励，使几乎所有的人，都陷入了一种对新技术、新发明的狂热崇拜之中。一本英国刊物称：工程技术的贡献大于战争和外交；它的贡献大于教堂和大学；它的贡献大于抽象的哲学和文学；在改变社会方面，它的贡献大于我们法律所作的贡献。

在产业革命的推动下，18世纪中叶以后，英国领先于欧洲各国成立了很多旨在促进工艺和鼓励贸易的学会。其中，最负盛名的是于1755年成立的"工艺学会"，是鼓励和褒奖发现、发明、改良和举办其他公益活动的务实机构。在产业革命的浪潮推动下，该学会特别奖励了织造机械、精密仪器制造和化工产品生产方面的发明与技术革新。学会在鼓励具体的技术发明的同时，还特别重视褒奖对技术原理的探讨。该学会于1783年创刊的《学报》，不仅被用来交流技术创新与发明方面的信息，而且逐渐侧重于技术研究。尽管"工艺学会"（即技术学会）始终未曾得到英国政府的任何资助，但它顺应了工业革命对技术研究的迫切需要，因其对英国技术发展的重要贡献，终于在20世纪初被冠以"皇家"的名称。

随着机械、冶金、化工的发展，技术本身愈益趋于科学化，并开始建立起自己的理论体系。技术的科学化进程一方面影响到自然科学的研究，另一方面直接影响到整个的社会生产过程。于是，技术系列的科学知识即技术原理逐渐

---

① 仲新亮. 英国专利制度催生工业革命. 发明与创新，2006（7）：29.

发展成为独立的学科——技术学。最早提出"技术学"的是德国人贝克曼（Beckman，1739—1811），1772 年他根据当时工业生产技术的成熟程度，特别是为适应机械学的发展，从追求理论体系的角度出发建立了贝克曼技术学。与此同时，各种技术学科相继出现，如在德国先后建立了应用化学、工业化学；在英国，斯米顿（John Smeaton，1724—1792）提出了土木工程学。此外，还有应用力学、动力工程和冶金学等学科也相继建立。1818 年还成立了世界上最早的工程技术专业学会——"土木工程学会"（Institution of Civil Engineers）。技术科学在 18 和 19 世纪之交的产生为第二次技术革命奠定了基础。

三、科学与技术之间关系的转化

如果说 18 世纪中叶以前科学与技术的结合还不十分经常和普遍，科学从技术和工业中得益多，而给予技术和工业的甚少。那么自产业革命以后，情况发生了根本的变化。正如科学史家贝尔纳（John Desmond Bernal，1901—1971）所说，发动机的进一步发展需要全新的科学观念和熟练工艺（技术）的反复结合。工业革命初期，由于没有新的科学观念的注入，致使纽科门蒸汽机几乎 70 年内没有根本的改进。而瓦特由于接受了布莱克的"潜热"概念，而发明了分离冷凝器，使热效率和机械效率得以大幅度提高，从而使全新的蒸汽发动机问世，工业革命由此而推向高潮。

在第一次工业革命中，科学与技术之间并未呈现出科学领先于技术的关系，但是，由于技术一方面与社会和工业上的需要联系起来，另一方面又开始与科学原理（如牛顿力学与刚刚出现的热学）联系起来，从而改变了 18 世纪中叶以前科学与技术彼此割裂的状况，因此使技术的未来发展与变革逐渐按照科学的理论原理而进行。这就使不久发生的第二次工业革命中，科学发现开始领先于技术创新，电磁学理论的产生所引起的电力与电气工业，以及热学发展引起的内燃机技术群的产生就是例证，它标志着科学与技术关系的根本性转化。

第四节 产业革命的社会影响

一、思想启蒙运动和科学知识的普及

欧洲近代文明史上，与第一次工业革命密切相关的一件大事乃是思想启蒙

运动。在法语中，"启蒙"的本意是指"光明"。当时先进的思想家认为，迄今为止，人们处于黑暗之中，应该用理性之光驱散黑暗，把人们引向光明。他们著书立说，激厉地批判专制主义和宗教愚昧，提倡"自由、平等、博爱"等政治原则。这就是"启蒙运动"。

这次思想启蒙最早开始于 17 世纪英国的资产阶级革命，而后发展到法国、德国与俄国。但是，启蒙运动的中心在法国，而且在 18 世纪法国的百科全书派代表人物推动下达到高潮。法国的启蒙运动与其他国家相比，声势最大，战斗性最强，影响最深远，堪称为西欧各国启蒙运动的典范。启蒙运动的思想家除法国的伏尔泰（Voltaire，1694—1778）、孟德斯鸠（Baron de Montesquieu，1689—1755）、狄德罗（D. Diderot，1713—1784）、达朗贝尔（D'Alembert，1717—1783）、卢梭（Jean-Jacques Rousseau，1712—1778）之外，还包括英国的哲学家洛克（John Locke，1632—1704）、荷兰的哲学家斯宾诺莎（Benedictus Spinoza，1632—1677）、科学家牛顿，德国的美学家莱辛（Gotthold Ephraim Lessing，1729—1781）和赫尔德（Johann Gottfriedvon Herder，1744—1803）等。法国启蒙运动的旗手当推伏尔泰。他的思想对 18 世纪的欧洲产生了巨大影响，雨果说："伏尔泰不只是一个人，而是整整一个时代。"[①]

不妨说启蒙运动是文艺复兴运动在思想领域的继续与深化。如果说古代希腊的遗产在文艺复兴时期仅仅是被重新发现，那么在启蒙运动时期则得到充分的阐发，特别是启蒙运动的旗手们"用科学的，而不是用宗教的语言来理解自然界"[②]，因此具有更加明显的理性主义倾向。启蒙运动所弘扬的是现世主义、理性主义、人文主义和对自然秩序的信念。它所宣扬的自由、平等和民主思想，对北美的独立战争和法国大革命都产生了直接而深远的影响。

思想启蒙运动期间所出版的普及科学知识的最有影响的划时代著作，是狄德罗（图 5-8）和达朗贝尔（图 5-9）主持编写的 11 卷本的法国《百科全书》（1751—1772）。在影响力上仅次于法国《百科全书》的，还有德国学者策特勒编纂的 64 卷本的《大型科学和艺术百科辞典》（1732—1750），英国现代科学史家亚·沃尔夫（A. Wolf，1876—1948）说它"实质上是这个世纪所有百科全书中学术性最强的"[③]。另外，1711 年在爱丁堡出版了 3 卷本的《英国百科全书》，其举足轻重的地位一直维持至 20 世纪中叶。除此之外，意、英、法、德等国学

① 转引自 C. 阿尔塔莫诺夫. 伏尔泰传. 张锦霞，等译. 商务印书馆，1987：1.
② 罗伯特·B. 马克斯. 现代世界的起源——全球的、生态的述说. 夏继果，译. 商务印书馆，2006：8.
③ 亚·沃尔夫. 十八世纪科学、技术和哲学史（上）. 周昌忠，译. 商务印书馆，1991：17.

者还出版了篇幅较小的《技术百科全书》《技术文库》《艺术与科学百科全书》以及《百科全书杂志》等书刊。其中，1798 年创办的英国《哲学杂志》是以向公众传播科学知识和报道科学发现为宗旨的出版物。

18 世纪在科学知识普及方面的另一件大事，是在这个世纪末欧洲所建立的 2 个至今犹存的传播科学和技术知识的公共机构——巴黎的国家工艺博物馆和伦敦的大不列颠皇家研究院。法国的国家工艺博物馆是根据国民会议的法令于 1794 年创立的。受其影响，英国在伦福德的倡议下，仿效巴黎博物馆于 1800 年建立了类似的机构——大不列颠皇家研究院。

图 5-8　狄德罗

图 5-9　达朗贝尔

二、机器文化与机械论时代

蒸汽机的出现和普及迅速把产业革命推向了高潮，机器作为崭新生产工具的发展是使生产力和生产关系革命化的因素之一，显示出它对于社会发展的巨大推动力量。以蒸汽机的发明和普及为标志的工业革命不仅使英国成为当时世界上唯一的超级大国，并带来了西方现代文明的兴起。

然而，从此以后，机器似乎成了近代工业文明的缔造者，机器成为影响人类生活的决定性因素，机器甚至成为一种偶像而决定着时代的命运，从而形成了所谓的"机器文化"。因为它不仅改变着人类的生产劳动方式，而且直接间接地改变了人类其他各种活动的形式。①而这种机器文化的核心就表现为各种各样的机器类比和机器崇拜。

应当说，从起源上看，"机器类比"当然不是工业革命时期的产物，早在古希腊亚里士多德那里就有所萌芽。不过真正形成是在希腊化时期和罗马时期，

---

① 林德宏. 人与机器——高科技的本质与人文精神的复兴. 江苏教育出版社，1999：67.

代表人物是阿基米德、希罗和托勒密。他们把宇宙看成是一部的机器，这种观念在欧洲中世纪被基督教保存和加强。[1]特别是因为中世纪钟表的发明和普及（教堂和修道院率先使用了钟），基督教思想家就把宇宙比喻为由各种各样不同形状的齿轮连接起来，并且按照上帝制定的"自然法"运转的一座大钟。这是机械主义自然观形成的标志。与希腊化时期不同的是，基督教运用了统一的意识形态的力量，把这种机械主义的自然观连同数学理性主义自然观，强加给所有的人。这可能是近代力学和机器文明所以在西方能够率先得到发展的深层文化根源。

在工业革命爆发前，牛顿经典力学的成功进一步引发了科学思想界的机械论思潮。除了力学之外的其他学科，因当时还不清楚的事物的结构、功能和运动机理，就创造出大量的莫须有的"素"（弹性素、磁素、火素、燃素）和"力"（电接触力、化学亲和力、生命力）等。甚至到了18世纪的拉·梅特里（Julien Offray de La Mettrie，1709—1751）在《人是机器》中，还把人的勇敢、爱情等心理层面的现象，也用机械原理来解释。这不能不说是一种"机器崇拜"的雏形。

然而，我们说，牛顿的经典力学仅仅是机械论思潮形成的科学思想土壤，而以机器大工业的产生为标志的第一次工业革命，以及后来发生的第二次工业革命（电力革命），则把机械论思潮推向顶端，转化为一种机器崇拜理念和机器文化，并最终使机械论成为统治西方思想界、文化界达200年之久的世界观。根据这种观念，世界就是简单的、可逆的、精确的、稳定的、静态的。古代希腊人的那种有机的、变化的、生生不息的世界，从此被挤到了人类大脑的一个角落！整个世界都变成了一个量的世界，一个完全可以用数学计算的世界，一个决定论的世界。这时，机械论已经不仅仅是科学思想中的自然观和方法论，比如把人、生物体，以及各种其他物体都比喻为机器，而且扩展到社会科学各个领域，乃至于整个社会生活当中。亚当·斯密（Adam Smith，1723—1790）认为经济体系就类似于机器，马克斯·韦伯（Max Weber，1864—1920）称政府是机器，还有政治家经常说的"开动宣传机器"[2]等，可以说五花八门，不胜枚举。

应当说，机械论特别是科学家自发的、不自觉的机械论思潮，相对于神创论无疑是历史的伟大进步，但是一旦成为一种哲学，一种世界观，就将对于科

① 吴忠. 西方历史上的科学与宗教、科学与社会. 科学出版社，1988：28.

② 林德宏. 人与机器——高科技的本质与人文精神的复兴. 江苏教育出版社，1999：67.

学思想的发展起到阻碍作用。因此，现代科学的起步必须从批判和清理机械论开始，就毫不奇怪了。

三、产业革命的社会后果

从经济学的角度看，工业革命的实质，在于从根本上改变了物质财富的生产方式。工业革命不仅改变着生产过程的社会结合形式，而且在其所造成的机器大工业生产中，机器及其分工协作代替了劳动者及其分工协作，从而使资本主义经济蓬勃发展。正因为如此，1770—1840 年的 70 年中，英国工业的平均劳动生产率提高了 20 倍。用工厂制度代替手工工场的革命既是技术上的根本变革，同时也引起了生产关系的重大变革，这无疑是伟大的历史进步。

但是，工业革命也暴露了生产社会化和生产资料私人占有之间的矛盾。从此开始的对科学技术的资本主义应用所引起的种种威胁人类生存与发展的严重后果，也在不同程度上与这一社会基本矛盾相关。讨论工业革命问题，不能回避它对当时工人阶级的生活与身心健康所带来的巨大损害这一事实。工业革命后相当长一段时间里，生产事故经常发生，劳动中重复而受约束的动作使工人的身体变形，恶劣的工作环境和居住条件使工人受到生理和心理上的摧残，甚至丧失生命。但对工人来说最大的威胁莫过于失业。

美国当代学者罗伯特·B. 马克斯在 2002 年出版的《现代世界的起源——全球的、生态的述说》一书中，从一个全新的文化学的角度探讨了工业革命的社会后果问题。他指出，欧洲的工业革命从文化观念层面，大大强化了"欧洲中心论"的观点。这种观点认为，"西方有一些无可匹敌的历史优势，在种族或者文化、环境、思想、精神方面有一些特质，使这一人类共同体相较其他共同体有着永久的优越性"。这种认识后来变成了为西方列强掩盖其全球霸权服务的意识形态。①

总之，由蒸汽动力的产生、完善和推广应用所引起的技术发展的连锁反应，为欧洲资本主义生产方式最终战胜封建主义生产方式奠定了基础，并且导致了西方近代文化的变迁。然而，资本主义在其后来发展中所出现的种种经济的、社会的乃至全球性的危机表明，资本主义制度绝不是人类进步所最终追求的美好制度，而西方社会文化发展的模式也绝不是现代世界人类文化发展的理想模式。

---

① 罗伯特·B. 马克斯. 现代世界的起源——全球的、生态的述说. 夏继果，译. 商务印书馆，2006：185-191，14-15.

四、"英国病"的流行

英国是世界主要经济强国之一，也是在世界经济开放与产业转型史中曾一马当先的国家。英国的产业革命和工业化大约自 1760 年开始，至 1840 年结束，前后历时七八十年，成为世界上第一个完成产业结构向工业主导转型的国家。1840 年，英国工业产值在世界工业产值中的比重占 45%，约为法国 12%和美国 11%比重之和的 2 倍，无疑是当时头号世界强国，并有"世界工厂"之称。1801—1850 年英国的商品（主要是工业品）出口额增加了 6 倍，并掌握了世界贸易总额的 20%，其中英国棉织品生产额的 80%销往国外。1821—1873 年英国人均商品出口额年增长率为 4.3%，是同期人均收入增长率 1.57%的 3 倍左右，对外贸易被誉为经济增长中的"发动机"。

然而，自 19 世纪后期起，英国经济开放与产业转型的领先地位很快就被后来居上的美、德、日等国家赶超，并成为西方工业革命后，第一个比较突出地在经济开放中出现经济增长乏力现象的国家。1913 年第一次世界大战之前，英国经济世界第一的位置已被美国取代。1873—1913 年，英国人均收入年增长率下降为 1.06%，而同期人均商品出口额增长率更下跌至 0.93%，显示了英国在国际贸易和产业分工中的优势在竞争中逐渐减弱的过程。英国贸易萎缩和经济衰退的状况，被一些西方经济学家戏称为"英国病"。"英国病"（又称为"欧洲病夫"，sick man of Europe）的特征是在经济开放中，工业特别是制造业的发展趋于萎缩。单纯从经济的角度看，其主要症状是："停停走走"的经济、通货膨胀、失业并发症与国际收支危机的交织、收入分配与经济效率之间的矛盾、地方经济发展的不平衡性和分权主义日益严重等趋势。

还有一种做广义理解的"英国病"，它不仅包括经济领域逐渐衰落的现象，而且包括科技发明的实用化、工业化的滞后现象。英国曾经是许多重要的科学技术发明和发现的故乡，但是，在把这些发明或发现实用化、工业化的过程中，英国却经常落后于别国。英国人施瓦恩比美国人爱迪生早 10 个月制作出电灯的原型，但在电灯的工业化上却落后于美国；英国人弗莱明首先发明真空二极管，而把真空管发展成为实用三极管的却是美国人德福雷斯特；二次大战前，英国人发明了原子能发电技术，但不久以后，英国却从美国输入原子能反应堆；在微电子技术领域中，最早提出集成电路概念的也是英国人，但最早研制出实际的集成电路并将它工业化的却是美国人。

"英国病"有时还用来特指在工业化促进城市化过程中，人口自乡村向城市的过度汇集，产业污染对城市生态环境造成毁灭性的损害，城市犯罪的增加等给经济、社会乃至整个国家所带来的种种负面影响。

那么，这种"英国病"的病根在哪里？尽管这个问题今天并没有也不可能有一致的看法，但是，美国学者马克斯在《现代世界的起源——全球的、生态的述说》却有自己独特的视角。他认为，以英国为典型模式的全球资本主义，自19世纪70年代面临着"诞生后不久就被扼杀的命运"，而"19世纪后期的萧条的确加剧了工业化国家间的竞争和紧张局面"。他从资本主义国家内外矛盾和威胁的分析出发，确认"民族主义、欧洲各国间的经济竞争、工业化产生的社会内部的紧张局面，以及战略上的考虑，导致了欧洲国家间的几次战争，也导致了19世纪后30年帝国主义扩张造成的对亚洲人和非洲人的战争"；[1]认为欧洲各国（首先是英国）的决策者应当从"英国病"的爆发及其必然性中汲取某种教训，应当像战后德国反思自己对犹太人的罪恶那样，来反思自己的发达史，"应当为他们好运的真实来源感到羞愧"，而那些没有得到好处的发展中国家的人民"应振作起来，相信在未来新的机遇会垂青他们"！[2]

---

① 罗伯特·B. 马克斯. 现代世界的起源——全球的、生态的述说. 夏继果，译. 商务印书馆，2006：185、188.

② 罗伯特·B. 马克斯. 现代世界的起源——全球的、生态的述说. 夏继果，译. 商务印书馆，2006：201-203.

第六章

理论自然科学的兴起

　　人们称 15 世纪是"文艺复兴世纪"，16 世纪是"宗教改革世纪"，17 世纪是"力学世纪"，18 世纪是"启蒙世纪"或理性时代，而称 19 世纪则为"科学的世纪"，是科学理论化、技术化、建制化的世纪。自文艺复兴以来，经过科学家数百年的探索、积累、奋斗乃至流血，迎来了 19 世纪自然科学全面发展的新时期。

　　在这个世纪，天文学借助成熟的经典力学理论，得到长足的发展。物理学中能量守恒与转化定律和电磁场理论是继牛顿力学之后科学史上的第二次理论大综合，特别是热力学第二定律的发现揭示了自然界运动的方向性问题。化学原子-分子论、元素周期律等揭示了物质世界是多样性的统一，使化学有了坚实的系统的理论基础。和物理学与化学相比，作为完整意义的理论自然科学的生物学尚未真正形成。从博物学中分化出植物学和动物学，逐渐形成专门学科，但是还处于形态学的水平。以进化论为代表的 19 世纪生命科学的主流沿着自然史的方向展开探讨。细胞学说的产生为生命的基础研究提供了新的角度，而遗传学还处于萌芽状态。

　　在 19 世纪，现代工业真正开始了以自觉应用自然科学为其技术基础的历史。继第一次工业革命之后，19 世纪爆发了第二次工业革命。这次工业革命与前一次相比，不是技术的发明在先，而是科学的发现在先。由于电磁学的创立并转化为电动机、发电机等技术而引发了电力革命，由于热学的发展而引发了以内燃机为主导的新技术群的诞生。从此，科学经过技术的中介而转化为生产力要素才第一次成为现实。

在这个世纪，科学研究的社会组织形式已经过渡为大学实验室、工业实验室和国家实验室等形式，科学社会建制已经形成，科学家的社会角色在社会中已经确立。

第一节　天文学和地质学的发展

一、从笛卡尔的天体演化思想到康德-拉普拉斯星云假说

近代天体演化的思想早在 17 世纪就为笛卡尔所提出。伽利略、开普勒和牛顿都非常注重现实天体的运动学描绘，但或多或少忽视了其动力学解释。笛卡尔与众不同，以其辩证思想着手于天体的演化研究，提出了解释物理世界形成及其运动的"以太-旋涡理论"。

"以太-旋涡理论"认为，自然界中不存在完全虚无的空间，而充满不可见的、连续的、可压缩的本原物质——以太，整个宇宙都处于以太的海洋之中。发生在以太海洋中的旋涡运动把原初物质分为三类。（1）通过摩擦从许多物体上掉下来的最小的无恒定形态的精细微粒（相当于古代的"火元素"）。它们激烈翻腾地运动，并趋向于巨大旋涡的中心，形成发光的太阳和恒星。（2）因摩擦碰撞而同第一类物质分离的稍重的光滑球状粒子（相当于古代的"气元素"）。它们趋于离开旋涡中心而沿直线向旋涡周围运动，并将恒星包围，构成星际物质——天空。（3）由于摩擦碰撞而产生的巨大而稠密的运动缓慢的微粒（相当于古代的"土元素"）。它们被抛离巨大旋涡的中心，并互相聚集，形成地球、行星和彗星等天体。[①]

尽管在牛顿物理学的冲击下，"以太-旋涡理论"很快成为天文学中多余的东西，但笛卡尔高于他的同时代人的独特之处，在于他最先意识到，一切自然

---

① 李建珊. 科学史上的以太-旋涡理论. 南京大学学报（哲学. 人文科学），1996（3）：40-41.

现象"都应被看作是逐渐生成的",而不能"把它们看作完全现成的"。[①]这是笛卡尔留给后世自然科学的遗言。

法国博物学家布丰(Georges Louis Leclere de Buffon，1707—1788)于1745年在《一般和特殊的自然史》中提出了关于行星系起源的假说。他受到天文学史上关于1680年一颗掠日彗星在日冕中穿过的记载的启发,设想太阳系形成早期有一颗巨大的彗星坠落在太阳上;其巨大的冲力将太阳物质的洪流碰溅起来并离开太阳表面,在太阳之外距离不等的地方分别集合为大小各异的炽热而发光的流质球体;这些球体上的物质经冷却逐渐变为不发光的固体——行星和卫星。这就是关于天体起源与演化的"灾变说"。由于布丰把天体演化的动因归结为一种纯粹偶然性,再加上18世纪中叶,彗星的面目已较清楚,以其极低的密度和极小的质量实难撞出太阳表面的某些物质,因此这种突变说没有在天体演化学中产生多大影响,但其中的突变思想对于地质学和古生物学等领域却影响较大。

18世纪中叶,曾研究与讲授多门自然科学和技术的德国著名哲学家康德(I.Kant，1724—1804)(图6-1)在《自然通史和天体论》(1755出版,即中译本《宇宙发展史概论》)中,提出了关于太阳系起源与演化的星云假说。康德假设说,形成太阳系的原料是一种最初以细微分割状态弥漫在全部空间中的原始星云,这些物质密度很小、种类多样,自身在永恒地旋转着。在万有引力作用下这些星云物质逐渐聚集成大小各异的团块,较大的团块就是中心天体,较小的团块则成为使周围物质围绕其凝结的核。这些核一方面受到中心天体的吸引,另一方面由于物质相互靠近所产生的斥力的作用,使团块偏转方向,变成围绕引力中心的旋涡运动。这就解释了一切行星都沿同一方向并且几乎在同一平面上绕太阳运转的事实。

图6-1　德国邮政发行的康德像邮票

---

① 笛卡尔选集(俄文版). 莫斯科:科学出版社，T. 291-292.

康德既不像笛卡尔那样只讲排斥，更不像牛顿那样仅仅强调吸引，而认为吸引和排斥两者同样普遍，摆脱了牛顿找不到切向力来源的困境。他用原始星云物质本身固有的对立运动趋势说明了天体的现有运动。康德认为，宇宙的演化也是无限的，一切有起源的东西、一切具体的事物自身都包含着"有限"这个本质特点，它们一旦开始，就不断走向消亡。他说，太阳系也是要灭亡的，在宇宙中，天体不断地形成，又不断地毁灭，千千万万个太阳不断地燃起，又不断地熄灭，正如神话中的火凤凰。[①]"每一个已臻完善的世界都有趋向毁灭的倾向。这种倾向也可成为保证宇宙还会在别的地方重新产生许多世界，以补偿它在一个地方所受的损失的一种理由……自然界生生不息，永无止境。"[②]然而由于康德的著作最初是匿名出版，故长期被埋没。1796年拉普拉斯重新提出类似假说后，康德一书才得以在1799年再版。

鉴于康德的星云假说没有说明太阳系自转的起源，法国科学家拉普拉斯（Pierre-Simon Laplace，1749—1827）在《宇宙体系论》（1796）中假设气态物质最初就在自转，得出了本质上与康德相同的结果。拉普拉斯研究了太阳系的30个天体的运动，发现所有行星全都沿同一方向，而且几乎在同一平面上绕日旋转；大部分卫星也沿相同方向和几乎在同一平面上围绕其主星旋转；行星和卫星同太阳一起，均沿它们公转的方向绕各自的轴自转。这些相似性并非出自偶然，而表明这些天体有一个共同的起源。为了试图解释这种规则性，拉普拉斯提出了自己的假说。他认为太阳系的天体起源于一团巨大而炽热的球状星云，并自西向东缓慢地自转。随着星云的冷却、收缩，根据角动量守恒原理，其自转速率将逐渐增加，离心力越来越大，星云渐成扁平盘状，如此继续，形成一个环绕星云核旋转的气体环（环状星云）。这种过程反复多次发生，从而形成若干气体环，它们全都处于同一赤道平面并以各自的速度旋转。随着它们继续冷却、收缩、以至凝固，这些环先是各自分裂成旋转团块，然后团块又结合成单独行星，而星云核则收缩为太阳。

拉普拉斯假说风行近1个世纪。鉴于它与康德学说的相似，1854年赫尔姆霍茨（Hermann von Helmholtz，1821—1894）把拉普拉斯和康德的星云说合称为"康德-拉普拉斯天体演化说"。现在已经搞清，所谓星云的假设在太阳系及其以下的宇宙尺度上是不正确的，但却同今天关于一团星云冷凝成恒星的过

[①] 火凤凰（Phoenix）是西方神话中的神鸟。据说它生在阿拉伯沙漠，寿命长达几百年。它最后在香木筑成的巢中自焚而死，然后又在灰烬中重生，开始生命的另一次循环。

[②] 康德. 宇宙发展史概论. 上海外国自然科学哲学著作编译组，译. 上海人民出版社，1972：149.

程的观点大体一致。

笛卡尔、康德和拉普拉斯在解决天体起源问题时，都是在机械论自然观范围内进行论证的。他们依据当时的力学成就，阐述了天体演化发展的过程。在阐述自然演化中发挥过重要作用的机械自然观，不能做形而上学的否定。[①]

二、天王星和海王星的发现

如果说"康德-拉普拉斯天体演化说"基本上是一种自然哲学式的猜测，那么，天王星和海王星的被发现则是实实在在的实证科学的成果，借助了众多天文学家的研究方法和成果。这里仅仅介绍其中的"提丢斯-波德行星定则"。

1766 年，德国天文学家提丢斯（Johann Daniel Titius，1729—1796）通过对当时发现的太阳系六大行星（即水星、金星、地球、火星、木星、土星）与太阳的平均距离的研究，得出了经验定则。1772 年，柏林天文台台长波德（Johan Elert Bode，1747—1826）研究了提丢斯的发现，并向天文学界公布，史称"提丢斯-波德定则"：

$$\frac{a_{n+1}}{a_n} = \beta = 1.73$$

（a—行星与太阳的平均距离，n—行星序号；β—比例常数。）

这一经验公式相当准确。除海王星外，其他行星都与实测值十分接近。行星和太阳的距离（天文单位）列表（表 6-1）于下：

表 6-1　行星和太阳的距离

行星	水星	金星	地球	火星	木星	土星	天王星	海王星
n	-∞	2	3	4	6	7	8	9
a_n 计算值	0.4	0.7	1.0	1.6	5.2	10.0	19.6	38.8
a_n 观测值	0.39	0.72	1.0	1.52	5.2	9.5	19.2	30.1

英国天文学家威廉·赫歇尔（Frederich Wilhelm Hershel，1738—1822）于 1781 年 3 月 13 日第一次观察到太阳系的一颗新行星——天王星。天王星到太阳的平均距离为 19.8 个天文单位，完全符合"提丢斯-波德定则"。格林威治天文台的马斯基林（Maskelyne，1732—1811）通过观测，认为这是土星外的一颗

[①] 吴彤. 论机械自然观的历史作用和历史地位. 内蒙古师范大学学报（哲学社会科学版），1987（1）：32.

行星。这个发现为太阳系开疆拓土拉开了序幕。

天文学家认为，天王星的计算轨道与实测轨道有不小误差，这很可能是其他大型天体摄动的结果。英国天文学家约翰·亚当斯（John Couch Adams，1819—1892）于 1845 年用摄动方法计算出这颗新行星的位置，预报了海王星。1846 年法国天文学家勒威耶（Le Verrier，1811—1877）用同样方法再次精确地预言了海王星的存在，并推算出其质量、轨道及位置。同年 9 月 23 日，柏林天文台台长加勒（Galle，1812—1910）根据勒威耶的预报，观测到这颗新行星。海王星的发现证明了万有引力定律的正确。

三、赫歇尔的银河系模型

威廉·赫歇尔（Friedrich Wilhelm Herschel，1738—1822）（图 6-2）生于德国汉诺威。父亲是军乐团的双簧管吹奏手，赫歇尔 14 岁参加了这个乐团，1757 年迁居英国，1766 年左右开始对天文观测发生浓厚兴趣。赫歇尔因发现天王星而成为皇家天文学家，但是他的主要兴趣还是对恒星的研究。赫歇尔是恒星天文学的创始人和开拓者。赫歇尔观测天象的仪器都是自己制造的，他制作过一个当时世界上最大的口径 122 厘米、长达 12 米的天文望远镜。他得到其妹卡洛琳·赫歇尔（Caroline Lucretia Herschel，1750—1848）这位伟大女性的协助，兄妹合作近 50 年，发现 14 个星云、8 颗彗星，编成 2500 个星表。

图 6-2　威廉·赫歇尔

在此顺便介绍一下这位在科学文献中常被人提及的女天文学家——卡洛琳·赫歇尔。她是发现彗星的第一位女性，在 1786—1797 年中，她发现了 8 颗彗星，1783 年又发现了仙女座（Andromeda）及鲸鱼座（Cetus）星云。而她最大的功劳则是在威廉死后将他俩共同发现的数千个星云的目录加以整理，从而使威廉·赫歇尔的科学贡献得以流传。卡洛琳·赫歇尔 97 岁时为自己写了墓志铭，文中念念不忘已经谢世的兄长，且一再申言，为了所有后代她要将自己奉献给科学。

从 1783 年开始，赫歇尔就开始有计划地对天球按照天区进行"扫描"，对每个天区的恒星进行计数，以得出恒星的密度分布，揭示宇宙的空间结构。通过几年的测量，赫歇尔统计了恒星的空间分布，得出了银河系模型。赫歇尔认为，全天的恒星构成了银河系。银河系是由一层有空间结构的恒星组成的，形状像一个扁平的圆盘；直径约 7000 光年，厚度约 1300 光年；太阳系就位于银河系的中央平面上离开银核不远的地方。这一结论标志着恒星天文学的诞生。

赫歇尔的另一个重大发现是太阳的自行。1783 年，赫歇尔仅考察了 14 颗恒星的固有运动，就大致形成了"太阳奔赴点"的思想。1805 年，他利用 36 颗恒星的固有运动的精确测量结果，得出太阳系正在向武仙座运动的结论。现代的精密测定与赫歇尔的结论基本一致。太阳系以 17.5 公里/秒的速度朝向武仙座 λ 星附近的方向运动。赫歇尔还发现了大量的双星系统，从而揭示了双星系统的物理特性；发现这些双星都围绕着公共的质心转动，这是万有引力定律向宇宙中更加遥远天体的推广。1844 年，德国天文学家贝塞尔（Friedrich Wilhelm Bessle，1784—1846）预言天狼星有一颗暗伴星。1862 年，美国人克拉克（Alvan Graham Clarke，1832—1897）发现了这颗暗伴星，其运动规律与赫歇尔对双星运动的解释是一致的。

威廉·赫歇尔的儿子约翰·赫歇尔（John Frederick William Herschel，1792—1871）是物理学家兼天文学家，他是天体光度学的创始人之一。为核对其父的发现，1834—1837 年间，他在非洲好望角进行大量观测，统计了南天球约 7 万颗星，并注意到星云可分为两类：银河系内的气体和尘埃构成的"云"属于河内星云，而银河系以外的像银河系一样的星系则是河外星云，这些河外星系就是宇宙岛。约翰·赫歇尔在 1821—1823 年发表双星总表；1864 年出版《星云星团总表》，将他发现的大量天体列入表中；1849 年出版《天文学纲要》，综述当时天文学发展新成就。

19 世纪的天文学成就是辉煌的，光学观测的精度已达到空前成熟的地步。天王星、海王星、小行星的发现，太阳系、银河系乃至河外星系的研究都已经全面展开。特别是赫歇尔父子对恒星相对视差精确翔实的记录，为后来对恒星亮度的长期变化的研究做出了宝贵贡献。

第六章

四、地质学的英雄时代

近代早期比较有意义的地球成因理论当属笛卡尔的理论。他把地球起源问题放在宇宙起源的大背景中进行考察。笛卡尔认为，地球和其他行星一样原先也是发光体，至今在其中心仍有由发光物质组成的核。随着地球的冷却，其表面转变成坚实的地壳，地壳和中心发光物质之间有一个最初充满液体，后来又变成不透明固体的中间区。太阳的光和热最初能渗透到地球内部，从而导致地壳的破裂和陆地形成。

继笛卡尔之后，莱布尼兹于1693年提出关于地球起源的见解。他认为，地球原先是个炽热的球体，当外表层冷却到一定程度时，就形成波质壳层，现今的片麻岩和花岗岩等结晶岩石，也许是这种波质壳层的残余。地球冷却时周围水汽凝成汪洋大海。引起地质剧变的原因，一是地球内部的气体爆发使地壳爆裂，从而形成火成岩；二是地球表面洪水泛滥的作用，从而产生沉积岩层。

对18世纪地质学产生重大影响的，则是布丰提出的地球观。根据他的天体演化的灾变说，地球原先是太阳的组成部分，只是因为一颗彗星的冲击而同太阳分开，因此其组成和运动都同太阳相似。布丰把地球史划分为7个时代：（1）熔融物质时代；（2）固结时代；（3）全球海洋时代；（4）地壳暴露与火山喷发时代；（5）平静时代；（6）大陆分离时代；（7）人的时代。①他相信地球将不断冷却，终将使任何生物无法在其上生存。他似乎以很大的勇气冲破《圣经》"创世纪"的教条，思辨地估计了各个地质时代的长短。不过他对地球全部存在时间的估计值（17.3万年）比人类进化中的早期智人阶段的时间还要短。

在地质学史上，19世纪的前30年被科学史家称为"地质学的英雄时代"。这个时代关于地球表层演化及其成因问题，曾发生过多次不同学派之间的论争。其中发生在18世纪末的"水成论"与"火成论"之争尤为激烈，并且因此而硕果累累。

最早提出水成论的是英国的物理学家约翰·伍德沃德（John Woodward，1665—1728）。他在1695年发表的一文中认为，在诺亚时代，集积的大洪水爆发，把整个地球淹没，万物被洪水冲走并同水相混，后来的沉积物以它们的重量为序，重的物体在最底层，轻的物体则在上层。他与基督教经典相一致的正统观点是那个时代的典型代表思想。

对具有宗教内涵的水成论首先提出批评，并系统提出火成论思想的是意大

---

① 沃尔夫. 十八世纪科学、技术与哲学史. 周昌忠，译. 商务印书馆，1991：446-447.

利人安东·拉札罗·莫罗（Anton Moro，1687—1740）。他经过对维特纳火山和维苏威火山的研究和考察，认为地球表面原先是光滑的岩石，上面全部覆盖着水，后来地下火使地表裂解，陆地、岛屿和山岭升出水面，同时地球内部的泥沙、沥青、硫、盐等排放出来，从而在原始岩石表面形成新地层。类似这样的多次火山爆发所形成的每一新岩层，由于所含物质种类的不同而相区别。

对水成论进行批评的还有英国人赫顿（J. Hutton，1726—1797）。他由于使地质学说摆脱神学而被称为近代地质学之父。1795 年他在其代表作《地球的理论》中批判了"地球只有 4000 年历史"的宗教教义。赫顿虽然是个火成论者，但也承认水在地质演变中的作用。然而，他的火成论思想长期被埋没。

水成论之所以一度占统治地位，除教会因素外，和主要代表人物德国矿物学家维尔纳（A. G. Werner，1749—1817）的影响有关。维尔纳是一位教育家，他以其善于思辨和极富魅力的演讲征服了他的听众。维尔纳仅仅根据对他的家乡萨克森地区的有限观察，就片面地做出一般性结论，断定绝大多数岩层系都是在海水中通过沉淀、结晶而形成的。但是，在争执激烈的英国爱丁堡会议结束不久，曾经十分顽固而不可一世的维尔纳派即宣告瓦解。

古生物学家、比较解剖学家居维叶（Georges Cuvier，1769—1832）继布丰之后，在 1812 年根据自己对古生物的研究，提出了著名的"灾变论"假说。他承继了当时宗教宣扬的地球只有 4000 年历史的说法，并且根据地层之间地质的不连续性，特别是不同地层中古生物化石之间的不连续性，认为在地球历史上曾发生过多次巨大的灾变（如洪水灾害、地震、大的火灾等），从而造成地球表层地质、地貌的现有状况。后来赖尔"渐变论"的提出，清除了灾变论在英国的影响。但是，居维叶所创立的比较解剖学和古生物学，特别是他对动物解剖学的贡献，功不可没。[1]有趣的是，曾经攻读过医学的鲁迅先生于 1907 年在《人之历史》一文中指出："寇伟（G. Cuvier），法国人，勤学博识，于学术有伟绩。尤所致力者，为动物比较解剖及化石之研究，著《化石骨骼论》，为今古生物学所由昉。"[2]

英国地质学家赖尔（C. Lyell，1797—1875）在《地质学原理》（1831）中首次提出了关于地壳缓慢进化的学说——渐变论（或均变论），但其基本思想早在 1788 年曾为主张火成论的赫顿阐述过。赖尔根据前人和本身的地质考察结果断言：地球表面以及地层的种种现状，是长期的地质年代中缓慢变化的结果。

① 张之沧. 居维叶与灾变论. 科学出版社，2016：前言.
② 鲁迅.《鲁迅全集》第一卷《坟 热风 呐喊》. 人民文学出版社，2005：10.

这是针对法国古生物学家居维叶的"激变论"提出的。渐变论认为，现今正在起作用的改变地壳形态的力量，同样以基本相同的强度和方式作用于地质历史的整个时期。但是，该理论强调变化的绝对一致，不可避免地陷入片面性和局限性。

自 20 世纪下半叶以来，几乎被人遗忘的地球演化灾变论，在围绕白垩纪末期大量陆生恐龙和海洋浮游生物灭绝原因的讨论中，又被重新提了出来，称为新灾变论。它认为宇宙和地球演化过程中发生过一系列剧烈而突发性的灾变事件，从地球演化历史来看，这些事件发生的时间是相对短促的，但能量极高，影响面广，同时引起地球上的生物集群绝灭，如二叠纪与三叠纪之交、白垩纪与古近纪之交均发生大规模生物绝灭。究其发生灾变的原因，主要是地球外来因素，如超新星爆发、小行星或彗星撞击地球等。新灾变论与以居维叶为代表的旧灾变论的不同点，在于强调宇宙因素和摈弃了神创观。由于它基于大量地球化学（微量元素、同位素）以及宇宙因素等资料，而引起地学界普遍关注。

第二节　经典物理科学的完成

一、电学时代的肇始

18 世纪后半期，许多物理学家都在从事电力和磁力的定量研究。最早是库仑（Coulomb，1736—1806）用他所发明的"扭秤"测量带电小球之间的电力大小的实验研究。他发现，电的吸力或斥力与两电荷之乘积成正比，而与它们之间距离的平方成反比，这被后人称为"库仑定律"。不久，库仑用同样的扭秤做实验，证明了这个定律对磁相互作用也成立。他的发现发表于 1784 年以后的《皇家科学院备忘录》中。大约在同一时期，卡文迪什（Henry Cavendish，1731—1810）也用实验发现了电力与磁力的上述定律，可惜这些发现仅仅记录在大约 100 年后发表的他生前的笔记本中。

近代早期研究电现象和磁现象的人们，尽管已经感到电与磁之间存在着某种深刻的联系，但一直没有抓住它。德国古典哲学大师谢林（F. W. J. von Schelling，1775—1854）认为，宇宙间具有普遍的自然力的统一。丹麦物理学家奥斯特（H. C. Oersted，1777—1851）深受其影响。1820 年，有一天奥斯特去哥本哈根大学讲课的路上产生了一个念头：如果静电对磁石毫无影响，那么用动电来试一试，也许会有所不同。他把伏打电堆放在讲台上，用一根引线连接两极，使引线平行于磁针，结果磁针转动了，并在垂直于导线的方向停了下来，这就是著名的电流磁效应。他为此而写的论文于当年 7 月发表于法国的《化学与物理学年鉴》杂志。

奥斯特的发现标志着电学时代的开端。这一发现引起法国物理学家安培（A. M. Ampere，1775—1836）的注意，1820 年他发现了电流之间相互作用的安培定律。安培还提出了关于电磁关系的分子环流假说，认为在磁铁中电流沿很小的环路流动，每个环路平面与磁轴垂直。换句话说，磁不是与电分开的孤立的东西。磁体的相互作用可归结为电流的相互作用。他的分子磁体假说已为现代物理学完全证实。

当安培的兴趣在电流磁效应和分子环流假说方面时，德国物理学家欧姆（G. S. Ohm，1787—1854）则在引入电阻概念的基础上，于 1827 年发现导线电阻与构成导线的材料有关，并与导线的长度成正比，与其截面积成反比。同年，他发表了这一发现，这就是著名的"欧姆定律"。

在奥斯特效应发现后，物理学家们一直在考虑这个效应的逆效应是否存在。这个猜测在 10 年之后才由法拉第（Michael Faraday，1791—1867）首次证实。1831 年 8 月 29 日，他在 U 形软铁芯上绕上接伏打电池的初级线圈和接电流计的次级线圈，发现当切断初级线圈的电流时，次级线圈产生了电流。不久他证明了次级线圈中的"感生电流"是由其电流的接通、切断或强度的变化所引起的。同年他又发现，当一磁棒和闭合线圈相对运动时，该线圈中均会有电流产生。他发现，如果不切断电源，而让初级线圈相对于次级线圈运动，也会在次级线圈中产生电流。这就是说，产生感生电流的过程不同于静态的静电感应过程，它是一种动态过程。

为了说明产生感生电流和感生电动势的原因，法拉第借助"力线"（或"管线"）概念说明：闭合导体切割磁力线是产生感生电动势的条件。他将力线连续分布的空间命名为"力场"，代替牛顿神秘的"超距作用"。场概念的引入标志着物理学发展的新时代。[①]

二、热力学三定律及其文化史意义

热力学起源于工业革命高潮中对热机效率问题的研究。卡诺循环的发现是热力学产生的标志，但热力学的完成则主要归功于威廉·汤姆森（即开尔文勋

① 乔治·伽莫夫. 物理学发展史. 高士圻，译. 商务印书馆，1981：145.

爵 Lord Kelvin，1824—1907）和克劳修斯（Rudolf Clausius，1822—1888）。1824 年卡诺（Sadi Carnot，1796—1832）在《关于火的动力的研究》中提出，一切理想的即热效率最高的热力循环必须经过等温膨胀、绝热膨胀、等温压缩和绝热压缩 4 个理想的过程，后人称之为"卡诺循环"。后来他由此提出"卡诺定理"：对于理想热机来说，其单位热量所做的功只取决于热源和热吸收器之间的温度差。

1830 年卡诺在日记中第一次表述了能量守恒原理："动力是自然界的一个不变量，正确地说，动力既不能创造也不能消灭。"[①]这里所说的"动力"就是"能"。不过他的这一发现沉睡在未发表的遗稿中达 48 年，否则科学史将认定他比德国迈尔（Julius Robert Mayer，1814—1878）医生早 12 年发现能量守恒原理。1842 年迈尔计算出，压缩空气所做的机械功和被压缩后的气体所增加的热量，其比值恒定。但是，他把哲学上的"无不生有"和"有不变无"的命题用于机械功和热的研究。《物理学年鉴》主编波根道夫认为他这篇题为《论无机自然界的力》的论文纯属思辨因而拒绝发表。幸好李比希（J. von Liebig，1803—1873）对各种自然力之间的关系问题很感兴趣，所以立即同意将迈尔的这篇论文发表在《化学与药学年鉴》上。然而他的工作长期得不到科学界尤其是富于经验论传统的英国物理学家们应有的评价，加之他两个孩子夭折等原因，导致他一度精神失常。

1843 年英国业余科学家焦耳（J. P. Joule，1818—1889）第一个用实验证明能量守恒原理，并给出了电热当量和热功当量定量公式。但 1843 年他在英国协会上宣读他的最初成果时，反响并不大。在 1847 年的牛津会议上，如果不是威廉·汤姆逊（即开尔文）站出来发言而引起人们的兴趣，恐怕焦耳的遭遇并不比迈尔更好些。同年，德国生理学家赫尔姆霍兹（Hermann von Helmholtz，1821—1894）以更具普适性的形式，独立地提出了能量守恒原理。但是，他的《论活力守恒》同样遭到波根道夫的拒绝。直至苏格兰的威廉·约翰·麦克奥恩·兰金用"能量守恒"取代"活力守恒"，这一定律才有了现代的表述。无论如何，如果说在 200 年前的笛卡尔时代，"自然界中一切运动的统一"还仅仅是一个哲学的论断，那么如今它已是自然科学的事实了。

这一原理的严格表述是：在一个既不向外界输送能量，也不从外界取得能量的系统中，不论发生什么变化或过程，能量的形态虽然可以发生转化，但系统所包含的各种能量的总和恒保持不变；而各种形式的能量在其相互转化过程

---

① 弗·卡约里. 物理学史. 戴念祖，译. 内蒙古人民出版社，1981：208.

中，存在着确定的当量关系。

除了迈尔、赫尔姆霍兹、卡诺和焦耳，对这一定律的发现做出独立贡献的还有柯尔丁、塞贯、格罗沃、法拉第、李比希、霍尔茨曼、赫因和莫尔等。美国科学史家库恩（T. Kuhn，1922—1996）把能量守恒定律作为"同时发现"的典型案例。为什么在欧洲不同国家有 12 个人同时发现这一定律呢？库恩认为，第一条原因是"能量转换过程的可得性"，即在实验室中可以实现这种转换过程；第二条原因是对热机的研究；第三条原因则是自然哲学的影响，德国的李比希等 4 人直接间接接受了德国古典哲学的熏陶，李比希还亲耳聆听了大哲学家谢林的演讲。哲学思辨对表述普适性很高的自然定律有重要的启迪作用。

在热力学中，能量守恒原理就是热力学第一定律。它表明，外界传递给一个物质系统的热量等于系统内能的增量和系统对外所做功的总和。表述为方程即：

$$\triangle Q = \triangle U + \triangle W$$

能量守恒原理的发现，使得一度受到冷遇的卡诺定理重新受到重视。卡诺早已认识到，从低温到高温的无补偿转移不能以任何方式来实现。这一发现使克劳修斯（R. E. Clausius，1822—1888）在 1850 年、开尔文在 1851 年分别独立地提出热力学第二定律。1850 年克劳修斯将这一规律表述为："不可能把热量从低温物体传递到高温物体而不产生其他影响。"开尔文（即威廉·汤姆逊）在 1851 年对热力学第二定律的表述为"不可能从单一热源取热使之完全变为有用的功而不产生其他影响"，被认为是公认的标准表述。

1865 年克劳修斯引入一个新的态函数——熵，以表示热学过程的上述不可逆性：如果一物体的绝对温度为 T，加给该物体的热量为 $\triangle Q$，那么该物体的熵就增加 $\triangle Q/T$，用 $\triangle S$ 表示。即：

$$\triangle S = \triangle Q/T$$

于是热力学第二定律又可表述为："在孤立系统内实际发生的过程总是使整个系统的熵的数值增大。"

开尔文和克劳修斯还先后提出了所谓"热寂说"。热寂说是伴随热力学第二定律的产生而产生的。1852 年 4 月 19 日，开尔文在《爱丁堡皇家学会议事录》上发表的《论自然界中机械能耗散的普遍趋势》论文，从热力学第二定律出发断言，当热从热的物体传到比较冷的物体时，就存在着机械能不可能完全恢复的耗散现象。1862 年他在《关于太阳热的可能寿命的历史考察》这篇论文中，正式提出了"一个不可避免的宇宙静止和死亡状态"，即宇宙热寂说。

第二个提出"热寂说"的人是克劳修斯。他于 1865 年首次引进了"熵"的概念并且由此断言，当宇宙中的一切状态改变都向着一个方向时，宇宙的熵趋于极大值，全宇宙必然要不断地趋近于一个极限状态。这里所说的"极限"状态就是指宇宙热寂状态。克劳修斯正式提出"热寂说"晚于开尔文。他在 1865 年做的《关于热动力理论主要方程各种应用的方便形式》的演讲中，就曾明确指出，"这个定律在宇宙中的应用，已得出一个结论，那是威廉·汤姆逊首先得出的，因此我才发表我所说的论文"。

开尔文和克劳修斯提出"热寂说"是有明显区别的。开尔文认为把热力学第二定律推广到宇宙是有条件限制的，也就是假设宇宙是一个"有限"的体系；克劳修斯则无条件地把热力学第二定律推广到整个宇宙，因为他把宇宙看成一个自给系统。

过了半个多世纪，物理学家能斯特（Walther Nernst，1864—1941）根据对低温现象的研究得出了热力学第三定律：当温度趋向于绝对零度时，体系的熵趋向于一个固定的数值，而与其他性质无关。他表明体系的热运动不可能全部转化为其他运动形式，这是大自然对于热转化为其他运动形式的一种限制。

热力学三定律的发现，具有重要的思想史意义。

我们知道，在热力学第二定律的各种表述中，克劳修斯突出了热机做功中热传导的不可逆性，而开尔文则强调了功和热的转化的不可逆性。但从本质上看，他们两人的表述都反映了一切自发过程中有用能量的耗散特性，即物质运动能量的变化总是朝着从利用效率较高的能量向利用效率较低的能量的方向进行；而在这种单方向的不可逆过程中，熵总是增加的。根据玻尔兹曼（L. Boltzmann，1844—1906）对熵和热力学第二定律的概率解释，熵越大表示系统宏观的无序程度也越高。

热力学第二定律揭示了方向相反的变化并不总是以等量出现，宇宙在一去不复返地总朝着一个方向发展。它反对在经典物理学中占统治地位的"自然过程的可逆性"概念。这无疑是对经典物理学传统及其机械自然观的叛逆。

尽管对热寂说和热力学第二定律至今仍然有不同的评价，但是无论如何不能否认，正是熵的概念和热力学第二定律最先把时间箭头带进了物理学。物理世界不再只是一个如牛顿力学所描绘的存在着的世界，而且是一个演化着的世界。应当指出，热力学第二定律仅仅从一个角度开始，而没有穷尽对自然界演化机制的探讨。当时和后世的学者们则从其他角度力图寻找不遵守热力学第二定律的自然过程及其演化机制。在物理学领域里，麦克斯韦（J. C. Maxwell，

1831—1879）精心设计的"麦克斯韦妖"的理想实验是第一个违背热力学第二定律的过程，它告诉我们：与自发的随机过程不同，信息和选择行为会导致有序和组织化。在物理学领域之外，生物进化论则描绘了生物界日渐多样化、复杂化的演化史，在今天看来实际是表明有机界的时间箭头是指向有序的。20 世纪生命热力学揭示出，生命有机体的熵也在不断增加，而克服熵增、摆脱无序、避免死亡的"唯一办法是从环境中不断地吸取负熵"①。

　　总之，不论对于个别天体还是对生命个体而言，归根结底熵增规律都是不可违抗的，除非它们尚属于远离平衡态的开放系统。20 世纪以来，对有机界和无机界演化的共同物理机制的探讨，引发了耗散结构理论、协同论和超循环论的诞生，它们为演化物理学的建立奠定了重要基础。如今，人们不仅在自然科学领域，而且在社会科学领域也开始引进"熵"的概念，用以说明各种社会建制的紊乱程度及其克服方法。美国社会学家里夫金和霍华德题为《熵——一种新的世界观》的专著，就建议用"熵"的观点来分析社会现象和处理社会问题。

三、经典电磁理论的完成

　　法拉第（图 6-3）对电磁感应现象的发现及其唯象解释，给世人留下深刻的印象。但由于缺乏数学训练，他关于力场的观念在很大程度上是定性的，而建立定量的数学形式体系的任务落在"数学神童"麦克斯韦的肩上。麦克斯韦（图 6-4）出生于法拉第发现电磁感应的当年，中学时代就显示出数学的天才能力，两次在皇家学会发表由成人代为宣读的论文，25 岁时担任自然哲学讲座教授。麦克斯韦在剑桥学习时就十分推崇法拉第的科学思想，1855 年发表了首篇论文《法拉第力线》，用数学语言来解释法拉第的新思想。在法拉第的鼓励下，1862 年他提出"位移电流"的概念，取代了法拉第"电介质极化"的概念。这一新概念的核心就是变化的电场与感生磁场之间的转换。②他运用矢量分析手段，并根据库仑定律、安培定律、电磁感应定律等经验定律，得出了真空中的电磁场方程组——"麦克斯韦方程组"。他运用该方程预言了两个导体之间的电荷振荡可产生电磁波。这一预言在他去世 9 年后为赫兹（H. R. Hertz, 1857—1894）用实验所证实。巧合的是麦克斯韦预言电磁波存在和赫兹证实这一预言，都在他们 31 岁的年龄。赫兹还证实了麦克斯韦关于"光也是一种电磁波"的预言。麦克斯韦在 1873 年出版的划时代著作《论电和磁》实现了物理学史上的第

---

　　① 薛定谔. 生命是什么. 罗来鸥，罗辽，译. 上海人民出版社，1973：78.
　　② 林德宏. 科学思想史. 江苏科技出版社，1985：248.

二次大综合，使经典物理学大厦最终确立。

图 6-3　法拉第

图 6-4　麦克斯韦

第三节　19 世纪的化学科学

一、原子论与分子论

如果说 18 世纪化学学科借燃素说完成了自身的统一，以及经过氧化理论而成为建立在实验基础上的科学学科，那么进入 19 世纪以来它又借原子论而开创了自身发展的新时代，其特点就是该学科逐步从经验描述向理论解释过渡。

原子论产生的准备条件之一是 18 世纪末出现的化学计量学。德国化学家李希特（T. B. Richter，1762—1807）指出，参加化学反应的化合物必定都有确定的组成。他的后继者费舍（E. G. Fischer，1754—1831）根据他的数据得到了第一张化学当量表，表中所反映的互比关系为道尔顿所吸取。1799 年，法国化学家普劳斯特（Joseph L. Proust，1754—1826）第一个给出了定比定律的明确表述：两种或两种以上元素化合成某一化合物时，其重量比例是天然一定的。[①]但是，由于缺乏精确的定量分析技术，直至 1808 年，普劳斯特的见解才得到学界的承认。

道尔顿（John Dalton，1766—1844）（图 6-5）从气体的物理性质的研究开始，构建其原子论。牛顿的粒子说和拉瓦锡的元素概念是他的原子概念的基础。

---

① J. R. 柏廷顿. 化学简史. 胡作玄，译. 商务印书馆，1979：164、165.

1801 年，为了说明不同气体的扩散以及加热膨胀等热学现象，他明确提出物质是由微粒组成的原子学说。1803 年他根据对 CO 和 CO_2 的测定实验，明确叙述了关于原子在化学物质中具有简单整数比关系的倍比定律。[①]最后，他在 1808—1810 年出版的《化学哲学新体系》，系统论述了他的原子论思想。他的这部著作与拉瓦锡的《化学大纲》堪称是经典化学的两大名著。

图 6-5　道尔顿

道尔顿原子论的要点是：（1）元素的最终组成称为"简单原子"，它们不可见、不可创生、不可消灭、不可分割，其在一切化学反应中保持本性不变；（2）同一元素的原子其形状、质量等各种性质均相同，而不同元素的原子则各不相同。原子量是元素的最基本特征；（3）不同元素的原子以简单整数比相结合而形成化合物，化合物的原子称为复杂原子。

道尔顿虽然提出了原子量是元素的本质特征，却没有解决原子量测定问题，而原子量测定问题逐渐成为后来几十年中化学界的中心任务。瑞典化学家贝奇里乌斯（J. Berzelius，1779—1848）及法国化学家杜马（J. B. Dumas，1800—1884）等人为此而做出了重要贡献，这也为元素周期律的发现奠定了可靠基础。

道尔顿原子论中，最主要的缺陷是没有分清原子与分子，在客观上这造成了某种混乱，并一度引发了理论争辩。意大利化学家阿伏加德罗（A. Avogadro，1776—1856）仅仅引入了"分子"概念就使问题得以解决。他于 1811 年提出了分子学说，指出：（1）原子是参加化学反应的最小质点，而分子则是游离状态下单质或化合物能独立存在的最小质点，即分子是具有一定特性的物质的最小组成单位；（2）分子由原子所组成，单质的分子由相同元素的原子（可以有多

___

① J. R. 柏廷顿. 化学简史. 胡作玄，译. 商务印书馆，1979：174、183.

个）组成，化合物的分子则由不同元素的原子组成。可惜他的分子学说在近 50 年中被拒于科学大门之外，从而使本可避免的混乱在化学界又持续了多年。直至 1860 年 9 月，在德国卡尔斯鲁尔国际会议上没问题仍然争论激烈，未取得根本观念上的统一。但会后年轻的意大利化学家康尼查罗（S. Cannizzaro，1826—1910）散发的《化学哲理课程大纲》（1860），阐明了当时争论最大、概念最混乱的关于原子与分子的区别问题，论证了阿伏加德罗分子说及其在化学上的地位。在他的工作的基础上，分子论与原子论终于在 19 世纪末统一为"原子-分子论"。特别是他提出了准确测定大量化学元素的原子量的合理方案，澄清了一些人把原子量和当量混为一谈所造成的障碍，使得以原子量为基础对大量元素做系统分类成为可能。

二、无机化学的系统化

拉瓦锡在 1789 年列的元素表才有 33 个元素，其中还包括根本不算元素的"热素"等。到 19 世纪中叶元素周期律产生前已知的元素已经达到 63 种。[1]只有在此时，概括各种元素间的关系的第一次尝试才有了可能。1829 年德国约翰·沃尔夫根·德柏莱纳（J. W. Döbereiner，1780—1849）对 15 种元素进行分类，发现每一族中往往都有 3 个元素化学性质很相近，并且居中的元素的原子量近似等于前后两元素原子量的算术平均值。这就是所谓"三素组"（表 6-2）。尽管他没有发现全部已知元素之间的关系，何况当时原子和分子的概念还没有分清，但这毕竟是伟大的开端。

表 6-2　"三素组"

Li（锂）	Na（钠）	K（钾）
Ca（钙）	Sr（锶）	Ba（钡）
P（磷）	As（砷）	Sb（锑）
S（硫）	Se（硒）	Te（碲）
Cl（氯）	Br（溴）	I（碘）

在 1860 年康尼查罗《化学哲理课程大纲》工作的影响下，对元素进行分类的尝试逐渐被科学家们所重视。1862—1863 年，法国地质学家德·坎古杜瓦（A. E. Beguyer de Chancourtois，1819—1886）按原子量的大小次序将元素排成一条

---

① J. R. 柏廷顿. 化学简史. 胡作玄，译. 商务印书馆，1979：144.

围绕圆筒的螺线，其中性质相近的元素都出现在一条母线上。他的3篇论文被法国科学院压了20年之久，没有起到应有的作用。1865—1866年，英国纽兰兹（J. A. R. Newlands，1837—1898）按原子量大小排列元素时发现，如把元素按每逢第8个就另起一行的办法排成纵列，则同一族的元素往往会出现在同一条横线上，精通音乐的纽兰兹称这个规律为"八音律"。当他向伦敦化学学会报告论文时，遭到会长福斯德的挖苦。然而，学术"权威"们的守旧和冷嘲热讽到头来只会使自己成为历史的笑柄，而没有能阻挡元素周期律的最终发现。

1869年3月和12月俄国化学家门捷列夫（Д. И. Менделéев，1834—1907）（图6-6）和德国化学家迈耶尔（Julius Lothar Meyer，1830—1895）通过各自的独立研究，宣布发现了元素周期律。迈耶尔特别强调物理性质（如原子体积）的周期性，而门捷列夫则非常注意化学性质的周期性。门捷列夫大胆推测：如果某一元素按原子量排列在表中占错了位置，就表明原子量数值计算有误，而迈耶尔却不敢再多迈这一步。周期表的提出标志着无机化学的系统化已接近完成。直至1913年，卢瑟福的学生莫塞莱（H. G. J. Moseley，1887—1915）才发现，是原子的核电荷数（而不是原子量）决定着周期表中元素的排列顺序。

图6-6　门捷列夫

两种周期表公布后没有引起化学家们的很大重视。直至发现了在周期表上预言的若干新元素（镓、钪、锗）之后，周期表遂得到化学界的公认。到1940

年为止，门捷列夫所预言的 11 种元素及对 9 种元素原子量所作的修改均被证明为正确的。

苏联科学史家凯德洛夫（Б. М. Кедров，1903—1985）的专著《伟大发现的一天》把 1869 年 2 月 17 日门捷列夫玩"化学牌阵"的一场梦作为伟大发现的标志，并且论证了周期律发现过程中必然性与偶然性的关系等问题。门捷列夫是一个伟大的化学家，但到了晚年他从革新转入保守。他经历了科学的"原子-分子学说"在 19 世纪确立的过程，道尔顿的一些基本观念牢固地印在他的思想中。而他在 1902 年发表的《从化学观点来了解世界的尝试》中，仍否认电子的存在和原子的复杂性，拒不接受元素可以衰变、原子可分等新观念。

三、有机化学的发展

在工业革命的推动下，有机化学紧跟在无机化学之后获得了迅猛发展。

有机化学在实验方面的最初成就，是德国化学家维勒（F. Wöhler，1800—1882）将无机物合成尿素的成功。其科学意义在于，使当时流行的有机物只能由生物"活力"产生的神秘主义见解受到沉重打击，并且促进了此后更多的有机物被合成出来。它在哲学上的意义则是揭示了有机界与无机界之间的普遍联系与转化。

有机化学的另一个成就，是凯库勒（F. A. Kekule，1829—1896）于 1857 年提出的原子价概念。他发明了用短线（键）表示原子价和原子间的结合力，并首次引进了双键、三键的概念。他认为有机化合物可视为碳化合物。他还确定了碳的原子价为 4，碳可相互连接成键。原子价和化学键的概念使他于 1865 年成功地提出了苯的六边形环式结构，而且使荷兰的范·霍夫（Van't Hoff，1852—1911）和法国的勒贝尔（J. A. Lebel，1847—1930）借助他的新概念提出碳原子是正四面体的结构，从而对 1848 年巴斯德（Louis Pastuer，1822—1895）发现的旋光异构现象做出了解释。

凯库勒的工作使人们认识到，只有弄清原子之间的结合方式并进而探索原子团的结构，化学才能真正从描述性学科进化为解释性学科。1861 年，俄国布特列洛夫提出"化学结构"概念。他认为，决定有机化合物特性的，是原子的种类、数目和相互间的连结方式即分子的结构，从而建立了结构化学理论。

第四节　生命科学的形成

一、生物进化论及其意义

生物进化思想经过 16 和 17 世纪的孕育，到 18 世纪中叶已经日趋成熟。1809 年，拉马克（Jean-Baptiste Lamarck，1744—1829）发表了《动物学的哲学》，先于达尔文 50 年提出了一个系统的进化学说，其中最重要的概念是"用进废退"和"获得性遗传"。但是，作为生物进化论完成的标志，则是 1859 年达尔文（Charles Robert Darwin，1809—1882）的《物种起源》一书的发表（图 6-7）。生物进化论学说的要点，简言之，即现存的生物物种都是从原始的简单生物经过长期的变异和遗传，经过生存斗争和自然选择发展而来的，现存的物种是进化的结果。

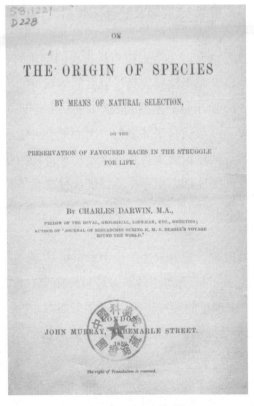

图 6-7　《物种起源》封面

达尔文青年时代曾随"贝格尔"号军舰进行远洋考察 5 年（1831—1836）之久。他考察了物种在空间上的分布，还比较了古生物学所揭示出来的物种变化的结果，在长期考察中形成了"物种可变"的思想。回国后，他开始研究人工选择的过程，参加了养鸽、养马、养羊俱乐部的工作，甚至对中国名贵金鱼的由来、变异、遗传与育种等信息发生兴趣。他看到，人工选择是人们在生物的大量偶然性的变异之中，选择有利于人的需要的性状，使之积累、加强、稳定，并把具有这种性质的个体作为种而保存下来的过程。

达尔文的生物进化论思想最初是以他与华莱士（Alfred Russel Wallace，1823—1913）的通信形式提出的。当华莱士把一篇简洁而完整地表达了自然选择的进化理论的短文寄给达尔文之后，达尔文想扣下自己的著作，而发表华莱士的短文。只是在好友赖尔和胡克（J. D. Hooker，1817—1911）的劝说下，达尔文才同意将华莱士的论文和自己已于 1844 年撰写但未出版的论文的摘要在 1858 年 7 月 1 日举行的伦敦林奈学会会议上宣读，并作为"联合论文"于 8 月 27 日发表在学会的会议录上。然而，他们的论文几乎没有引起多少注意，[1]亲身与会的胡克说，论文激起了强烈的好奇心，但没有"进行讨论的迹象"。会后只有都柏林的一位教授发表了见解：所有新的东西都是错的，所有对的东西都是早已有的。[2]问题在于，仅仅发表通过自然选择而进化的观点，而不拿出足够的事实证据和充分论证，是无法得到科学家共同体认可的。达尔文于次年发表的《物种起源》（1859）给出了一系列的观察证据，并论证了个体生存的机会依赖于个体的特定变异，而最适合于环境的、因而最有可能通过遗传保留下来的变异乃是进化的原料。他还论证了自然选择是物种进化的途径，繁殖过剩为自然选择提供了必要性和可能性，生存斗争特别是种内竞争是实现自然选择的动力等问题。华莱士认为，《物种起源》使达尔文与牛顿齐名，将是 19 世纪最伟大的科学成就。

达尔文的进化论思想，除继承法国生物学家拉马克 50 年前提出的"用进废退"等进化思想之外，还受到托马斯·马尔萨斯（Thomas Robert Malthus，1766—1834）人口扩张理论的直接影响。[3]马尔萨斯在 1798 年发表的《人口论》中假定，"人口如果不受抑制，将按几何级数增长，生活资料按算术级数增长"，

---

① I. 伯纳德·科恩. 科学革命史. 杨爱华，等译. 军事科学出版社，1992：292.

② 达尔文. 达尔文自传. 苏桥，译. 生活·读书·新知三联书店，1949：68.

③ 彼得·J. 鲍勒，伊万·R. 莫鲁斯. 现代科学史. 朱玉，曹月，译. 中国画报出版社，2020：511.

所以不可避免地要导致饥饿、战争和疾病。受马尔萨斯思想的启发，达尔文认为自然界所有生物都存在高速率增加的趋势，这必然导致生物在种间和种内的生存斗争，以及生物体与其生活的环境条件的斗争。在生存斗争过程中，生物个体本身适应外部条件的偶然性变异往往得以保留，而不适应环境条件的变异肯定会被毁灭，并经过遗传，将有利变异逐渐积累、加强和流传下去，从而导致新物种的形成。这个过程被他称之为"自然选择"，即所谓"物竞、天择"。

当然，达尔文的理论毕竟有他所处时代的局限性，他的某些概念本身是有瑕疵的，这里有几个值得探讨的问题。

首先，"根据达尔文的自然选择理论，在生存竞争中，不适者被淘汰，那些最好地适应环境的个体得以生存繁衍"[①]。达尔文认为，自然选择的条件主要取决于外部自然环境的变化，以及生物个体对自然环境变化的适应与否和适应程度。显然，这种判断或多或少有外因论的味道。20 世纪产生的分子生物学表明：生物的多样性主要不是源于外部环境的变化，而是源于变异的多样性。归根结底，多样性来自生物体自身基因的突变。

其次，达尔文把马尔萨斯的假定推广到生物界，认为"生物群体不断增长"和"有限资源"之间的矛盾必然导致生存斗争。达尔文提出的"生存斗争"概念，固然反映了生物界中常见的相同物种的个体之间以及不同物种的个体之间，为争夺生存资源和繁衍后代所发生的斗争现象。遗憾的是，对生存斗争的片面强调，有意无意地忽视了生物界中大量存在的另外一种关系，即不同物种之间在一定条件下的和谐共生关系，或者某种程度的合作关系。

同时，达尔文由"人工选择"受到启发，提出"自然选择"的概念，从而将无意识的自然界赋予了"主体"的特征。达尔文承认："自然选择这用语是不确切的；然而……避免'自然'一词的拟人化是困难的。我所谓的'自然'，只是指许多自然法则的综合作用及其产物而言。"[②]

最后，达尔文受到赖尔"地质渐变论"的深刻影响，仅仅强调生物物种进化的渐进性与缓慢性，而否认物种的突变。然而，"寒武纪大爆发"一直让达尔文感到困惑。达尔文本人承认，当时的化石研究未有证据显示物种之间所谓"过渡类型"的存在。也就是说，找不到生物界从一个物种向另一个物种逐步进化的任何迹象。1984 年，中科院南京地质古生物研究所侯先光等科研人员在云

① 彼得·J. 鲍勒，伊万·R. 莫鲁斯. 现代科学史. 朱玉，曹月，译. 中国画报出版社，2020：510.
② 达尔文. 物种起源. 谢蕴贞，译. 三联书店，2007：98.

南澄江帽天山，发现了距今 5.3 亿年寒武纪早期保存极好的软体节肢动物化石。接着，该研究所专家经过对澄江生物群一系列的发掘与研究，先后发现保存软体组织的完整化石标本 30000 余块，及多细胞动物化石近 100 多种，这一发现为"寒武纪大爆发"提供了更翔实的科学事实。①

尽管达尔文进化论有某些备受争议的缺陷，然而这些缺陷并不能抹杀其在进化论史上的里程碑的地位。达尔文进化论不仅给形而上学的物种不变论和特创论以沉重的打击，而且是自然史研究的重要视角。达尔文进化论的影响已经超出了生物学和自然科学的领域，马克思曾把达尔文用于解释动物器官的概念用于分析人类工具发展的技术史研究之中。在当代，比"熵"概念广泛应用于社会领域更有甚之，"进化"概念不仅应用于无机界的自然科学领域，比如系统科学领域中的所谓"广义进化论"，而且广泛应用在创造学、文化学等领域，以表明这些领域的新事物、新思想、新概念和新理论的产生不都是突变性的，而往往是渐进性的。这表明进化论已成为一种方法论思潮，不妨说其哲学价值要重于它的科学价值。

二、关于"社会达尔文主义"

讨论达尔文进化论，不能回避所谓"社会达尔文主义"的问题。

首先应当指出，"适者生存"（survival of the fittest）这个有歧义的概念，并非达尔文提出的，而是斯宾塞（Herbert Spencer，1820—1903）最早提出的。早在《物种起源》出版前，斯宾塞就认定他所谓的"社会有机体"也服从生物的适应规律，不断为适应环境而做出改变。后来，斯宾塞在阅读了《物种起源》后，发现达尔文似乎为他的所谓社会进化理论提供了科学依据。他在给父亲的信中写道："我想，达尔文的自然选择学说可以被吸收到我正在阐释的一般进化理论中。"于是他在 1864 年出版的《生物学原理》（*Principles of Biology*）中，首次用"适者生存"这个短语来表达"自然选择"。可见，"是他，而不是达尔文创造了描述自然选择过程的术语——'适者生存'。"②正因如此，当友人提醒达尔文"自然选择"一词具有拟人化的弊端后，他觉得使用斯宾塞创造的"适者生存"来解释他的"自然选择"理论，更为确切。从《物种起源》第 5 版（1869

---

① 可参见：1995 年 5 月 25 日《人民日报》海外版报道："澄江化石生物群研究成果瞩目。"；2002 年 7 月 8 日《云南日报》报道："云南再现'寒武纪生命大爆发'新证据。"

② 彼得·J. 鲍勒，伊万·R. 莫鲁斯. 现代科学史. 朱玉，曹月，译. 中国画报出版社，2020：512.

年版）开始，达尔文将这两个术语并立使用。

其实，斯宾塞理解的"适者生存"，与达尔文的"自然选择"不尽相同，甚至有重要区别。达尔文将自然选择看作一个淘汰的过程，并认为自然选择依赖复杂的偶然性，"不一定包含进步性的发展"。达尔文没有直接论及人类社会的发展，也不鼓励对其理论进行某种社会解释。而斯宾塞则将适应和进化等同于进步，斯宾塞等人声称，"生存竞争就是进步的动力"①。他武断地认为"进步不是一种偶然，而是一种必然"。早在《物种起源》出版前，斯宾塞就将社会与生物有机体相类比，认为"社会有机体"也服从生物的适应规律，不断地为适应外界条件或环境而做出改变。斯宾塞的"适者生存"在本质上，是指无论自然界还是人类社会，都遵循"优胜劣汰""弱肉强食"的丛林法则。

可见，斯宾塞正是利用"自然选择"理论的缺陷而借题发挥，偷梁换柱，提出了所谓"社会达尔文主义"。被戏称为达尔文"斗犬"的赫胥黎（Thomas Henry Huxley，1825—1895）曾经指出，"适者生存"的模糊性对"自然选择"造成了很大伤害，导致很多人认为"适者"指的是"最优秀"或"最高等"的人。社会达尔文主义在半个多世纪里，直接为剥削制度、阶级压迫、种族主义、人种优化理论，以至纳粹主义的所谓"合理性"，提供了思想基础。

中国对于社会达尔文主义并不是没有反思。孙中山先生在辛亥革命后的1912 年曾经指出："二十世纪以前，欧洲诸国，发明一种生存竞争之新学说。一时影响所及，各国都以优胜劣败、弱肉强食为立国之主脑，至谓有强权无公理。此种学说……由今视之，殆是一种野蛮之学问。"②

三、细胞理论与遗传学

细胞学说是德国植物学家施莱登（M. J. Schleiden，1804—1881）和动物学家施旺（T. Schwann，1810—1882）先后于 1838 年和 1839 年分别创立的学说。这个学说认为，一切动植物都是由细胞发育而来，并且是由细胞和细胞产物所构成的。细胞是生物结构与功能的基本单位和有机体发育的起点。

施来登、施旺做出这种理论概括不是偶然的，而是长期实验事实所揭示的结果。当 1665 年胡克发现植物木栓细胞壁，并首次提出"细胞"（cell，"小室"）概念时，还没有涉及细胞的内容。自 1665 年至 19 世纪 30 年代，人们利用显微

① 彼得·J. 鲍勒，伊万·R. 莫鲁斯. 现代科学史. 朱玉，曹月，译. 中国画报出版社，2020：510.
② 浦嘉珉. 中国和达尔文. 钟永强，译. 江苏人民出版社，2008：437.

第六章

镜观察到了细胞的各种形态，并逐渐发现了细胞内部的各种构造，以及生物体从受精卵到成熟个体的全部发育过程中其细胞的状况。在此基础上，施来登、施旺才做出了理论概括。细胞学说的提出从横的方面把现存的千千万万种曾被认为是互不相干的有机体联系了起来。

19 世纪中叶，生物学中悄然出现的另一个重要领域是遗传学。奥地利修道士孟德尔（Grreor Johann Mendel，1822—1884）在乡间修道院发现了遗传定律，但因种种原因而被长期埋没。然而，遗传学在 20 世纪的发展却日益显示出它对于生物学和整个生态系统乃至人类社会生活所产生的重大影响。这种影响无论从深度还是从广度上看，都不亚于甚至超过了进化论。

孟德尔的研究是沿着一条与进化论完全不同的思路进行的。1844 年，瑞士植物学家耐格里（K. W. von Naegeli，1817—1891）提出，生物通过内在动力发生进化的理论，并认为生命的基本单元不是细胞，而是含有遗传物质的更小的分子团——细胞种质。他的种质说为德国生物学家魏斯曼（August Weismann，1834—1914）所发展。孟德尔受到细胞种质学说的启发，于 1854 年开始以豌豆为材料进行杂交育种的遗传研究，于 1865 年 2 月 8 日和 3 月 8 日两次在布隆自然科学协会上报告了他的实验研究结果，可概括为以下两点。（1）性状分离规律。豌豆杂交第一代通过自花授粉所产生的杂种第二代中，表现显性性状与表现隐性性状个体的比例约为 3:1。（2）自由组合规律。形成有两对以上相对性状的杂种时，各相对性状之间发生自由组合。孟德尔为解释这些结果，提出了一些假设，如：遗传性状由遗传因子所决定；每对遗传因子中，一个来自父本雄性生殖细胞，一个来自母本雌性生殖细胞；等等。

1865 年，他把研究成果写成《植物杂交试验》论文，在布隆博物学会上宣读，并于次年发表在该会的会报上。他认为，此成果恰恰可证明耐格里的种质说而把论文寄给耐格里。耐格里对孟德尔的发现反应平淡，这种态度使孟德尔心灰意冷，加之他被任命为修道院院长而没有继续他的具有划时代意义的研究。可惜大植物学家耐格里到死也不知道，由于他的态度而对遗传学以及他的种质学说的发展犯了一个多么大的错误。历史给人们留下的又一遗憾，是达尔文竟毫不知晓孟德尔的研究，否则进化论的表达将会完善许多。过了 35 年，孟德尔的学说成为 20 世纪摩尔根（T. H. Morgan，1866—1945）基因遗传学的重要基础之一。

四、19 世纪医疗技术进展

产业革命后，医学得到了大的发展，物理和化学对医学技术的影响明显增强，许多其他学科的成果被直接应用到医学中来。

血压计的发明，前后经历了近 200 年。血压具有很重要的临床意义，不过，人们测量血压的念头的产生还要归功于 17 世纪医学三大派别之一——物理医学派。由于物理医学派认为身体就是机器，血管就是输水管，那么测一下这根"管子"里的压力自然是很必要的，可见机械论自然观对于人类文化的影响之深。最初，测量血压是在马身上施行的。约在 18 世纪初，英国人哈尔斯用一根长达 9 英尺（约 2.74 米）的玻璃管一头连上很尖的铜管，插入了马腿的动脉内，血液在垂直的玻璃管内升到 8.3 英尺（约 2.53 米）的高度，测得了马的血压。1896 年，意大利人里瓦·罗克西发明了不损伤血管的血压计。它包括橡皮球、橡皮囊臂带以及装有水银的玻璃管三部分。测量时将橡皮囊臂带绕在手臂上，捏压橡皮球，观察玻璃管内水银柱跳动的高度，以推测血压的数值。不过，这套装置只能测动脉的收缩压，而且不准确。1905 年，俄国人尼古拉·科洛特科夫改进了血压计结构，并加入了听诊器，其测量方法简便、准确，一直沿用至今。

传染病在很长时间里一直威胁人类的生命健康。16 世纪时，中国已用人痘接种来预防天花。1796 年，英国医生詹纳（E. Jenner，1749—1832）发明牛痘接种法是当时预防医学的一件大事。18 世纪初，这种方法经土耳其传到英国，詹纳在实践中发现牛痘接种比人痘接种更安全。他的这个改进增加了接种的安全性，为人类最终消灭天花等传染病做出了贡献。

麻醉术的发明使大的外科手术成为可能，但它的发展并不顺利。1842 年，美国杰斐逊乡镇医生郎格（Crawford Williamson Long，1815—1878）应用乙醚吸入进行麻醉，成功地为一位颈背部肿瘤患者进行了切除手术。但由于地处偏僻，他的成就没能为世人所知。美国医生韦尔斯（Horace Wells，1815—1848）于 1844 年发现氧化亚氮对人有麻醉作用。后来韦尔斯去哈佛大学医学院应用氧化亚氮麻醉作拔牙表演，由于麻醉深度不足，拔牙时病人大呼疼痛不止，韦尔斯在一片嘲笑和叫骂中被赶出了大门。韦尔斯的朋友莫顿（William Thomas Morton，1819—1868）于 1846 年在著名外科医生沃伦的手术室内第一次成功进行了乙醚麻醉表演，患者自始至终没有一点儿疼痛。在场的著名外科医学家比奇洛断然当众宣布："我今天所见的事情，将会风行全球。"从此以后麻醉术在世界各国被推广开来。

18世纪时预防医学有了某些改进，但大多是个人努力的结果，实施范围也很有限。到19世纪，预防医学和保障健康的医学对策已逐渐成为立法和行政的问题。英国于1848年设立卫生总务部，颁布了一些预防疾病的法令。不久，英国国内霍乱大流行，死亡约60000人。统计资料显示，疾病的传染媒介是饮用水，于是政府采取了适当的预防方法，从而逐渐遏止了疫情。

使卫生学成为一门精确科学的人则是德国的佩滕科弗（M. Pettenkofer，1818—1901），他将物理和化学的研究方法应用到卫生学方面，研究了空气、水、土壤对人体的影响，测定了大气中二氧化碳对呼吸的意义，并发明了测定空气中二氧化碳含量的方法，研究了住宅的通气和暖气设备。继他之后，研究职业病的劳动卫生学、研究食品工业的营养和食品卫生学相继产生。

至于医疗技术中的护理工作，历史非常悠久。然而，从事护理的人长期地位低下，19世纪之前工作条件一直十分恶劣，人员素质差，待遇低。英国的南丁格尔（Florence Nightingale，1820—1910）（图6-8）曾在德国学习护理知识，在克里米亚战争中率护士进行战地救护，收效显著。1860年她创立护士学校，传播其护理学思想，提高护理工作的水平和地位，使护理学成为一门科学。

图6-8　南丁格尔

五、微生物学的创立

自古以来，人们在日常生活和生产实践中，就对微生物的生命活动及其所发生的作用有了一定的认识，比如人类利用微生物酿酒的历史，可以追溯到4000多年前的中国龙山文化时期。但对微生物的观察和研究，直到17世纪才刚刚起步。1665年，第一个发现了细胞外壁的荷兰人列文·胡克在牙垢、雨水和植物浸液中，首次发现了一些后来被命名为细菌的"微小动物"。1838年，德国动物学家埃伦贝格（Christian Gottfried Ehrenberg，1795—1876）在其著作《纤毛虫是真正的有机体》一书中，首次用bacteria一词命名细菌，但他把细菌看作动物。1854年，德国植物学家科恩发现杆状细菌的芽孢，把细菌归类为植物。这是微生物学的形态学阶段。

19世纪60年代，路易斯·巴斯德（Louis Pasteur，1822—1895）、罗伯特·科赫（Robert Koch，1843—1910）等人开创了微生物生理学和病理学的研究，这才是真正的微生物学的肇始。

巴斯德（图6-9）是法国著名的生物学家、化学家。他在1822年12月27日出生于法国东部的多尔（Dole），1843年进入巴黎高等师范学校学习，1845年获硕士学位，1847年获博士学位。他的科学生涯始于学生时代，其绝大多数发现都和使用显微镜有关。1854年12月，巴斯德担任里尔大学理学院院长和化学教授，在这一年他开始研究发酵。1857年8月，他在科学、农学和工艺学会做的关于乳酸发酵过程的报告中指出，乳酸发酵过程是活酵母菌作用的结果。他通过对酵母的酒精发酵等研究，证明了所谓发酵实际上是微生物代谢活动的结果，从此创立了发酵的生物学理论。但是这个理论受到李比希和贝齐里乌斯的反对和嘲笑，他们把发酵看成不需要生物参与的纯粹化学过程。作为回应，1871年巴斯德表示，愿意由法国科学院主持公开试验，证明酵母菌在酿造过程中的作用，即在没有有机氮参与下生产李比希所需要的啤酒酵母。但遗憾的是，李比希没有来得及接受这一挑战就离开了人世。另外，巴斯德对于腐败现象做了大量系统研究，特别是用巧妙设计的"曲颈瓶实验"证明了食物与空气中的细菌发生接触才导致腐败，从而有力地批判了生命的自然发生说，并建立了至今还在使用的消灭酒中杂菌的低温消毒技术，即巴斯德消毒法，解决了当时酿酒业的难题，并且为后来罐头工业的发展提供了科学依据。

1865年，欧洲蔓延着一种可怕的蚕病，导致蚕大批死亡，以养蚕为生的农民纷纷破产。巴斯德到法国南部实地调查，经过 5 年研究，在病蚕和被病蚕吃过的桑叶上发现是一些椭圆形微粒——"蚕瘟"的病原体在作祟！这是人类第一次找到致病的微生物——"病菌"。巴斯德成功地找到了防止蚕病传播的方法，成了挽救法国养蚕业的英雄。1877 年以后，巴斯德的兴趣转向对人畜的多种传染病的研究。他发现了减毒菌株的免疫作用，发展了自詹纳以来的传染病的免疫疗法。掌握了制造疫苗的方法后，巴斯德组织学生和助手进行了大量实验，制成了伤寒、霍乱、白喉、鼠疫，以及晚年发明的狂犬病等疫苗，运用打防疫针的免疫方法控制了多种传染病，给全人类带来了福音！特别是 1885 年用他制成的可供人体免疫使用的狂犬病疫苗，在被狂犬咬伤的孩子身上试用，获得巨大成功。这一成果当时被誉为"科学纪录中最杰出的一项"。人们为了感谢这位"微生物学之父"对人类所做出的这一重大贡献，世界各地的捐赠纷至沓来，捐赠者中包括俄国沙皇、土耳其苏丹和巴西皇帝。这样，最初作为抗狂犬病研究中心的巴斯德研究所得以在巴黎兴建动工，1888 年正式落成，巴斯德担任所长，直到 1895 年逝世。

图 6-9　巴斯德

在科学研究工作中，巴斯德头脑清晰、坚毅、顽强。他的一些重要发现似乎带有偶然性，可是，正如他所说的："机会只偏爱有准备的头脑。"1868 年后，巴斯德曾两度中风，去世前几乎已经全身瘫痪，但是他从没有停止过科学研究。他在 1862 年被选为法国科学院院士，1882 年被选为法兰西学院院士，1887 年被选为法国科学院永久秘书。1892 年巴黎大学为庆祝巴斯德 70 寿辰举行了盛大的国际性庆典。

如果说巴斯德没有活到 20 世纪初而与诺贝尔奖无缘，那么微生物学的另一位奠基人、德国微生物学家罗伯特·科赫（Robert Koch，1843—1910）却幸运多了。他比伦琴仅仅晚 4 年而获得了诺贝尔奖。

科赫生于德国汉诺威州克劳斯塔尔，他幼年时喜欢收集植物与矿物标本。他在 1862 年进入哥廷根大学，初学植物、物理和数学，后转而学医，1866 年获得医学博士学位。1870 年，科赫带领新婚的妻子来到东普鲁士一个小乡村沃尔施泰因当外科医生，他在那里建立了一个简陋的实验室。1876 年，科赫在这里分离出炭疽杆菌。他用精密的实验证明炭疽杆菌是炭疽病的病因，并且发现炭疽病菌的生活史是"杆菌——芽孢——杆菌"的循环。科赫指出每种病都有其特定的病原菌，纠正了"所有细菌都是一个种"的错误观点。

1880 年科赫应邀赴柏林工作，在那里他有了良好的实验室和助手。1881 年科赫得到纯种结核杆菌，并开始研究结核病的发病原理。科赫用实验证明，来自猴、牛或人身上的结核菌会使被感染的受体产生相同的症状，并证明了痰是结核病的主要传播途径。1882 年 3 月 24 日在德国柏林生理学会上，科赫正式宣布结核菌是结核病的病原菌。1883 年，科赫和同事们发现了霍乱弧菌，并指出霍乱可以通过水、食物、衣服等用品传播。1885 年，科赫担任柏林大学卫生学和细菌学教授。1890 年，在第十次国际医学会议上，科赫宣布结核菌素可以抑制结核菌。不过，这个发现诱使许多医生用结核菌素治疗结核病，很多病人被误治。1891—1899 年，科赫在印度、埃及等地广泛研究了鼠疫、疟疾、回归热、锥虫热和非洲海岸病等多种传染病，许多主要的传染病病原菌被相继发现。

科赫的发现得益于他对实验方法和操作技术的不断改进，他为后世创建了一系列研究微生物学的基本操作技术和规范。他发明了固体培养基（即琼脂培养基），发明了获得单一纯种菌株的细菌纯系培养技术等一系列新的实验技术。同时提出了确定病原菌的一整套准则，即科赫法则：（1）一种病原微生物必然存在于患病动物体内，但不应出现在健康动物内；（2）此病原微生物可从患病动物分离得到纯培养物；（3）受到分离出的纯培养物人工接种的动物可以再次分离出性状与原有病原微生物相同的纯培养物。科赫法则使微生物学的研究走向了标准化。

1905 年，科赫因为发现结核菌和结核菌素，以及在结核病防治上做出的巨大贡献，而获得诺贝尔生理学或医学奖。1910 年科赫因心脏病逝世。

巴斯德、科赫等人开创的微生物学在 20 世纪临床医学、环境保护以及食品、皮革、纺织、石油、化工、冶金等工业部门得到日益广泛的应用。

第五节　第二次工业革命与科学活动的职业化

一、电力革命及其深刻影响

在 19 世纪上半叶达到高潮的蒸汽机革命的推动下，各主要资本主义国家先后建立了以蒸汽机为动力的工业技术体系。随着机器大工业技术体系的发展与完善，迫切要求有更先进的动力及其传递分配方式。而这一时期自然科学的全面发展，特别是电磁学的建立和发展，使工程技术专家敏锐地意识到电力技术对人类生活的意义，因而纷纷投身于电力的开发、传输和利用方面的研究。与第一次工业革命不同，电力技术完全是在电磁理论形成与发展的基础上产生和逐步完善的。电力技术的关键设备是电动机、发电机、变压器，其原理都涉及电与磁之间的关系。

继 1821 年法拉第制作的直流电动机实验模型之后，第一台实用的电动机是 1834 年德国物理学家雅可比（M. H. Jacob，1801—1874）发明的用电磁铁做转子的 15 瓦直流电动机。1838 年他把经过改进的直流电动机安装在小船上，驱动一艘小船行驶在涅瓦河上。1850 年美国发明家佩奇（C. J. Page，1812—1868）制造了一台 10 马力的电动机用来驱动有轨电车。

由于直流电动机以原电池为能源，成本高，功率小，工作不可靠，无法与蒸汽机相匹敌，于是人们便去寻找功率较大和较经济的电源，这就促进了发电机的研制与不断改进。1867 年，德国工程师，被誉为"电业大王"的西门子（E. W. von Siemens，1816—1892）经过 10 余年的研制发明了第一台自激式发电机。俄国人多利沃·多布洛里斯基（1862—1919）在 1889 年发明了功率 100 瓦的三相交流异步电动机和与之相配合的三相发电机以及 150 千伏安的三相变压器。从此，在工业上，交流电逐步代替了直流电。

交流发电机和远距离输电技术的出现，使电力技术的产业化成为可能。以发电、输电和配电三环节为主要内容的电力工业得以产生和发展。与此相适应，作为电力工业支柱的电气设备工业，包括制造发电机、电动机、变压器、断路器、电线电缆等各种用电器（从灯泡到有轨电车和电动机车）的行业，也迅速发展起来。

电力作为新能源的广泛应用，推动了众多新兴工业的诞生，还推动了材料、工艺、控制等领域工程技术的发展。为了适应不同场合对电力的应用，人们发明了导体材料和绝缘材料。电力的应用，还导致一些新工艺如电镀、电冶、电铸、电焊、电热、电解、电力拖动、电火花加工等技术的产生。为保证电力系统及供电、用电部门的设备运行安全、稳定，人们研制了用于自动监测、控制的仪器仪表，这为最终实现电力系统自动化提供了技术基础，并且标志着自动控制技术的出现。

在电力革命推动下，人们还取得了一系列技术发明和技术突破，如在热力学指导下发明的内燃机大大提高了热机效率，为各种类型交通工具提供了动力，使汽车、舰船、机车、石油等工业部门迅速兴起；又如转炉炼钢和平炉炼钢法的发明促使钢铁工业飞速发展。由电磁理论直接转化而产生的电报（莫尔斯，1837）、电话（贝尔，1876）、无线电通信（马可尼和波波夫，1895）等技术，加上电照明以及电影放映机（爱迪生，1894）等新发明的应用，从根本上改变了19世纪以来人类社会的生产与生活状况，大大推动了人类文明的进步。

如果说在第一次技术革命时代是社会生产发展的需要推动了技术进步，并最终促进了科学的发展，那么在第二次技术革命中，科学、技术与生产三者的关系发生了质变。

从19世纪上半叶开始，过去仅仅为了追求纯粹自然知识而进行的科学研究，开始走在实际应用和发明的前面，成为技术和生产的先导。最明显地说明科学领先于技术与生产的事实，是电磁学理论的建立与发展促进了发电机、电动机和其他电磁设备的发明，并导致无线电报和电话的诞生，从而把人类带入了全新的电气时代。

就化学工业的形成与发展来看，也充分表明了科学已成为技术与生产的先导。同18世纪相比，19世纪后半叶的无机化学工业表现为近代化学的发展更加直接地影响到技术。比如无机肥料工业就起源于化学家李比希的肥料理论。在他的《有机化学在农业和生理学上的应用》一书影响下，英国在1843年、德国在1855年先后建立了磷肥厂。自19世纪60年代，肥料工业发展成为无机化学工业的重要组成部分。至于有机化学工业，更是靠有机化学家在科学理论上的一系列突破才得以建立了自己的技术基础。这也是德国化学工业遥遥领先于产业革命发源地——英国的主要领域之一。此外，在凯库勒于1865年搞清苯的结构之前，诸如苯胺紫、品红、苯胺青、霍夫曼紫等合成染料都是在偶然情况下发现的，而自从苯结构发现后，才开始在结构化学的自觉指导下人工合成有机染料。特别是两大天然染料茜素和靛蓝的人工合成，都是首先搞清其化学结构，然后进行实验室合成，最后才完成产业化的。

总之，如果说在第一次技术革命中把自觉应用自然科学作为机器大工业的技术基础还仅仅是一种理想，那么在第二次技术革命中则开始变成了现实。从此以后，科技与生产之间的关系完成了从"生产→技术→科学"向"科学→技术→生产"的过渡。

二、从蒸汽机到内燃机

作为第二次技术革命技术内容的，不仅仅是电力工业的产生与发展，它还包括内燃机取代蒸汽机成为新动力机。

瓦特蒸汽机在 1 个世纪中的广泛应用，暴露了一系列缺点：其一，外燃方式造成大量热能的散失，致使热效率一般只有 5%—8%；其二，结构笨重，尤其不适合于轻型运输工具（可移动生产工具，如拖拉机、汽车、飞机等）对动力的需要；其三，操作不便，运行不够安全，其蒸汽锅炉预热需要很长时间。锅炉储存能量很大，易发生爆炸。英国在 1862—1879 年发生蒸汽机锅炉爆炸事故有近万起，美国 1880—1919 年则发生 1400 多起事故，炸死万余人，伤 17000 多人。

内燃机正是在这种背景下应运而生的。由于内燃机的燃料在气缸内直接燃烧，使热能直接作功，大大提高了热效率；燃料的内燃方式使发动机结构紧凑，易于轻型化，在移动的生产工具中优越性尤为明显。

1876 年，奥托（Nikolaus August Otto，1832—1891）和兰肯（Eugen Langen，1833—1895）成功地制造了比较经济的内燃机——四冲程煤气机。1883 年，戴姆勒（Gottlieb Daimler，1834—1900）成功地制造了高速汽油发动机，其转速由 200 转/分提高到 800 转/分以上。同期，德国的奔茨（Karl Friedrich Benz，1844—1929）成功地制造了二冲程发动机。同年，戴姆勒把汽油发动机作为交通发动机装在两轮车上，创造了现代汽车的雏形。发动机的轻型化使美国莱特兄弟（W. Wright，1867—1912；O. Wright，1871—1948）于 1903 年成功地制造了飞机，并驾驶由内燃机发动的飞机首次飞上天空。1909 年德国工程师布莱利奥最早实现了横跨英吉利海峡的飞行。在第一次世界大战中出现了战斗机、轰炸机、侦察机等各种机种。在大战之后，飞机作为民航客机得到普及。

三、科学活动的职业化

如果说在 17—18 世纪从"无形学院"到法国科学院的建立，标志着科学活动的初步体制化，那么到 19 世纪，科学则开始发展成为一种专门的职业，而科学家作为一种社会角色逐渐稳固地确立了它在社会中举足轻重的地位。在这个历史步骤中，首先是德国，然后是美国的大学实验室和工业实验室的出现具有关键的作用。

雅各宾专政给法国科学带来的严重的消极影响，使法国迅速失去世界科学中心的地位，19 世纪世界科学发展的中心遂由法国转移到德国。德国学术界深厚的哲学传统是科学中心转移的背景之一。特别是 19 世纪 20 年代末 30 年代初，德国大学的改革废除了旧的职业系科（神学、法学和医学）的特权地位，强调包括大量新科学在内的最新"学问"在教学内容中的地位，提倡独立自主的研究，强调理论的一般教育要高于专业训练。此外，由于政府采取学位和教授资格考核制度，使大学在教学与研究制度上走向现代化。德国大学改革中一个重要的成果，是精密自然科学的教授讲席的设立和与此相关的大学实验室的出现。尽管英国格拉斯哥大学于 1818 年由汤姆逊（Thomas Thomson，1773—1852）建立了作为教学基地的化学实验室，但真正具有世界影响的大学实验室是 19 世纪 20—30 年代在德国几所大学中建立的。其中包括李比希于 1827 年在吉森大学建立的化学实验室，缪勒（Johannes Peter Müller，1801—1858）于 1833 年在柏林大学建立的解剖学与生理学实验室，德国化学家本生（Robert Wilhelm Bunsen，1811—1899）于 1838 年和 1855 年先后在马堡大学和海德堡大学建立的化学实验室，以及冯特（Wilhelm Maximilian Wundt，1832—1920）于 1875 年在莱比锡大学建立的心理学实验室等。这些实验室由于在世界一流科学家领导下进行实验研究与讨论式教学而造就了大批新一代科学家。大学实验室的出现是科学活动职业化的开始。

科学活动职业化的另一标志，则是工业实验室的建立。在工业革命推动下，19 世纪 60 年代，首先由德国的一批化学家兼企业家在染料工业等有机化学工业中建立了最早的工业实验室。由于科学与产业的这种结合方式使科学与工业相互受益，所以反过来促使大批企业以高薪聘请化学家到企业的实验室工作。如 19 世纪 60 年代，有机化学家卡罗以 5000 英镑的年薪受聘于 BASF 公司，在该公司建立了 BASF 实验室。到 19 世纪末该公司已拥有 116 名化学家。这种做法对德国工业影响很大。到 1897 年，全德国有 4000 多名化学家在企业中受聘，这些人成为支配企业、影响其政策的专门职业科学家。这种科学与技术的一体化形式是直接导致染料化学工业革命的根本原因。

受德国影响，美国于 19 世纪末叶也开始发展工业实验室。如爱迪生于 1876

年建立了美国最早的兼顾研究与开发的工业实验室；19 世纪 90 年代及其以后，贝尔电话公司以及通用电器公司也先后建立了各自的企业实验室。这些实验室不仅使公司和企业的产品取得了商业上巨大成功，而且大大促进了基础科学的研究。这些实验室的普及和发展，以及随后出现的由国家直接管理的大型科学实验室的出现，是美国在 20 世纪逐渐成为世界科学中心的重要原因之一。

第七章

现代科学革命

19世纪末，近代以来的自然科学这一宏伟大厦已经巍然矗立在了世人的面前。正当人们沉浸在科学不断取得成功的一片欢呼声时，人类社会进入了20世纪，一场新的、前所未有的科学革命也随之拉开了序幕，一个更伟大的科学时代来临。科学技术的进步使社会生产力发展到前所未有的水平，人类对包括物质世界和生命现象在内的整个自然的认识也提高到了前所未有的程度。

第一节　现代物理学革命的发端

经典物理科学一直是自然科学发展的基本范本，经典力学、电动力学和经典热力学形成了物理学领域的支柱，它们构筑起了一座华丽而雄伟的科学殿堂。直到20世纪前夜，人们"当时以为物理学的主要框架已经一劳永逸地构成了。以后需要做的一点点工作就只是把物理常数的测量弄得再准确一些（小数点后面的数字再推进一位），并把看起来往往很快就能解决的光以太结构的研究工作再推进一步"①就可以了。但这次人们过于乐观了——事实上，物理科学的发展正处于伟大变革的时刻！在经典物理学还没有来得及多多体味一下自己的盛世之时，一连串意想不到的事件在19世纪的最后几年连续发生了。原来以为只是物理学晴空万里中几朵乌云②的迈克尔逊-莫雷实验"零结果"以及黑体辐射的"紫外灾难"等问题，却暴露出经典物理学存在的诸多难题，这些实验结果与经典物理学存在着尖锐的矛盾。而且，世纪之交电子、X射线和放射性现象的发现，也进一步揭示了经典物理学无法解释的许多科学事实。以麦克斯韦方程组为核心的经典电磁理论的正确性已被大量实验所证实，但麦克斯韦方程组在经典力学的伽利略变换下不具有协变性。这样，经典物理学的传统观念受到巨大冲击，发生了"严重的危机"，由此将传统物理学引向了新的发展纪元。

一、经典物理学的危机

20世纪初，牛顿经典力学体系正在努力与新的物理学学说相融合，但在解释实验的结果时，人们慢慢地发现还需要一些全新的概念，这使得科学界开始意识到经典力学体系本身的局限性。从此，一系列新发现在不断冲击着牛顿力学的时间、空间、物质、能量、运动等基本观念，面对这些用经典理论无法解释的新问题时，许多科学家不再满足于停留在修修补补的工作上，而是试图冲破传统物理学观念的束缚。

首先，对经典物理学的反思，表现在对牛顿绝对时空观念的反思和批判方面。经典力学的绝对时空观建立在低速宏观物体的运动现象基础之上，它认为时间和空间是两个相互独立的观念，其度量与惯性参照系的选择（即运动状态）无关，同一物体在不同惯性参照系中的运动可通过伽利略变换而互相联系，它们分别具有客观的绝对性：两事件的时间间隔（时间）与参照物体的运动状况无关；两点的空间间隔（距离）也与参照物体的运动无关。为此牛顿以著名的水桶实验为例做了证明③，空间是绝对的，其本性与外界事物无关，它永远是同一的，不动的（时间也绝对的，真正的数学的时间，自身流逝着，它的本性是均匀的，与外界任何事物无关），绝对时间和绝对空间肯定了绝对运动的存在。

---

① W. C. 丹皮尔. 科学史及其与哲学和宗教的关系. 李珩，译. 广西师范大学出版社，2001：314.

② 开尔文于《在热和光动力理论上空的19世纪乌云》演讲中说，"动力学理论断言，热和光都是运动的方式。但现在这一理论的优美性和明晰性却被两朵乌云遮蔽，显得黯然失色了"。

③ 牛顿在《自然哲学之数学原理》中，用旋转水桶实验来论证绝对空间的存在。牛顿指出，当物体相对于绝对空间做加速运动时，水桶中水面形状由平变凹，这是由于水相对绝对空间做加速运动而受到惯性离心力作用的结果，水面变形正说明了绝对空间的存在。

马赫（Ernst Mach，1838—1916）和庞加莱（Jules-Henri Poincare，1854—1912）等人对牛顿的绝对时空观提出了系统批判。其中，马赫在 1883 年出版的《力学史》中对牛顿的绝对时空观念做了深刻的反思。马赫认为，牛顿的旋转水桶实验只能告诉人们，水对于桶壁的相对旋转不引起显著的离心力，但这离心力是水相对于地球而非绝对空间转动所产生的。所以，水桶实验中水的凹现象并不能说明到底是水相对绝对空间的旋转，还是水相对于地球以及恒星的旋转，一切运动都是相对的，所谓惯性本身也是一种引力。因此，并不能由此得出存在绝对空间的结论。谁也没有资格预言绝对空间和绝对时间的事情，受严格条件限制的实验证明不了这些。尽管这些假设在解决有限范围内的问题被证明是有效的，但谁也不能不加限制地把这些假设推广到经验范围以外去。庞加莱同样断言，绝对时间和空间都是不存在的。没有绝对空间，我们能够设想的只是相对运动；说两个持续时间相等，本身是一种毫无意义的主张，只有通过约定才能得到这一主张。我们不仅对两个持续时间相等没有直接的直觉，甚至对发生在不同地点的两个事件的同时性也没有直接的直觉。为此，庞加莱提到，"我们应该建立一个全新的力学，在这个力学中，惯性将随着速度而增大，因而光速将变成不可逾越的极限"[①]。以马赫为代表的对经典物理学的批判，为之后爱因斯坦相对论的提出开拓了道路。

其次，经典物理学遇到了"以太危机"问题。以太是经典物理学的一个重要理论概念，但在 19 世纪后半期以后，物理学的许多争论集中到了"以太"问题方面。以太是否绝对静止？甚至它是否存在？经典物理学危机正是从这个不可捉摸的以太开始的。按照牛顿力学的观点，假如以太存在，那么既有自转又有公转的地球在以太中运动时，地球上的观察者能感受到"以太风"。经过计算，人们得出以太风相对于地球的速度约等于地球公转的速度，即 $v=30km/s$。为了检测以太风的存在，迈克尔逊（A. A. Michelson，1852—1931）与莫雷（E. W. Morley，1836—1923）发明了一种干涉仪（图 7-1），它能通过观察干涉条纹的移动来测量这个速度，进而验证传统物理学的以太概念。

在 1876—1887 年间，他们将干涉仪安装在很重的石台上以维持稳定，并将石台悬浮在水银里，使它能平稳地绕中心轴转动。按照当时的设计精度，只要条纹有 1% 的移动就能被探测到。他们连续观察了 1 年，但是实验结果是：根本观察不到条纹的移动。迈克尔逊和莫雷宣布他们的实验"失败"了。迈克尔逊-莫雷的实验却得出同其理论预测相反的结果，否定了以太的存在，这引起了经

---

① 杰里米·伯恩斯坦. 阿尔伯特·爱因斯坦. 高耘田，译. 科学出版社，1980：80.

典物理学家的震惊。一位实验物理学家就曾为此大声疾呼："我们仍然在期待着第二个牛顿来给我们一种关于以太的理论，它将不仅包括电和磁的事实，光辐射的事实，而且还可能包括引力的事实。"[①]迈克尔逊-莫雷寻找以太的实验是物理学史上最著名的实验之一，它曾经是让所有人充满希望的实验，也是几乎让所有人绝望的实验。它的彻底失败直接导致了牛顿力学的空前危机，并终于在20世纪初引发了人类时空观的彻底变革。

图 7-1　迈克尔逊干涉仪

另一个问题是对黑体辐射实验的解释。物理上定义的"黑体"，指的是那些可以吸收全部外来辐射的物体，比如一个空心的球体，内壁涂上吸收辐射的涂料，外壁上开一个小孔，因为从小孔射进球体的光线无法反射出来，这个小孔看上去就是绝对黑色的，即所谓的"黑体"。如果我们给内壁均匀加热，那么小孔也将往外发射热辐射，它的特性应该和黑体的辐射是一样的。玻尔兹曼（Ludwig Eduard Boltzmann，1844—1906）发现，黑体的辐射能力和它的绝对温度的四次方成正比，而与黑体的形状、大小、材料没有关系。1896 年德国物理学家维恩（Wien，1864—1928）根据实验数据得出一个经验公式，用来描述辐射的能量密度和温度、波长之间的关系，这就是维恩位移定律：

$$\rho(\nu) = B\nu^3 e^{-A\nu/T}$$

从这个公式可以看出，随着黑体温度的上升，对应着它所发射的光线的最大亮度的波长将变短，并向光谱的紫色区移动。但通过与实验的比较，上述公式与实验结果在短波部分与试验曲线相吻合，但在长波方面，实验和理论出现了偏差。维恩面临着一个基本的难题：他的出发点似乎和当时公认的科学观念

---

① 季柏青，主编. 物理学史. 辽宁大学出版社，1990：299.

格格不入，因为辐射是电磁波，而电磁波是一种波动，用经典粒子的方法去分析，似乎让人隐隐地感到有些不对劲，有一种南辕北辙的味道。1898 年瑞利（T. B. Rayleigh，1842—1919）与金斯（J. H. Jeans，1877—1946）严格按照经典热力学和统计力学原理，从理论上来推导一个公式：

$$\rho(v) = \frac{8\pi v^2}{c^3}kT$$

（其中 k 是玻尔兹曼常数，T 是黑体的绝对温度）

他们所得的公式，在长波部分与实验结果能较好地吻合，但随着频率的增加，经典理论的结果与实验结果有了巨大的分歧。在频率很高的时候，经典公式指出了无穷大的能量密度，而实验却显示出能量密度趋向于零。经典物理的这一完全错误的预言，被认为是一个严重的缺陷，这在历史上被称为"紫外灾难"。由于瑞利-金斯公式是严格按照经典理论推导出来的，所以它的失败注定会引发物理学的革命。这样，在黑体问题上，如果我们从经典粒子的角度出发去推导，就得到适用于短波的维恩公式；但如果从类波的角度去推导，就得到适用于长波的瑞利-金斯公式。

20 世纪之交的物理学，在表面繁荣的背后已是危机四伏了，一系列新的科学发现正在冲击着经典物理学的基本理念。丹皮尔写道："一般我们将当代物理学革命追溯到 1895 年伦琴（Wilhelm Konrad Röntgen，1845—1923）发现 x 射线开始，二十世纪的物理学革命由此拉开了序幕。新物理学可以说是从 1895 年慕尼黑伦琴教授发现 x 射线时开始的。"[①]经典物理学发生了深刻的危机，面对这些问题，荷兰物理学家洛伦兹提出了收缩假说，并用"洛伦兹变换"替代伽利略变换（庞加莱提出了"相对性原理"[②]），为以后爱因斯坦相对论的创立准备了条件；而普朗克则在维恩公式的基础上提出了"量子假说"，玻尔、海森堡、薛定谔等一大批科学家创立了量子力学。现代物理学诞生了。

二、狭义相对论及其推论

1905 年爱因斯坦（A. Einstein，1879—1955）《论动体的电动力学》在《物

---

① W. C. 丹皮尔. 科学史及其与哲学和宗教的关系. 李珩，译. 广西师范大学出版社，2001：314.

② 庞加莱不仅提出了相对性原理，他还提出过狭义相对论的另一个假设："光速不变原理"。他说如果不同的物体有不同的光速，或者在不同的方向上的光速不同，那么测量光速就成为不可能。毫无疑问，到 1900 年时庞加莱手头已经具备了创立狭义相对论的所有必需材料，因为他囿于牛顿绝对时空观的束缚，以至于未能将自己的新思想进一步提高，这对他来说确实是一件憾事。

理年鉴》的发表，标志着狭义相对论的确立。爱因斯坦指出，迈克尔逊-莫雷实验实际上已经说明以太概念是多余的，而光速是不变的，牛顿的绝对时空观念是错误的，不存在绝对静止的参照物，时间测量也是随参照系不同而不同的。爱因斯坦用光速不变和相对性原理推出了洛仑兹变换，创立了狭义相对论。爱因斯坦写道：没有任何已观察到事实的特性符合于绝对静止的概念……对力学方程成立的所有坐标系来说，相应的电动力学和光学方程也成立……下面我们用了这些假设（我们以后将称为相对性原理），同时引出另一个假设——一个初看起来与上一个假设不相容的假设——光在真空中以速度 c 传播，其值与发光物体的运动性质无关；这两个假设完全足以在静止物体的麦克斯韦理论基础上导出运动物体电动力学的简单而又一致的理论。[1]

爱因斯坦的相对论以相对性原理和光速不变原理为依据，这两条原理如下。

1. 物理体系的状态据以变化的定律，与描述这些状态变化时所参照的坐标系究竟是用两个在互相匀速移动着的坐标系中的哪一个并无关系。

2. 任何光线在"静止的"坐标系中都是以确定的速度 c 运动着，不管这道光线是由静止的还是运动的物体发射出来的。

简单而言，相对性原理就是所有惯性参照系中的物理定律是相同的，不存在一种特殊的惯性系。光速不变原理，即光在所有惯性系中的速度相同。基于这两个公设，爱因斯坦独立导出了洛仑兹变换方程，再由这个方程出发导出了在运动方向上长度的收缩，运动时钟的变慢等结论，并得出了新的速度合成公式。

爱因斯坦的变换方程是由两个公设严格导出的，它包含着时空观的重大变革，彻底否定了绝对时间和绝对空间，以及时间和空间毫不相干的传统观念。这样，爱因斯坦就抛弃了传统的以太假设，得到了使牛顿力学和麦克斯韦电磁场方程都保持协变的洛仑兹变换，从而建立了狭义相对论，而牛顿力学则成为相对论力学的低速宏观运动情况的极限形式。

根据狭义相对论，可以得出以下一些推论。

1. 同时性是相对的。

在一个惯性系中所观察到的两个同时发生的事件，在另一个惯性系中看来可能不是同时发生的，所以同时性并不具有绝对的意义。同时性不是绝对的，而取决于观察者的运动状态。这一结论否定了牛顿力学中引以为基础的绝对时间和绝对空间框架。

---

① 爱因斯坦. 爱因斯坦文集. 许良英，等译. 商务印书馆，1977：319.

如果两个事件在某一个惯性系中的同一时刻 t 在不同地点 x_1、x_2 发生，那么在另外一个相对于这个惯性系以速度 v 做匀速运动的惯性系中来观察的话，则两个事件是在不同的时间发生的：

$$t_1' = \frac{t - \dfrac{v}{c^2}x_1}{\sqrt{1 - \dfrac{v^2}{c^2}}} \ ; \ \ t_2' = \frac{t - \dfrac{v}{c^2}x_2}{\sqrt{1 - \dfrac{v^2}{c^2}}}$$

2. 运动着的物体在它的运动方向上的长度将会缩短。

当一个物体相对于观察者静止时，该物体长度的测量值为最大；当它相对于观察者以速度 v 运动时，在它的运动方向上，该物体的长度的测量值是原来的 $\sqrt{1 - \dfrac{v^2}{c^2}}$ 倍，而在与它运动方向垂直的方向上物体的大小不受影响。

3. 运动着的时钟将会变慢。

当一只钟相对于观察者静止时，钟是走得最快的，当它相对于观察者以速度 v 运动时，可测得该时钟的时率只有原来的 $\sqrt{1 - \dfrac{v^2}{c^2}}$ 倍。

4. 运动着的物体质量会增加。

将相对论中的速度合成公式应用于动量守恒定律，可以得到运动物体的质量变化：

$$m = \frac{m_0}{\sqrt{1 - \dfrac{v^2}{c^2}}}$$

狭义相对论所得出的最有影响的推论当属质能方程：$E = MC^2$。这个方程是在爱因斯坦完成相对论论文之后 3 个月（即 1905 年 9 月）在《物体的惯性同它所含的能量有关吗？》这篇论文中提出的。在这篇不到 3 页的论文中，爱因斯坦轻而易举地解释了放射性元素放出巨大能量的原因。这样就使质量守恒定律失去了独立性，它和能量守恒原理融合在一起，质量和能量可以互相转化。如果物质质量是 M，光速是 C，它所含有的能量是 E，那么 $E = MC^2$。这个公式只说明质量是 M 的物体所蕴藏的全部能量，并不等于都可以释放出来，在核反应中消失的质量就按这个公式转化成能量释放出来。

狭义相对论大大推动了现代科学进程的发展，成为现代物理学的基本理论之一。狭义相对论变革了从牛顿以来形成的时空概念，揭示了时间与空间的统一性和相对性，建立了新的时空观。

三、广义相对论及其实验验证

狭义相对论建立以后，对物理学的发展起到了巨大的推动作用。狭义相对论描述的只是惯性系中物体的运动，但没有涉及引力问题。它还有几个原则性问题没有解决，一个是惯性系所引起的困难，另一个是万有引力问题。由于牛顿万有引力理论和狭义相对论之间的不相容性，爱因斯坦（图 7-2）在完成狭义相对论之后就开始着手改造万有引力定律，以便将相对性原理进行推广，"当我通过狭义相对论得到了一切所谓惯性系对于表示自然规律的等效性时，就自然的引起了这样的问题：坐标系有没有更进一步的等效性呢？"[①]他在 1907 年的论文《关于相对性原理和由此得出的结论》中提出等效原理；1915 年爱因斯坦先后向普鲁士科学院提交了 4 篇论文，证明了水星近日点的进动，并给出了正确的引力场方程。至此，广义相对论的基本问题都解决了，广义相对论诞生。1916 年爱因斯坦完成了长篇论文《广义相对论的基础》。爱因斯坦首先将以前适用于惯性系的相对论称为狭义相对论，将只对于惯性系物理规律同样成立的原理称为狭义相对性原理，并进一步表述了广义相对性原理：物理学的定律必须对于无论哪种方式运动着的参照系都成立。广义相对论把相对原理推广到非惯性参照系和弯曲空间（加速度领域），从而建立了新的引力理论。

图 7-2　爱因斯坦（1921 年）

爱因斯坦用引力场概念替代牛顿的超距引力概念：惯性质量×加速度＝引力质量×引力场强度。根据等效性原理，"一切物体都以同一加速度下落……物体的引力质量同惯性质量在数值上是彼此相等的"[②]，这直接导致了广义相对论

---

① 爱因斯坦. 爱因斯坦文集. 许良英，等译. 商务印书馆，1977：319.
② 爱因斯坦. 爱因斯坦文集. 许良英，等译. 商务印书馆，1977：224.

的提出。由于物质的存在，空间和时间会发生弯曲，而引力场实际上是一个弯曲的时空。有引力场存在时，时空是弯曲的黎曼空间，弯曲的程度取决于物质的分布；物质密度越大，引力场越强，空间弯曲得越厉害。这样就可将引力看作弯曲时空本身，而不再是物体相互作用下的规律。物质造成了时空的弯曲，弯曲又决定了引力场内物体的运动。

广义相对论有三个最重要的预言。第一个预言是引力红移，即在强引力场中光谱向红端移动。不久，天文学家在天文观测中证实了这一点。第二个预言是引力场中空间的弯曲。根据这一预言，爱因斯坦计算出光线在通过太阳边缘时将发生 1.75" 的弯曲。1919 年 5 月 29 日，两个天文观测队的观测结果证实该预言正确。根据引力场空间弯曲的预言，爱因斯坦还成功解释了水星近日点的反常进动，即水星有 43.03"/百年的进动。第三个是 1916 年爱因斯坦在其广义相对论中预言了引力波的存在，即引力场的扰动会产生引力波。这是广义相对论的直接推论。不过直至 2015 年 9 月 14 日，天文学家才第一次直接检测到引力波的信号，之后又陆续观测到多次引力波事件。广义相对论如今已成为现代宇宙学关于天体演化研究的重要工具。

四、爱因斯坦相对论的科学意义

爱因斯坦相对论的建立是人类科学史，乃至整个人类认识史上的一次伟大革命。汤姆逊（J. J. Thomson，1856—1940）评价说，"这是自从牛顿时代以来所取得的关于万有引力理论的最重大的成果"，"爱因斯坦的相对论是人类思想最伟大的成果之一"。相对论对于现代物理学的发展和现代人类思想的发展产生了巨大的影响。

相对论从新的高度统一了传统经典物理学，使物理学成为一个完美的科学理论体系。对于相对论在科学中的地位，玻恩（Max Born，1882—1970）是这么评价的："1905 年诞生的狭义相对论可以公正地看作是科学中古典时期的结束和新纪元的开始。因为一方面它是以牢固确立的古典物质概念（认为物体在空间和时间上是连续分布的）和自然界因果律（或更确切地讲是决定论）的概念为出发点，但另一方面，它却又导出了革命性的空间和时间概念，给牛顿所建立的传统观念以决定性的批判。这样狭义相对论就给我们开辟了一条认识自然现象的新途径。这在我们今天被看成是爱因斯坦最杰出的功绩，这个功绩把他的工作与他前人的工作区分开来，把现代科学同古典科学区分开来。"[1]

狭义相对论实现了牛顿力学和麦克斯韦电动力学体系的统一，指出它们都服从狭义相对性原理，都是对洛伦兹变换协变的，而牛顿力学只不过是物体在低速运动下很好的近似规律而已；其中的质能关系式不仅为量子理论的建立和发展创造了必要的条件，而且为原子核物理学的产生、发展和应用提供了根据。广义相对论在广义协变的基础上，通过等效原理，确立了局域与普遍参照系之间的关系，得到了所有物理规律的广义协变形式，并建立了广义协变的引力理论，而把牛顿引力理论并为一级近似。相对论从根本上解决了传统物理学只限于惯性系的问题，从逻辑上给出了合理的解释。相对论严格地考察了时间、空间、物质和运动这些物理学的基本概念，给出了科学而系统的时空观和物质观，进一步影响了整个当代科学（如宇宙学、引力波理论、致密天体物理和黑洞物理）的发展。

第二节　量子理论与量子力学的创立

一、普朗克量子假说的提出

开尔文所谓"经典物理学晴空中的两朵乌云"，其中的一朵是"以太危机"导致了爱因斯坦相对论的提出；而另一朵即黑体辐射的"紫外灾难"问题则导致了量子力学的诞生。黑体辐射问题出现后，许多科学家都试图从理论上对这一问题做出理论说明。1900 年德国柏林大学的教授普朗克（M. Planck，1858—1947）发现瑞利和金斯将两个热辐射定律结合成一个后在短波范围内出现的荒谬结论，似乎黑体辐射实验难以用经典物理学理论解释，于是他决定从另一条途径出发将斯蒂芬-玻尔兹曼定律和维恩定律结合，并引入了一个著名的常数 h，普朗克凑出了一个新的公式：

$$\rho_T(v) = \frac{8\pi v^2}{c^3} \frac{hv}{e^{hv/kT}-1}$$

在 1900 年 10 月 19 日德国物理学会的报告会上，普朗克公布了他的最新公式。当天晚上他的同事鲁本斯就对这个新的公式进行了验证，结果发现在每一点上都与实验非常地吻合。当处于低频波段时 hv<<kT，那么分母中的指数函数可以展开为 hv/kT 的幂级数，并略去高次项就得到：$\rho_T(v) = \frac{8\pi v^2}{c^3} \frac{hv}{(1+hv/kT+\cdots)-1} \approx$

$\frac{8\pi v^2}{c^3}kT$，即瑞利-金斯公式。当处于高频波段时 hv>>kT，那么分母中的指数项远

大于 1，所以分母中的 1 可以略去，这样我们就得到：$\rho_T(v)=\frac{8\pi v^2}{c^3}\frac{hv}{e^{hv/kT}}=$

$\frac{8\pi hv^3}{c^3}e^{-hv/kT}$，实际上就是维恩位移公式。这说明普朗克的公式已经包含了他

们两者的公式，并且给出了两者之间的过渡方式。

　　然而，新分布律的成功反而使普朗克陷入了沉思之中，因为他认为如果不能从理论上对这个公式给出说明，那么这个公式只能是拼凑出来的，缺乏坚实的理论依据。为了寻找隐藏在公式后面的物理根据，普朗克进行了 8 周的艰苦工作，在利用经典理论失败后，他终于向经典能量均分原理发起了挑战，提出了一个革命性的假设：每一个自然频率为 v 的线性谐振子只能够不连续地吸收和释放能量，能量值必须是最小能量值 hv 的整数倍。普朗克把这最小的能量值叫作一个能量子，这就是普朗克的能量子假说。这一假说深刻地揭示了热辐射能量量子化的物理本质。能量的不连续思想在物理学上引起了革命性的影响，莱布尼兹的明言"自然没有飞跃"破产了。秦斯评价说，"物质的基本粒子其运动不像是铁道上平滑走过的火车而像是田野中跳跃的袋鼠"[1]。普朗克在 1900 年 12 月 14 日发表的《论正常光谱的能量分布定律的理论》一文中阐发了能量子（E=hv）的概念，并给出了完整的普朗克公式，这标志着量子理论的诞生。

二、光量子理论与波粒二象性

　　虽然普朗克公式能与实验结果较好地吻合，但因为能量子的概念与传统的理论格格不入，所以普朗克的工作并未得到人们的认可，反而遭到种种非议，以至于普朗克本人也对能量分立的假设表示怀疑，他自己称他的能量子假说是一个"绝望的行动"，并且在以后的 10 多年中，多次从自己的理论倒退，并企图重新从经典理论来解释辐射。而与此同时，爱因斯坦、玻尔（N. H. D. Bohr，1885—1962）等人率先看到了量子理论的重要价值并将它发扬光大。

　　自赫兹发现光电效应之后，德国物理学家菲利普·莱纳德（Philipp Eduard Anton von Lénárd，1862—1947）等人对这一现象做了系统研究。他们由此发现相关现象与传统波动理论不符。例如，根据经典理论，光的能量应该正比于光的振幅即强度，而与光的频率无关，但事实上光子的初动能却与入射光的频率

---

① 秦斯. 物理学与哲学. 吴大基，译. 商务印书馆，1964：135.

相关，而与光的强度无关，对这些现象进行解释时经典理论就显得束手无策。

1905 年爱因斯坦发表了《关于光产生与转化的一个启发性观点》，对普朗克的能量子理论进行了推广，提出了光量子假说。光子不但具有能量 hν，而且还与粒子一样具有动量 p＝h/λ，"这些量子能够运动，但不能分割，而只能整个地被吸收或产生出来"[①]，光子的能量不是连续的，而是单个的能量粒子，它服从普朗克公式。根据 E＝hν，光子的能量与频率成正比而与强度无关，每个光量子的能量要达到一定数值才能克服电子的逸出功，从金属表面打出电子来。微弱的紫光虽然数目比较少，但是每个光量子的能量却足够大，所以能从金属表面打出电子来；很强的红光，光量子的数目虽然很多，但每个光量子的能量不够大，不足以克服电子的逸出功，所以不能打出电子来。利用光量子假说爱因斯坦可以圆满地解释光电效应，并得出了爱因斯坦方程：$h\nu = \frac{1}{2}mv^2 + h\nu_0$。爱因斯坦将光看成不连续的一份一份的光子，而光子的能量又是通过光的频率来定义的，这样光就同时具有了粒子和波两种特性，从而将光的波动说和粒子说统一了起来，揭示了微观客体的波粒二象性，爱因斯坦自己这样描述了光的波粒二象性："单独地应用这两个理论的任一种，似乎已不能对光的现象作出完全而彻底的解释。"[②]

1923 年法国物理学家德布罗意（L.V. de Broglie, 1892—1987）发表了数篇关于物质波的论文[③]，把光子二象性推广到物质粒子，解决了原子内的电子运动问题，提出了物质波假说。德布罗意的假设是，辐射既像粒子又像波的两重性同样适用于物质实体，物质的总能量 E 与伴随它运动的波的频率中间也有 E＝hν；整体的动量 p 与伴随的波动的波长 λ 之间的关系是 p＝h/λ。任何运动着的物体都伴随着一种波动，而且不可能将物体的运动和波的传播分开，这种波称为相位波，存在相位波是物体的能量和动量同时满足量子条件和相对论关系的必然结果。辐射相当于静质量为零的粒子，物质相当于有一定静质量的粒子。德布罗意对波粒二象性的理论，将人类对物质世界的认识提高到一个新的层次，为此他获得了 1929 年诺贝尔物理学奖。

后来奥地利物理学家薛定谔（E. Schrödinger, 1887—1961）将德布罗意的物理概念用数学形式表示，而导出量子力学中最基本的薛定谔方程，建立波动

① 爱因斯坦. 爱因斯坦文集. 许良英，译. 商务印书馆，1977：38.

② 爱因斯坦，英费尔德. 物理学的进化. 周肇威，译. 湖南教育出版社，1999：185.

③ 1924 年德布罗意向巴黎大学递交的博士论文《量子理论的研究》，并通过博士论文答辩，5 年后，他成为第一个因博士论文而获诺贝尔奖金的物理学家。

力学。物质波的存在可以通过对粒子的波动特性来检测，1927 年戴维逊（Joseph Davisson，1881—1958）和革末（L. H. Germer 1898—1971）证实了电子射至晶体时有衍射现象，显示其波的性质，并且测出波长与德布罗意的理论推断结果一致。而汤姆逊（George Paget Thomson，1892—1975）与戴维逊不久也完成了电子在晶体上的衍射实验，此后，人们相继证实了原子、分子、中子等都具有波动性。德布罗意的设想最终得到证实。

三、波动力学与矩阵力学

早期的量子理论在形式与内容上或多或少都保留着经典理论的痕迹，没有形成严密的理论体系。要精确描述微观粒子的运动，仅仅把量子化引入经典力学还是不够的，建立新的力学体系已是必然的趋势。在 20 世纪 20 年代以后，量子理论沿着两条路线独立地发展着：一条路线是在爱因斯坦波粒二象性思想影响下，从光量子假说出发，经德布罗意的物质波理论，到奥地利物理学家薛定谔（E. Schrödinger，1887—1961）等人创立的波动力学；另一条路线则是从玻尔的对应原理出发，导致海森堡（W. K. Heisenberg，1901—1976）等人建立的矩阵力学。

1925 年，海森堡在玻恩等人的帮助下，发表《关于运动学和力学关系的量子论的重新解释》的论文，创立了量子力学的第一种形式体系——矩阵力学。矩阵力学从所观察的光谱的分立性入手，其基本概念是粒子，它采用的是矩阵代数方法。1926 年，薛定谔连续发表了关于量子理论分论文，他采用解微分方程的方法，从推广经典理论入手，强调连续性，从经典力学和几何光学的对比，提出了对应于波动光学的波动方程，从而创立了量子力学的第二种理论——波动力学。波动力学的基本概念是波动，强调的是连续性，运用的是微分方程，类似于经典的流体力学。1926 年，薛定谔在认真研究了海森堡的矩阵力学之后，与诺依曼一起证明了波动力学和矩阵力学在数学上的等价性。从此之后两者合而为一，形成非相对论量子力学的理论体系。此后经狄拉克的完善又使量子力学与相对论相结合建立了完整的量子力学体系。

四、量子力学的几个重要原理

（一）互补原理

1927 年，玻尔（图 7-3）首先提出了互补原理。玻尔指出，光所具有的相互矛盾的波动性和粒子性是互补的，两者同时存在，互为补充，无法在验证一种特性的同时保证另一个特性不受到干扰或破坏。按照互补原理，自然界的物质就性质来说，既不是粒子也不是波，为突出两种性质中的一种性质而进行的实验或测量，只能牺牲另一种性质。比如为突出粒子性而设计的康普顿散射实验，就不可能提供关于波动的任何信息；而用于观察波动的衍射实验，又不能提供关于粒子特性的知识。所以说相互矛盾的两种特性，原则上是不能同时观察到的，量子力学正是用一对互补的变量来对物理体系的性质进行描述。后来波尔将这一原理做了推广，认为生命物体所具有的生命活力与生物结构和物化性质之间也是互补的，当人类的实验能力达到一定深度时，无法在验证细胞的生物结构或理化特性的同时保持细胞活力，或者在考察生命活力的同时不干扰或破坏生物结构和影响其理化特性。

图 7-3　玻尔（1922 年）

（二）测不准原理

1927 年，海森堡发表了《量子理论运动学和力学的直观内容》一文，提出了"测不准原理"。他发现，要确切地知道粒子的位置的话，必须用一束光射到这个粒子上，通过光波的反射才能知道粒子的位置，波长越短，那么测量的结果越精确。但是波长越短，越容易扰动粒子，结果使粒子以一种不可测的方式改变粒子的速度。也就是说，对位置测量得越精确，那么对它速度的扰动就越大，反之亦然。用公式表示就是：

$$\Delta X \Delta P \geqslant \frac{h}{4\pi}$$

这种测不准性（或不确定性），并不能通过测量仪器的改进而得以解决。由于测不准原理是与普朗克常数 h 相关，所以假如 h 等于零的话，那么对测量精度就没有任何限制了，这就是经典物理的观点。不过由于 h 很小，在宏观情况下我们仍然能很精确的测量动量和位置、动能与时间的关系。所以测不准原理反映了从宏观到微观系统量变到质变的飞跃。后来海森堡还提出，不但坐标和动量，而且方位角和角动量、能量和时间等也都是成对的测不准量。这种见解成为量子力学哥本哈根"正统学派"解释的两大支柱之一。

（三）对应原理

对应原理是玻尔提出的一条从原子的经典理论过渡到量子理论的原则。按这条原则，原子现象的量子理论在极限情况下应给出与之相应的经典物理学相同的结果。量子力学集中说明了在微观物理领域中，用经典理论不能解释的一些现象，但我们同时也不能忽视这样的事实，即在宏观物理学的领域内，经典物理学还是起作用的，而且起着极其出色的作用。那么，在这两者中间就必须解决这样的问题：在微观领域起作用的理论，怎么过渡到宏观的领域？量子力学必须满足这样的条件，要在适当的极限内，得出与经典力学所能得到的相同的结论。从数学上来说，这个极限就是把普朗克常数 h 看得无限小就行了。这个联系量子力学和经典力学之间的关系就是对应原理。对应原理是在量子物理中产生和发展起来的，但其方法论意义不限于量子理论。它表明了现代物理学发展的一个重要特点，即新理论和旧理论存在着某种继承关系，新理论在其特征参量取极值的情况下，应得到相应的旧理论的结果。在 1921 年召开的第三届索尔维国际物理学会议上，这一新旧理论类比的对应原理被接受，成为指导发展量子力学的一条方法论原则。

五、量子力学的革命意义及其争论

量子力学是现代物理学的两大基石之一，量子力学的建立，是继相对论之后科学史上又一重大的变革，对自然科学和哲学的发展都带来了深刻的影响。量子力学为我们提供了崭新的关于自然界的表述方法和思考方法，大大促进了原子物理学、固体物理学、核物理学等学科的发展，标志着人类在认识自然的过程中由宏观世界向微观世界的飞跃。它为现代物理学提供了新的理论基础，并使普朗克的量子论从根本上摆脱了传统理论的框架，因为波粒二象性、互补性、物理量不可对易性、测不准关系等都与经典观念格格不入。这种全新的关于自然界的描述方法和思维方法在科学和哲学领域都引起了巨大反响。

自量子力学诞生之日起，围绕它的争论就一刻也没有停止过，其中最引人注目的是爱因斯坦和以玻尔为首的哥本哈根学派之间的争论。他们争论的主要问题不在于量子理论的内容及其形式，而在于量子理论的解释问题，具体而言就是关于作为量子理论基本特征的不连续性与统计性的说明方面。

哥本哈根学派提出的量子跃迁和不确定性原理（即测不准关系），及其在哲学意义上的扩展（互补原理），在物理学界得到普遍的采用，玻尔的互补原理被人们看成是正统的哥本哈根解释。但爱因斯坦不同意不确定原理，反对量子力学的概率解释，不赞成抛弃因果性和决定性的概念。认为自然界各种事物都应有其确定的因果关系，而量子力学是统计性的，因此是不完备的，而互补原理更是一种权宜之计。他说，"上帝是不会掷骰子的"。他认为在概率解释的后面应当有更深一层的关系，把场作为物理学更基本的概念，而把粒子归结为场的奇异点，他还试图把量子理论纳入一个基于因果性原理和连续性原理的统一场论中去，他认为量子力学不能描写单个体系的状态，只能描写许多全同体系的一个系综的行为，因而是不完备的理论。特别是爱因斯坦在 1935 年 5 月同波多尔斯基和罗森一起发表的《能认为量子力学对物理实在的描述是完备的吗?》一文，提出了著名的以 3 位作者的姓的首个字母简称的"EPR 悖论"，使这场论战再次出现了高潮。

这场持续了近 40 年的科学争论，特别是关于"EPR 悖论"的争论，一直引导着大批有哲学思想的科学家继续去探求。如 20 世纪 50 年代，玻姆提出了隐参量的量子理论；60 年代，约翰·贝尔根据隐参量的量子理论从数学上推导出了一个关于远隔粒子量子关联的定量不等式——贝尔不等式。以爱因斯坦和玻尔为代表的两方论战，是科学史上持续最久、斗争最激烈、最富有哲学意义的论战之一，直到他们去世也没有得出定论。

第三节　分子生物学的诞生与发展

19 世纪后期到 20 世纪 50 年代初，是现代分子生物学诞生的准备和酝酿阶段。分子生物学是从分子水平研究生物大分子结构与功能，从而阐明生命现象本质的学科，其主要研究领域包括蛋白质体系、蛋白质-核酸体系（中心是分子遗传学）和蛋白质-脂质体系（即生物膜）等。所有生物体中的有机大分子都是以碳原子为核心，并以共价键的形式与氢、氧、氮及磷以不同方式组合构成的。不仅如此，一切生物体中的各类有机大分子都是由完全相同的单体，如蛋白质分子中的 20 种氨基酸、DNA 及 RNA 中的 8 种碱基组合而成，由此产生了分子生物学的 3 条基本原理。

1. 构成生物体的各类有机大分子的单体，在不同生物中都是相同的；

2. 生物体内一切有机大分子的构成，都遵循共同的规则；

3. 某一特定生物体所拥有的核酸及蛋白质分子，决定了它的属性。

这样，分子生物学从分子水平上揭示了生命世界基本结构和生命活动根本规律的高度统一性，进而也深入揭示了生命现象的本质。20 世纪 50 年代以后，分子生物学一直是生物学的前沿与生长点，它的概念和观点渗入到基础和应用生物学的每一个分支，带动了整个生物学的发展，使之提高到一个崭新的发展水平。从历史发展来看，分子生物学是生物遗传学研究和生物大分子的结构研究两大研究领域相汇合的成就。

一、摩尔根基因理论的确立

在 19 世纪的数十年探索中，人们对于生物细胞、染色体、细胞核的认识已经相当成熟。到了 20 世纪，当人们认真考虑孟德尔的遗传因子时，便将细胞学与种群遗传学联系起来，普遍认为染色体就像是遗传基因。[①]基因的染色体理论是在孟德尔主义成为主流之后，主要由美国遗传学家摩尔根（T. H. Morgan，1866—1945）（图 7-4）领导的研究小组完成的。1910 年摩尔根发现果蝇的白眼突变型总是同雄性相联系的伴性遗传现象相关联，第一次用实验证明遗传白眼的基因是坐落在性染色体上的物质。以后他和他的合作者以及其他单位和国家的遗传学家用果蝇做了大量而系统的研究，表明不同的基因在遗传过程中有"连锁"现象，同源染色体之间有"交换"现象。通过在显微镜下对染色体的观察和大量实验数据的计算，他们找到各种基因在染色体上的相对位置。1915 年，摩尔根同他实验室里的年轻学者们合著了《孟德尔遗传原理》，该书的出版在学术界产生了相当大的影响。

摩尔根把基因在遗传学上的位置同原子、电子在物理学和化学上的位置相对比，把基因理论同物理学和化学的理论相比，他说："只有当这些理论能帮助我们做出特种数字的和定量的预测时，它们才有存在的价值，这便是基因论同以前许多生物学理论的主要区别。"[②]这段话基本概括了 30 多年来遗传学的成就。他提出了"基因是属于有机分子一级"的问题，认为"基因之所以稳定是

---

① 1909 年，丹麦生物学家约翰森（W. L. Johannsen）提出了用来源于希腊文的"gene"（基因）一词来取代孟德尔的"遗传因子"一词，并沿用至今。

② T. H. 摩尔根. 基因论. 卢惠霖，译. 科学出版社，1959：1.

因为它代表着一个有机的化学实体"。但对基因物质基础的最终揭示还需要人们将另外的研究领域——生物化学与生物物理学同细胞遗传学结合起来。

图 7-4　摩尔根

二、蛋白质结构研究

到 20 世纪的前 20 年，费舍尔（Emil Fischer，1852—1919）等已经确认，蛋白质像其他分子一样，也是由一定比例的原子组成的，其基本结构成分是氨基酸，不同的氨基酸通过肽腱构成各种蛋白质。人们也确定了蛋白质分子的大小、质量，掌握了蛋白质的结晶技术，开始了人工合成蛋白质的漫长探索过程。20 世纪 30 年代，两次获得诺贝尔奖的美国化学家鲍林（Linus Pauling，1901—1994）论证了蛋白质的氨基酸链并不是简单的长链，而是以各种方式紧密缠绕在一起的 α 螺旋，因此蛋白质的结构是一种三维结构。这种模型能够很好地说明一些化学数据。鲍林知识渊博，富有创造性的想象力和大胆的探索精神。他创造性地运用模型建构方法来确定分子结构，这种方法主要利用已知的物理、化学知识，用纸板、木头或金属做出想象的分子三维结构。如果模型能很好地符合一切已知的资料，科学家就认为它可以代表分子的真实结构。当然，还得做许多物理、化学方面的研究工作予以证明。

1912 年，英国布拉格父子（H. W. Bragg，1862—1942；W. L. Bragg，1890—1971）建立了 X 射线晶体学，成功地测定了一些相当复杂的分子以及蛋白质的结构。此后布拉格的学生阿斯特伯里（William Thomas Astbury，1898—1961）和贝尔纳（John Desmond Bernal，1901—1971）又分别对毛发、肌肉等纤维蛋白以及胃蛋白酶、烟草花叶病毒等进行了初步的结构分析。他们的工作为后来生物大分子结晶学的形成和发展奠定了基础，同时直接影响了分子生物学的诞生。[①]这种技术在思想上相当简单：当 X 射线通过晶体时会产生规律性的衍射，据此，在研究晶体结构时，将一束 X 射线照在晶体上，通过在晶体背后放置感光片把 X 射线通过晶体时的衍射图样记录下来，然后根据衍射定律分析衍射图样就可以推断出晶体的结构。对于岩石、金刚石等小分子所组成的晶体，运用 X 射线衍射技术进行结构分析较为简便，但对于蛋白质、核酸等生物大分子来说，如何成功地推断出晶体结构是 X 射线结晶学中的一大挑战性问题。很多富有创造性的研究工作是在剑桥大学的卡文迪什实验室里进行的。这个实验室吸引和培养了大批杰出的晶体学家，其中最著名的有佩鲁兹（Max Ferdinand Perutz，1914—2002）与肯德鲁（John C. Kendrew，1917—1997），他们经过近 20 年的摸索，在 20 世纪 60 年代初，终于成功地弄清楚了两个蛋白质的大部分详细结构：血红蛋白与肌红蛋白。两人因此而荣获 1962 年诺贝尔化学奖。

三、核酸结构研究

与对蛋白质的结构研究相比，对核酸的研究在 20 世纪 40 年代以前并不那么热门。1929 年，俄裔美籍科学家莱文（Phoebus Aaron Levene，1869—1940）发现核酸有核糖核酸（RNA）与脱氧核糖核酸（DNA）两种。1934 年他又提出著名的四核苷酸假说。这种假说认为，核酸由四种核苷酸组成，而核苷酸由一个核糖（或脱氧核糖）、一个磷酸和一个有机碱基分子组成。但莱文误认为构成一切来源的 DNA 中，其四种碱基含量相等。因此，DNA 是一种同糖原相类似的重复的多聚体，不可能产生那种对于遗传物质来说必不可少的多样性。在 20 世纪 30 年代，这种假说被普遍接受，阻碍了人们去揭示核酸的重要遗传学功能，而把遗传的物质载体研究放在蛋白质上（尽管摩尔根的研究表明基因定位在染色体上，但大多数生化和生物物理学家却无视了这些成果）。在 1946—1950 年间，奥裔美籍生物化学家查伽夫（Erwin Chargaff，1905—2002）进行的生物化学研究证明了两个重要问题：第一，DNA 中四种核苷酸的数量和相对比例在人、猪、羊、牛、细菌和酵母菌中很不相同，但同一个生物体的 DNA 组成一致；第二，无论不同的 DNA 中四种核苷酸的量如何不同，腺嘌呤的量始终等于胸腺嘧啶的量，鸟嘌呤的量始终等于胞嘧啶的量。同时，X 射线结晶学也被用于研究 DNA 的结构。

---

① 鲍林在美国也接受过 X 射线衍射技术的训练，并且对这一技术做出了自己的贡献。在鲍林和小布拉格之间曾经为优先权问题而发生过激烈的争吵。

四、基因的生化功能研究

20 世纪 20 年代初至 50 年代初，关于遗传的生物化学研究的进展进一步为基因理论提供了证据，特别是在基因和蛋白质合成的关系上取得了初步的较为确切的实验成果，为分子生物学的诞生奠定了一定的基础。

早在 1908 年，伽罗德（Archibald Garrod，1857—1936）的研究间接地证明了基因可以通过影响代谢过程的特定步骤而行使其功能。他证明，人体的一种特殊的改变了的基因（突变）使得家族遗传病人缺乏一种氧化尿黑酸的生物酶，从而导致黑尿病这一家族遗传病。到 30 年代，生物学家比德尔（George W. Beadle，1903—1989）和塔特姆（E. L. Tatum，1909—1975）提出了著名的"一个基因一个酶"假说：基因控制着酶的合成，每一个基因产生一种特定的酶。他们的成功在于选择了非常适合生化遗传学研究的一种生物——链孢霉。在正常情况下，这种生物是由一个基因，而不是由多个基因决定一个性状，这样就不存在掩盖隐性基因的问题。在今天看来，一个基因决定一个酶的假说很不完备，因为一个基因只编码一条多肽链，而不是编码一个完整的酶。但正是他们的工作开启了生化遗传学。

1949 年，尼尔（J. V. Neel，1915—2000）证明了镰刀形贫血病是按照孟德尔方式遗传的；同年，鲍林等人证明，镰刀形贫血病患者的血红蛋白结构和正常人的血红蛋白结构不同；到 1957 年，英格拉姆（V. M. Ingram，1924—2006）的分析表明，这两种血红蛋白之间仅仅只有一个氨基酸不同。总之，到了 20 世纪 40 年代末和 50 年代初，人们已经越来越清楚地认识到，基因通过控制蛋白质的生成来控制细胞的代谢，这为生命活动的深层次认识打下了坚实的基础。

可以说 20 世纪 50 年代是分子生物学作为一门独立的分支学科脱颖而出并迅速发展的年代。首先在蛋白质结构分析方面，1951 年提出了 α-螺旋结构，描述了蛋白质分子中肽链的一种构象。1955 年桑格（Frederick Sanger，1918—2013）完成了胰岛素的氨基酸序列的测定。接着肯德鲁和佩鲁茨在 X 射线分析中应用重原子同晶置换技术和计算机技术，分别于 1957 年和 1959 年阐明了鲸肌红蛋白和马血红蛋白的立体结构。1965 年中国科学家合成了有生物活性的胰岛素，首先实现了蛋白质的人工合成。

五、DNA 物理结构的揭示及其文化思考

自从 DNA（而不是蛋白质）被确认为遗传物质以来，20 世纪中叶对 DNA

结构的探索成为遗传学与生物物理、生物化学研究的中心议题。当时世界上已有两组科学家在从事 DNA 的晶体结构的分析工作。一是美国加州理工学院化学家莱纳斯·鲍林（Linus Carl Pauling，1901—1994）等，他们对开始于 40 年代末的 X 射线衍射法晶体结构的研究，提出了 α 螺旋结构模型，是最重要的成果。二是在英国伦敦大学国王学院工作的物理学家莫里斯·威尔金斯（Maurice Wilkins，1916—2004）和物理化学家罗莎琳·弗兰克林（Rosalind Franklin，1920—1958）等人，他们在物理学家约翰·兰道尔（John Randall，1905—1984）领导下，分别从 1950 年和 1951 年开始，运用 X 射线晶体衍射学的实证手段，各自独立地、系统地研究 DNA 的晶体结构，特别是弗兰克林的工作十分严谨，对于 DNA 结构的最终阐明有着举足轻重的作用。而弗朗西斯·克里克（Francis Crick，1916—2004）与詹姆斯·沃森（James D. Watson，1928— ）于 1953 年提出的模型同这两组科学家的研究成果密切相关。科学家们努力向最后的目标冲刺，角逐 DNA 分子结构的优先发现权。

这里着重介绍对 DNA（脱氧核糖核酸）双螺旋结构突破性发现的基本过程，以及其中所反映的包括科学道德和科学界的竞争与合作等科学文化问题。

1951 年，正在哥本哈根做博士后研究的美国遗传学博士沃森，前往意大利那不勒斯参加关于生物大分子结构的国际学术会议。会上，威尔金斯和弗兰克林发表的关于 DNA X 射线晶体衍射图分析报告启发了沃森。之后沃森被推荐到剑桥大学卡文迪什实验室，与该实验室的英国人克里克相遇，并共同研究 DNA 的结构。他们两人从 1951 年 10 月开始，采用鲍林当年成功使用的建模方法来研究该问题，不久就提出一个 DNA 三螺旋结构，但因与 X 射线衍射照片的分析数据不合而陷入僵局。使他们转败为胜的关键人物就是罗莎琳·弗兰克林（图 7-5）。

图 7-5 罗莎琳·弗兰克林

鉴于弗兰克林对 X 射线晶体衍射的丰富经验，1951 年初，她应聘在物理学家约翰·兰道尔领导的伦敦大学国王学院的 DNA 结构研究团队任职。兰道尔亲自指派她投入 DNA 化学结构的独立研究。1951 年 11 月，弗兰克林提出了 A 型 DNA 的 X 射线衍射图，并进行了一场演讲。沃森与克里克得知这些信息后，便邀请弗兰克林和威尔金斯参观他们的三螺旋结构模型。直率的弗兰克林针对这些模型提出许多批评，这些批评使沃森与克里克一度被卡文迪什实验室主任威廉·布拉格（William Lawrence Bragg，1890—1971）要求终止 DNA 结构的研究。

1952 年 5 月，弗兰克林与葛斯林（Raymond Gosling，1926—2015）合作，终于获得一张 B 型 DNA 的 X 射线晶体衍射照片，称为"第 51 号照片"（图 7-6）。这张照片被 X 射线晶体衍射的先驱约翰·贝尔纳（J. D. Bernal，1901—1971）誉为"几乎是有史以来最美的一张 X 射线照片"。1952 年 11 月，弗兰克林把帕特生函数用于图片分析，提出一份包含数据分析的报告，并被收录在英国医学研究理事会的"MRC 报告"当中。

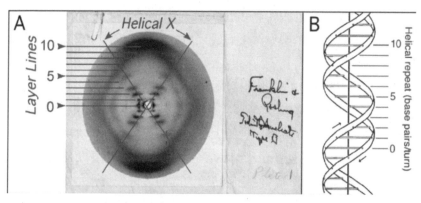

Structure of B-DNA. A. Photograph 51 of B-DNA. X-ray diffraction photograph of a DNA fiber at high humidity (Franklin and Gosling, 1953b). Interpretation of the helical-X and layer lines added in blue. B. Watson-Crick model of B-DNA, adopted from (Watson and Crick, 1953b), with the helical repeat associated with the layer lines labeled.

图 7-6　"第 51 号照片"

然而，1953 年 1 月底，威尔金斯在弗兰克林不知情的情况下，把她成功拍摄的精细的"第 51 号照片"和相关数据分析，私自复制给剑桥卡文迪什实验室的沃森看。美国密歇根大学医学史家霍华德·马克尔（Howard Markel）在 2021 年出版的《生命的秘密》（图 7-7）一书中写道："威尔金斯向沃森展示第 51 号照片没有经过弗兰克林的许可，这违背了所有的道德准则，正因如此，这是科学史上最恶劣的一次剽窃。"①

　　接下来的 2 月份，国王学院的英国医学研究理事会成员马克斯·佩鲁茨（Max Ferdinand Perutz，1914—2002）同样未经弗兰克林本人许可，向沃森和克里克展示了弗兰克林提交的"MRC 报告"。

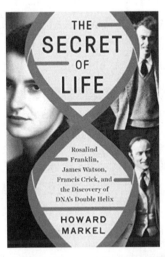

图 7-7　《生命的秘密：弗兰克林、沃森、克里克和 DNA 双螺旋的发现》

　　尽管威尔金斯和佩鲁茨违规把弗兰克林的"第 51 号照片"和数据分析等成果透露给竞争对手，让团队负责人约翰·兰道尔大为恼火，但客观上却解决了沃森和克里克的燃眉之急。正如沃森在《双螺旋》一书中回忆说："看到照片的那一刻，我张大了嘴，心跳开始加速。"②沃森意识到"第 51 号照片"是彻底解开 DNA 结构的重要关键。根据弗兰克林拍照的 DNA 晶体 X 射线衍射照片，他和克里克开始了新的建模工作，一个月后便推导出 DNA 的双螺旋结构。

　　1953 年 4 月 25 日，《自然》杂志同时发表了 3 篇论文。沃森与克里克合写的 DNA 双螺旋结构假说的短文居首，之后配有威尔金斯和弗兰克林的 2 篇文章，以支持沃森和克里克的假说。其中富兰克林与葛斯林合作发表的论文，名称为《胸腺核酸的分子结构》。尽管沃森和克里克利用了弗兰克林的关键性成果有失公正，但弗兰克林未予计较，表现了她的高风亮节。

　　1962 年沃森、克里克和威尔金斯因为在研究 DNA 分子结构方面的贡献，共同获得了当年的诺贝尔生理学医学奖。在颁发这一奖项之前 4 年，弗兰克林却因长期潜心于 X 光晶体衍射工作，遭受大量电离辐射而罹患癌症，不久撒手

① Howard Markel. The Secret of Life. Oxford University Press, 2021, p.314.
② 詹姆斯、沃森. 双螺旋. 贾拥民，译. 浙江人民出版社，2017：180.

人寰，年仅 38 岁。令人感到惋惜的是，为 DNA 双螺旋结构做出过重大贡献的弗兰克林未能与上述 3 位科学家分享该殊荣。

威尔金斯在获奖 17 年后承认："也许我应该征得罗莎琳的同意，但我没有。"① 晚年的威尔金斯为提供"第 51 号照片"给沃森而后悔莫及。 正是这张照片，让沃森踏上了通往荣耀科学的道路，而他自己却成为年轻人的配角，他说："如果我早知道这一点，我可能就不会给他看这种图案了。"②

历史并未忘记罗莎琳·弗兰克林这位破解 DNA 双螺旋结构的幕后功臣。1993 年，伦敦大学将一座建筑更名为罗莎琳·弗兰克林大厅，给了她一个迟到的认可。2002 年英国设立了"弗兰克林奖章"，以奖励在科研领域做出重大创新的科学家。2003 年，伦敦大学国王学院将一栋新大楼命名为"弗兰克林-威尔金斯馆"。沃森在命名演说中承认："罗莎琳的贡献是我们能够有这项重大发现的关键。"2019 年欧洲航天局宣布，"火星探测计划"中的漫游车以罗莎琳·弗兰克林命名。罗莎琳·弗兰克林，是科学与道德的赢者，历史给与她以永久性的补偿。

如何评价 DNA 结构发现过程中各方面的成就，科学界是持慎重态度的。众多科学家和现代科学史学家在追述这段历史时，均给弗兰克林和鲍林等人的贡献以应有的地位。③

六、遗传密码的破译

20 世纪 60 年代，最具有革命性的发展是搞清楚了遗传密码。转译与转录不同，它不是简单的核苷酸顺序的抄写，而是将 RNA 分子上的核苷酸语言翻译成蛋白质分子上的氨基酸语言的复杂过程，是涉及两种不同语言信号之间的转换问题。因此，在转译过程中，必定存在着一种特殊的遗传密码（genetic code）系统，才能够将 RNA 分子上的核苷酸顺序，同蛋白质分子上的氨基酸顺序联系起来。在 50 年代末和 60 年代初，关于遗传密码的研究是基因分子生物学中最活跃的课题。

克里克和布伦纳（Sydney Brenner，1927—2019）的工作，解决了遗传密码设想中的几个关键性的理论问题。他们的设想以及其他分子生物学家的遗传学实验研究表明，三个碱基编码一种氨基酸（称为碱基三联体密码子），并且遗传

① Howard Markel. The Secret of Life. New York: Oxford University Press, 2021, p.313-314.
② Howard Markel. The Secret of Life. New York: Oxford University Press, 2021, p.314.
③ 李佩珊，许良英，主编. 20 世纪科学技术简史. 科学出版社，1999：197.

238

密码互不重叠，相连接的三个编码碱基之间不存在间隔。到 1966 年，所有的 64 种密码子（碱基共有 4 种，因此密码子的种类应该有 4×4×4＝64 种）被全部破译。迄今为止，除线粒体和叶绿体存在着个别特例外，所有的生物（包括病毒、原核的和真核的）的密码子同氨基酸之间的关系都是同样的。因此说遗传密码是通用的，生物界是统一的。

七、基因的表达与控制

遗传物质的功能之一，是把遗传信息变为由特定氨基酸顺序构成的多肽（蛋白质），从而决定生物体的表型。这一过程称为遗传信息的表达，或基因表达。中心法则的提出和遗传密码的破译，使人们大致弄清楚了信息表达的基本方式，但人们对基因表达的复杂性和具体控制过程的认识还远远不够。1961 年，法国巴斯德研究所的科学家雅各布（François Jacob，1920—2013）和莫诺（Jacques Lucien Monod，1910—1976）提出的操纵子模型，使得人们对这一问题有了更深的认识。他们认为，基因是有功能区分的，其中结构基因编码生物体必需的基本的蛋白质（比如代谢酶、转运蛋白、细胞骨架成分），以及结构基因的表达始终如一；编码用以控制其他基因表达的 RNA 或蛋白质产物的基因，叫作调节基因；操纵子则是特定 DNA 功能区段，这些区段接受来自调节基因合成的调节蛋白的作用，同时它又是转录单位。正是通过这些不同功能基因的密切协作，生物的细胞才能表现出和谐的生命功能，使生物体能够很好地适应环境的变化，在不同的环境条件下表现出不同特性，并且控制着细胞的分化与生物的生长发育，实现了原核基因表达的调控。从 20 世纪 70 年代开始，由于基因的表达控制研究的进一步深入，使得人们有可能利用生命活动的规律来进一步改造生物，以解决人类面临的很多迫切性的问题：如粮食短缺、健康、能源、环境问题等。由此，分子生物学的发展转入了生物技术阶段。

第四节　横断科学与方法论革命

20 世纪中期，一些新兴交叉学科或横断科学陆续发展起来。伴随着近代科学不断取得的巨大成就，人们却越来越感到传统科学还原论思想存在着严重的不足之处。例如在面对诸如宇宙、地球、生物体和人类社会等这样复杂的研究客体，需要整体考察这些对象时，还原论思想便显露出了局限性。随着系统论、信息论和控制论等学科陆续出现，以复杂性研究为核心内容的系统科学群开始了向整体论思想的转移。20 世纪 70 年代以后出现的耗散结构理论、协同学、自组织理论、超循环理论、分形学、突变论、混沌学等复杂性的横断科学发展起来。

一、信息论

信息论（Information Theory）是关于信息本质和传输规律的科学理论，它适用概率论与数理统计的方法，研究信息的计量、发送、传递、交换、接收和储存，是一门新兴的学科。随着科技的迅猛发展，人类早期的语言或手势交流方式已远远落伍了，先进的通信方式扩大了信息的传播范围和容量，特别是现代信息革命，电报、电话、电视等通信技术的创造与发明，大大加快了人类信息的传播速度，增大了信息传播的容量。正是现代通信技术的发展，导致了关于现代通信技术的理论——信息论的诞生。

信息论的创始人是美国贝尔电话研究所的数学家香农[①]（C. E. Shannon，1916—2001）。他为解决通信技术中的信息编码问题，在哈里·奈奎斯特（Harry Nyquist，1889—1976）和拉尔夫·哈特利（Ralph Hartley，1888—1970）等前人工作的基础上，把发射信息和接收信息作为一个整体的通信过程来研究，提出通信系统的一般模型；同时建立了信息量的统计公式，奠定了信息论的理论基础。

1956 年，法国物理学家布里渊（L. Brillouin，1889—1969）发表了《科学与信息论》，从热力学和生命等许多方面进一步探讨了信息论，把热力学熵与信息熵直接联系起来，使热力学中争论了一个世纪之久的"麦克斯韦尔妖"的佯谬问题得到了满意的解释。很多科学家纷纷从经济、管理和社会的各个部门对信息论进行研究，使信息论远远地超越了通信的范围。

信息论可以分成两种：狭义信息论与广义信息论。狭义信息论是关于通信技术的理论，它是以数学方法研究通信技术中关于信息的传输和变换规律的一门科学。广义信息论，则超出了通信技术的范围来研究信息问题，它以各种系统、各门科学中的信息为对象，广泛地研究信息的本质和特点，以及信息的取得、计量、传输、储存、处理、控制和利用的一般规律。显然，广义信息论包

[①] 1916 年香农生于美国密歇根，1936 年毕业于密歇根大学，1940 年获得麻省理工学院数学博士学位和电子工程硕士学位。1948—1949 年，他在《贝尔系统技术杂志》发表论文《通讯的数学原理》和《噪声下的通信》，系统阐明了通信的基本问题，这成为了信息论的基础性理论著作，由此香农也被尊称为"信息论之父"。

括了狭义信息论的内容，但其研究范围却比通信领域广泛得多，是狭义信息论在各个领域的应用和推广，因此，它的规律也更一般化，适用于各个领域。

广义信息论，人们也称它为信息科学。关于信息的本质和特点，是信息论研究的首要内容和解决其他问题的前提。信息是什么？迄今为止还没有一个公认的定义。英文信息（Information）一词的含义是情报、资料、消息、报导、知识的意思。所以长期以来人们就把信息看作消息的同义语，简单地把信息定义为能够带来新内容、新知识的消息。但是后来发现信息的含义要比消息、情报的含义广泛得多，不仅消息、情报是信息，指令、代码、符号语言、文字等，一切含有内容的信号都是信息。哈特莱第一次把消息、情报、信号、语言等都视为信息的载体，而信息则是它们荷载着的内容。但是信息到底是什么呢？香农的狭义信息论第一个给予信息以科学定义：信息是人们对事物了解的不确定性的消除或减少。这是从通信角度下的定义，即信源发出了某种情况的不了解的状态，即消除了不确定性，并且用概率统计的数学方法来度量不确定性被消除的量的大小：

$$H = -\sum_{i=1}^{k} p_i \log p_i$$

在香农为信息量确定名称时，数学家冯·诺依曼建议称之为负熵，理由是不定性函数在统计力学中已经用在熵方面了。在热力学中熵是物质系统状态的一个函数，它表示微观粒子之间无规则的排列程度，即表示系统的紊乱度。维纳说："信息量的概念非常自然地从属于统计学的一个古典概念——熵。正如一个系统中的信息量是它的组织化程度的度量，一个系统的熵就是它的无组织程度的度量；这一个正好是那一个的负数。"[1]这说明信息与熵是一个相反的量，信息是负熵，所以在信息熵的公式中有负号，它表示系统获得后无序状态的减少或消除，即消除不确定性的大小。既然信息和熵是从不同的角度对一个系统的统计特性的描述，因此可以把信息概念推广到一切组织系统。

就一般意义理解，信息是系统内部建立联系的特殊方式，是系统确定程度（特殊程度、组织或有序程度）的标记。维纳和香农都给出了一致的数学描述，它反映了物质运动状态和变化程度，它是物质的基本属性之一。维纳指出："信息这个名称的内容就是我们对外界进行调节并使我们的调节为外界所了解时而与外界交换来的东西。"[2]信息论的思想方法在于，它撇开了各种事物运动本身

① 维纳. 控制论. 郝季仁，译. 科学出版社，1963：65.

② N. 维纳. 人有人的用处——控制和社会. 陈步，译. 商务印书馆. 1978：9.

所特有的具体形式，仅仅把各种客体系统的运动过程所普遍具有的信息和信息过程抽象出来作为研究对象，而不考虑客体系统的具体物理特性。信息一般具有如下一些特征。

（1）可识别。

（2）可转换。

（3）可传递。

（4）可加工处理。

（5）可多次利用（无损耗性）。

（6）在流通中扩充。

（7）主客体二重性。信息是物质相互作用的一种属性，涉及主客体双方；信息表征信源客体存在方式和运动状态的特性，所以它具有客体性，绝对性；但接收者所获得的信息量和价值的大小，与信宿主体的背景有关，从而表现了信息的主体性和相对性。

（8）信息的能动性。信息的产生、存在和流通，依赖于物质和能量，没有物质和能量就没有能动作用。信息可以控制和支配物质与能量的流动。

信息论还研究信道的容量、消息的编码与调制问题，以及噪声与滤波的理论等方面的内容，此外它还研究语义信息、有效信息和模糊信息等方面的问题。广义信息论则把信息定义为物质在相互作用中表征外部情况的一种普遍属性，它是一种物质系统的特性以一定形式在另一种物质系统中的再现。信息概念具有普遍意义，它已经广泛地渗透到各个领域，信息科学是具有方法论性质的一门横断性科学。信息方法具有普适性，所谓信息方法就是运用信息观点，把事物看作一个信息流动的系统，通过对信息流程的分析和处理，达到对事物复杂运动规律认识的一种科学方法。它的特点是撇开对象的具体运动形态，把它作为一个信息流通过程加以分析。信息论为控制论、自动化技术和现代化通信技术奠定了理论基础，为研究大脑结构、遗传密码、生命系统和神经病理现象开辟了新的途径，为管理和决策的科学化提供了思想武器。信息方法推动了当代以电子计算机和现代通信技术为中心的新技术革命的浪潮，对认识论的研究和发展提供新的支撑，将进一步提高人类认识与改造自然界的能力。

二、控制论：迈向人工智能

控制论（cybernetics）是以研究机器、生命、通信等各类系统的调节和控制规律，即动态系统在某种变化的环境条件下如何保持其平衡状态或稳定状态的科学。它是自动控制、通信技术、计算机科学、数理逻辑、神经生理学、统计力学、行为科学等多种科学、技术相互渗透形成的一门横断性学科。它研究生物体和机器以及各种不同基质系统的信息通信和控制过程，探讨它们共同具有的信息交换、反馈调节、自组织、自适应的原理和改善系统行为，使系统稳定运行的机制，从而形成了一套适用于各门科学的概念、模型、原理和方法。

　　控制论的创始人诺伯特·维纳（Norbert Wiener，1894—1964）（图7-8）在他的《控制论》一书的副标题上标明，控制论是"关于在动物和机器中控制和通信的科学"。控制论一词"cybernetics"，来自希腊语"κυβερνητικη"，其原意为掌舵术，它包含了调节、操纵、管理、指挥、监督等多方面的含义，就是掌舵的技术和方法的意思。维纳以这个新词命名这门新学科，正是取它能够避免过分偏于哪一方面的含义。维纳在谈到创立控制论目的时曾说过：控制论力求寻找新的途径、新的综合的概念和方法，用来研究机体及其构成的巨大整体。

图7-8　"控制论之父"维纳

　　第二次世界大战期间，维纳参加了美国研制防空火力自动控制系统的工作，并在此期间提出了负反馈概念，应用了功能模拟法，对控制论的诞生起了决定性的作用。1943年维纳与别格罗和罗森勃吕特合写了《行为、目的和目的论》，他们从反馈角度研究了系统的目的性行为，探究了神经系统和自动机之间的一致性。在这里，他们首先提出了"控制论"概念，把只属于生物的有目的的行为赋予机器，并阐明了控制论的基本思想。这是第一篇关于控制论的论文。这时，神经生理学家匹茨和数理逻辑学家合作，应用反馈机制制造了一种神经网络模型。第一代电子计算机的设计者艾肯和冯·诺依曼认为这些思想对电子计算机设计十分重要，就建议维纳召开一次关于信息、反馈问题的讨论会。1943

年底，该会议在纽约召开，参加者中有生物学家、数学家、社会学家、经济学家，他们从各自角度对信息反馈等问题发表意见。此后，又连续举行系列这样的讨论会，对控制论的发展起了推动作用。1948 年维纳的《控制论》出版，宣告了这门学科的诞生。1961 年 5 月诺伯特·维纳出版了《控制论》第 2 版。

控制论的研究表明，无论自动机器，还是神经系统、生命系统，乃至于经济系统、社会系统，撇开它们各自的质态特点，都可以看作一个自动控制系统。在这类系统中有专门的调节装置来控制系统的运转，维持自身的稳定和系统的目的功能。控制机构发出指令，作为控制信息传递到系统的各个部分（即控制对象）中去，由它们按指令执行之后再把执行的情况作为反馈信息输送回来，并作为决定下一步调整控制的依据。于是我们看到，整个控制过程就是一个信息流通的过程，控制就是通过信息的传输、变换、加工、处理来实现的。反馈对系统的控制和稳定起着决定性的作用，无论是生物体保持自身的动态平稳（如温度、血压），还是机器自动保持自身功能的稳定，都是通过反馈机制实现的。反馈是控制论的核心概念。控制论就是研究如何利用控制器，通过信息的变换和反馈作用，使系统能自动按照人们预定的程序运行，最终达到最优目标的学问。

控制论是具有方法论意义的科学理论。控制论的理论、观点，可以成为研究各门科学问题的科学方法，这就是撇开各门科学的质的特点，把它们看作一个控制系统，分析它的信息流程、反馈机制和控制原理，往往能够寻找到使系统达到最佳状态的方法。这种方法称为控制方法。控制论的主要方法还有信息方法、反馈方法、功能模拟方法和黑箱方法等。信息方法是把研究对象看作一个信息系统，通过分析系统的信息流程来把握事物规律的方法。反馈方法则是利用反馈控制原理去分析和处理问题的研究方法。正反馈能放大控制作用，实现自组织控制，但也使偏差愈益加大，导致振荡。负反馈能纠正偏差，实现稳定控制，但它减弱控制作用、损耗能量。功能模拟法，就是用功能模型来模仿客体原型的功能和行为的方法。所谓功能模型就是指以功能行为相似为基础而建立的模型。如猎手瞄准猎物的过程与自动火炮系统的功能行为是相似的，但二者的内部结构和物理过程是截然不同的，这就是一种功能模拟。功能模拟法为仿生学、人工智能、价值工程提供了科学方法。黑箱方法也是控制论的主要方法。黑箱就是指那些不能打开箱盖，又不能从外部观察内部状态的系统。"黑箱"是一种理想化的模型。黑箱方法就是通过考察系统的输入与输出关系认识系统功能的研究方法，它是探索复杂大系统的重要工具。

　　控制论诞生后，得到了广泛应用与迅猛发展，大致经历了 3 个发展时期。第一个时期为 20 世纪 50 年代，是经典控制论时期。这个时期的代表著作有我国著名科学家钱学森 1945 年在美国发表的《工程控制论》。第二个时期是 60 年代的现代控制论时期。导弹系统、人造卫星、生物系统研究的发展，使控制论的重点从单变量控制到多变量控制，从自动调节最优控制，由线性系统向非线性系统转变。美国卡尔曼提出的状态空间方法以及其他学者提出的极大值原理和动态规划等方法，形成了系统测辨、最优控制、自组织、自适应系统等现代控制理论。第三时期是 70 年代后的大系统理论时期。控制论由工程控制论、生物控制论向经济控制论、社会控制论发展。1975 年国际控制论和系统论第三届会议，讨论的主题就是经济控制论的问题。1978 年的第四届会议，主题又转向了社会控制论。电子计算机的广泛应用和人工智能研究的开展，使控制系统显现出规模庞大、结构复杂、因素众多、功能综合的特点，从而控制论也向大系统理论发展。

　　控制论具有十分重要的理论意义和实践意义，它体现了现代科学整体化发展趋势，为现代科学技术提供了新的思路和科学方法。控制论是现代科学与技术相互渗透的产物，它把动物和人的行为、目的及其生理基础（大脑神经活动）与电子、机械运动这些"风马牛不相及"的事物联系起来，突破了生命现象与非生命现象的鸿沟，为我们更深刻地认识自然和人本身提供了理论武器。

三、系统论：一种整体的观念

　　系统论（system theory）是研究系统的一般模式、结构和规律的学问，它研究各种系统的共同特征，用数学方法定量地描述其功能，寻求并确立适用于一切系统的原理、原则和数学模型，是具有逻辑和数学性质的一门新兴的科学。

　　系统论思想源远流长，但作为一门科学的系统论学科，则是在 20 世纪中叶出现的。系统一词，来源于古希腊语，是由部分组成整体的意思。今天通常把系统定义为：由若干要素以一定结构形式联结构成的具有某种功能的有机整体。在这个定义中，包括了系统、要素、结构、功能四个概念，表明了要素与要素、要素与系统、系统与环境三方面的关系。系统论认为，整体性、关联性、等级结构性、动态平衡性、时序性等是所有系统共同的基本特征。这些既是系统论所具有的基本思想观点，也是系统方法的基本原则，表现了系统论不仅是反映客观规律的科学理论，还具有科学方法论的含义。这正是系统论这门科学的特点。加籍奥地利裔的理论生物学家贝塔朗菲（L. von Bertalanffy，1901—1971）

是公认的系统论创始人。贝塔朗菲在研究生理过程时，认识到存在着生物的整体性、生理结构的等级性、生物与周围环境的协调性，由此他认识到在研究生物现象时应将有机体当作一个整体来看待，其中任何一部分都不是完全独立的。在对生物学研究的基础上，贝塔朗菲进一步将他的关于整体性的认识加以推广，概括出系统的概念，即由相互联系相互作用的诸要素所组成的，具有特定结构和功能的有机整体。他的论文《关于一般系统论》于 1945 年公开发表，确立这门科学学术地位的是 1968 年贝塔朗菲发表的专著《一般系统理论——基础、发展和应用》（ *General System Theory*：*Foundations*，*Development*，*Applications* ）。

系统论的核心思想是系统的整体观念。从整体性出发，系统论始终把对象放在系统整体之中，从各种相互关系中去考察对象，贝塔朗菲指出："不管怎样，我们被迫在一切知识领域中运用整体或系统概念来处理复杂性问题。这就意味着科学思维基本方式的转变。"[1]贝塔朗菲强调，任何系统都是一个有机的整体，它不是各个部分的机械组合或简单相加，系统的整体功能是各要素在孤立状态下所没有的新质。他用亚里士多德的"整体大于部分之和"的名言来说明系统的整体性，反对那种认为要素性能好，整体性能一定好，以局部说明整体的机械论的观点。同时，他认为系统中各要素不是孤立地存在着，每个要素在系统中都处于一定的位置上，起着特定的作用。要素之间相互关联，构成了一个不可分割的整体。要素是整体中的要素，如果将要素从系统整体中割离出来，它将失去要素的作用。系统论的基本思想方法，就是把所研究和处理的对象，当作一个系统，分析系统的结构和功能，研究系统、要素、环境三者的相互关系和变动的规律性，并从优化系统的观点看问题。

信息论、控制论和系统论，都是在第二次世界大战后诞生并发展起来的综合性学科，它们在共同的历史背景下产生绝非偶然，事实上这三者有着不可分割的联系。在控制论中，信息的获取与处理是实行控制的关键，同样信息又是系统的一个重要特征，是系统内部和系统之间联系必不可少的重要因素。信息论为控制论、自动化技术和现代通信理论奠定了理论基础；它为我们认识当代新技术革命的潮流和未来"信息社会"的特点，提供了重要手段；它从一个侧面揭示了物质世界发展和人类认识过程的本质。控制论的产生和发展为辩证唯物主义哲学关于物质的统一性、生物界与非生物界之间的联系、反映理论、科学分类以及关于思维是以特殊方式组织起来的物质的功能等原理，提供了丰富的材料。系统论在相对论和量子力学之后，又一次彻底改变了世界的科学图景

---

① 贝塔朗菲. 一般系统论：基础、发展和应用. 林康义，等译. 清华大学出版社，1987：2.

和当代科学家的思维方式。它以现代科学方式向辩证法提供了系统原理、系统与要素、结构与功能等新的范畴，丰富和深化了唯物辩证法的物质观、运动观和时空观。系统论、控制论、信息论，正朝着"三归一"的方向发展。

四、耗散结构理论：从无序到有序

在自然界中我们可以看到两种不同的现象，那就是可逆现象和不可逆现象。可逆性从数学上来说就是时间反演的对称性。在牛顿力学中，运动方程都是可逆的。比如在牛顿第二定律中的 $f = m\dfrac{d^2 x}{dt^2}$，如果把-t代入到t中去，那么整个公式还是成立。利用牛顿方程既可以决定未来，又可以说明过去。不仅牛顿方程如此，在量子力学，相对论力学等领域，时间本质上都只是描述可逆运动的一个几何参量。他们的基本方程都是时间反演对称的，也就是说时间在这些力学方程中是没有箭头的。

但是，在自然界中大量存在的都是不可逆过程，比如人老了就不会再变年轻，生米煮成了熟饭就再也不能变成生米了，所以与牛顿力学所描述的世界是不同的。这种现象人们最早是通过热力学定律发现的。热力学的产生给物理学带来了革命性的变化，它使不可逆现象进入了物理学的研究范围。比如一根与外界绝热的金属棒，如果初始时棒上各点温度不均匀，随着时间的推移高温部分将把热传给低温部分，最后达到棒上温度的均匀分布。而一旦达到均匀温度分布，如果没有外界的传热等作用，棒上温度的分布永远不会回到温度不均匀的初始状态。传导方程描述了这样的过程：

$$\frac{\partial T(x,t)}{\partial t} = -\lambda \frac{\partial^2 T(x,t)}{\partial t^2}$$

如果把-t代入方程，那么方程就发生了改变。再比如，一个盒子被隔板分成左右两部分，左边充满了理想气体，打开隔板，气体会自发地向右边空间扩散，直到充满整个盒子。这个过程我们可以用扩散方程来描述。这时，倘若没有外加干涉，气体绝不会自动地集中返回到左边。也就是说，把-t代入方程，方程并非保持不变。以上两例表明：不均匀分布的温度和密度都会自发地趋向均匀分布；反过来，均匀分布的状态则不会自发地返回到不均匀分布。在这里我们看到了"时间箭头"，一切演化必须沿着箭头的方向进行，而反向逆箭头的过程不会自发产生。

如果把上面的热力学定律应用到对演化的解释上会有什么结果呢？克劳

修斯（R. Clausius，1822—1888）就把热力学第二定律用于解释宇宙演化，他将宇宙视为封闭系统，从而提出了宇宙热寂说。按照热寂说的观点，宇宙中的万事万物最终要发展到一种均匀的状态，在这个世界各处温度均匀，压强均匀，各种物理差别不复存在，宇宙进入了一个死亡、寂静的状态。从此，这个世界再也不能"活"过来。即宇宙处于从有序到无序的退化过程中，宇宙的熵处于不断增加的过程中。但是从达尔文提出的进化论来看，地球上的生物物种从少到多、从简单到复杂，呈现出从无序到有序的进化趋势。好像他们可以违反物理学和化学定律，可以自发地朝着减少熵的方向发展。热力学第二定律和进化论都是在实践中总结出来的科学规律，但在解释宇宙演化的问题上却得出了相反的结论，这两者中到底哪个是正确的？宇宙演化的方向到底是哪个？这是摆在科学家面前的一个难题。

1969 年，比利时科学家普里高津（Ilya Prigogine，1917—2003）（图 7-9）提出的耗散结构理论，回答了系统演化的方向和演化的机制问题。普里高津首先区分了封闭系统和开放系统，按照耗散结构理论的解释，一个系统内的熵（dS）是由两部分组成的：其一是系统自身因不可逆过程引起的熵（diS），它永远是正的；其二是系统与环境交换物质和能量引起的熵（dcS），它可正可负。所以系统的熵变化 dS=diS+dcS，它也是可正可负的。对于封闭系统来说，因为它不与环境交换物质与能量，所以 dcS=0，这样 dS=diS≥0，即孤立系统只能从有序走向无序，表现出退化的趋势；对于开放系统，只要从环境中流入的负熵足以抵消系统自身的熵增加，就可以使系统的总熵减少，从而使系统从无序向有序进化，形成并维持一个低熵的非平衡态的有序结构。

图 7-9　普里高津

开放系统是形成耗散结构的一个必要条件，但绝不是充分条件。我们平时接触的系统几乎都是开放系统，然而在物理、化学界发现耗散结构的例子并不普遍，绝大多数开放的物理、化学系统都还在接近平衡态的地方，甚至有的开放系统就处于平衡态。而处在平衡态和近平衡态（线性区）的系统总倾向是趋于无序，所以出现耗散结构的另一重要条件是，外界必须驱动开放系统越出非平衡线性区，到达远离平衡态的区域去。平衡结构是一种"死"的结构，这个结构的维持不依赖于外界，或者说这种结构形成后，最好把系统孤立起来，才能使这个结构保持不变。例如，只有将冰放入保温桶内，才不致融化。而耗散结构是个"活"的结构，它只有在非平衡条件下才能形成。由于它内部不断产生熵，就要不断从外界引入负熵流，不断进行"新陈代谢"过程。所以，耗散结构只有在开放条件下才能维持。一旦这种代谢的条件被破坏，这个结构就会窒息而死。所有自然界中的进化现象，特别是生命现象都必须用第二种结构来解释。这就是普利高津所说的"非平衡是有序之源"论断的含义。

当开放系统处于远离平衡的状态，它在不断地与外界交换物质与能量，当系统内某个参量的变化达到一定阈值时，经过涨落（一个由大量子系统组成的系统，其可测的宏观量是众多子系统的统计平均效应的反映。但系统在每一时刻的实际测度并不都精确地处于这些平均值上，而是或多或少有些偏差，这些偏差就叫涨落，涨落是偶然的、杂乱无章的、随机的），系统可能会发生突变即非平衡相变，由原来的混乱无序状态转变为一种在时间、空间或功能上有序的状态。除了在有机界表现出这种耗散结构外，在无机界也有类似的情况出现，比如我们熟悉的激光，就是在远离平衡态时光从无序到有序的转变。

普里高津的耗散结构理论把热力学第二定律和达尔文进化论统一起来，把物理世界的规律性和生物世界的规律性统一起来，加深了我们对自然界本质的认识。具体说来，其思想史意义表现在如下几个方面。

1. 它使我们重新认识了时间的本质。时间问题，历来是哲学和各门科学共同关心的问题。普利高津在耗散结构理论中着重讨论的是时间的可逆性和不可逆性、对称性和非对称性之间的矛盾和转化的问题。在动力学中，由于时间是可逆的，过去和未来之间没有什么区别，因此无所谓进化，更谈不上历史，时间仅仅是描述运动的一个几何参量，与物质运动的性质没有什么内在的联系。空间对称和时间对称历来是物理学的基本观念。不可逆过程在经典物理学中似乎只是一种幻象，是由于对初始条件了解不够完备时产生的幻象。应当说，在物理学中最先真正揭示了时间的不可逆性的是热力学第二定律。这个定律用熵增加原理第一次把进化观念引入了物理学。耗散结构理论以时间的不可逆性为基础，它着重研究的就是远离平衡态的不可逆过程。这样，我们就在物理学和化学中引入了历史的因素，而直到现在这种历史的考察似乎只是留给研究生物、社会或文化现象的其他科学用的。为此，普利高津把物理学分为两大部分，即存在的物理学和演化的物理学。前者包括对时间可逆的经典力学和量子力学，后者研究热力学第二定律所描述的不可逆现象，从简单的热传导到复杂的生物自组织过程。并且，通过对不可逆过程的微观理论和熵的研究，实现从存在到演化的过渡，从而把这两部分物理学统一起来。当前，对不可逆过程的宏观性质做微观机制的研究，已成为许多科学家注意的中心。正确分析和处理好时间的对称性和非对称性、可逆性不可逆性的辩证关系，对于科学和哲学都具有重要的意义。

2. 它使我们认识到事物运动的复杂性。简单性原则曾经是科学家们研究自然的出发点，如哥白尼、牛顿、爱因斯坦都将它看作一个先验的准则，然而，片面强调事物简单性的方面，忽视、否认事物的复杂性和整体性，就会导致简单化的倾向。普利高津认为，现代物理学的发展正处于结束"现实世界简单性"信念的阶段。耗散结构理论向我们展示出的世界是具有复杂规律的世界，世界不仅存在着而且演化着，系统内外存在着随机性的相互作用，这些作用又主要是非线性的。今天，我们无论从哪里看去，不管是宏观世界中天体的形成和演化发展，还是微观领域内的几百种粒子的相互转化、衰变和湮灭；不管是生物的繁衍进化，还是人类社会的延绵发展；我们到处见到的都是不断增加着复杂性和多样性的进化过程。那种认为世界是简单的，仅为一些简单的数学定律所统治的概念，是一种谬误的理想化。"复杂性不再仅仅属于生物学了，它正进入物理学理论，似乎已经根植于自然法规之中了。"[①]

3. 它向我们揭示了人与自然的统一性关系。传统科学主张对自然界进行客观描述，似乎人是自然过程的旁观者，但耗散结构理论对不可逆过程的重要性的揭示，使我们改变了对科学的传统看法。科学不再被看成从外面来描述自然的活动，科学是人和自然的通信。"虽然可逆过程与不可逆过程的区别是一个动力学问题，而且并不涉及宇宙学的论据、生命的可能性，但观察者的活动却不能从我们恰好身处其中的宇宙状态中分离出来。"[②]

---

① G. 尼科里斯，I. 普里高津. 探索复杂性. 罗久里，陈奎宁，译. 四川教育出版社，1986：4.

② I. 普里戈金. 从存在到演化自然科学中的时间及复杂性. 沈小峰，等译. 上海科学技术出版社，1986：183.

五、超循环论：自然界的自组织

自从达尔文在 19 世纪中叶创立了进化论后，科学家们一直试图揭示生物的起源与进化的机制进入了新的发展阶段。20 世纪 20 年代，奥巴林倡导进行化学进化论研究，使人们对于从无机分子到生物大分子的化学进化过程的认识日益清晰。但是，生命的起源究竟是如何实现的，对于从化学进化到生物进化的飞跃，比如怎样由化学物质形成核苷酸形成核酸、氨基酸怎样演化成蛋白质，却仍然不甚了解。如何理解导致遗传器的核酸和蛋白质产生合作功能的过程，是先有核酸还是先有蛋白质，这是生物进化过程中的关键问题，如果把这个议题抽象一些也就是"先有信息还是先有功能"的问题。

20 世纪 40 年代以后发展起来的信息论、系统论、控制论和耗散结构理论，都或多或少地涉及对生命本质的认识，特别是耗散结构理论揭示的非平衡热力学系统的自组织过程，更接近生命进化的动力学过程。正是在这一系列科学成果的基础上，德国生化学家曼弗雷德·艾根（Manfred Eigen，1927—2019）于 1970 年提出了超循环理论。该理论的研究对象可用艾根所写的一本书的书名来概括：《超循环——自然界的一个自组织原理》。

艾根侧重于考察生物化学中的各种循环现象，他把循环分为不同的层次：第一个层次是反应循环，例如在生化反应中酶作为一种催化剂，它的循环就是反应循环。在这个过程中，酶与反应物结合，形成中间复合物，然后再转化成生成物，并释放酶。第二个层次是催化循环，催化循环是比反应循环更高级的循环系统，只要在反应循环中的某一个中间物是催化剂，那么反应循环就变成催化循环。例如 DNA 的自我复制就是催化循环。第三个层次是超循环（hypercycle），它是由循环构成的循环，在超循环组织中每一个组元既能自我复制又能催化下一个组元的自我复制。比如核酸和蛋白质的相互作用循环就是复杂的超循环，其中核酸的复制由蛋白质催化，反过来蛋白质又是核酸的翻译产物。这三个层次的循环既有等级上的差别又有内在的联系，从分析可知，反应循环的产物是随时间线性增长的，催化循环的产物是随时间呈指数增长，而超循环的产物则是按双曲线增长的。反应循环是一个自我再生的过程，催化剂经过一个循环又再生出来；催化循环是一个自我复制的过程，产物自身作为催化剂又指导反应物再生出产物；超循环不仅能自我再生、自我复制，而且能自我选择、自我优化，从而向更高的复杂性进化。

艾根认为，在生命起源和发展的化学进化和生物进化阶段之间，存在一个生物大分子自组织的阶段。核酸和蛋白质组成一个互为因果的封闭的环，在酶的催化作用下形成超循环结构，直至产生具有统一细胞机构的原细胞组织，实现由无生命向生命的进化。

现在再来回答先有核酸还是先有蛋白质的问题。从超循环理论的角度看，所谓谁"在先"不是指它们出现的先后顺序，而是指它们相互之间的因果关系。分子生物学告诉我们，蛋白质的高度有序的功能是由核酸编码的，但是核酸的复制和翻译又是蛋白质催化的表达。也就是说，只有存在"信息"才有由"信息"编码的高度有序的"功能"，而"信息"又只有通过"功能"才获得意义。因此这里是一种相互作用，相互依赖的关系，或者说是一种双向的因果关系，表现为一种因果的闭合圈。闭合圈一旦形成，再追问起点在哪里就没有意义了。

超循环理论向我们揭示出对事物原因和结果的区分不是绝对的，它们在一定条件下是可以相互转化的。例如，在生命起源的问题上，纯粹偶然的观点和绝对必然的观点都是不可取的，虽然生命的产生是不可避免的，但它的发展过程中却充满着偶然性；生物可以从非生物发展而来，因而生物学规律不可能违反物理学的基本规律，活力论是完全错误的。

六、协同学：自然界的协作精神

协同学（Synergetics）是研究自组织问题的一个重要理论分支。德国理论物理学家赫尔曼·哈肯（Hermann Haken，1927—）通过对非平衡现象的研究，采用统计学与动力学相结合的方法，以信息论、控制论、突变理论为基础，并汲取了平衡相变理论中序参量的概念和绝热消去原理而建立的自组织结构理论。哈肯在研究激光理论的过程中，就发现激光是一种典型的远离平衡态时由无序向有序转化的现象，所以激光理论有助于解释自组织问题。同时，他还考察了其他一些在临界点突然发生从无序到有序转变的现象，比如贝纳德的对流花纹、别洛索夫-扎布金斯基的化学振荡反应等。在此基础上，哈肯概括了各种有序结构形成的共同特征，在一个由大量子系统所构成的系统中，在一定条件下，由于子系统之间的相互作用与协调，使得这种系统形成有一定功能的自组织结构，这在宏观上体现为时间结构、空间结构或时-空结构，也就是达到了新的有序状态。

协同学研究协同系统在外参量的驱动下和在子系统之间的相互作用下，以自组织的方式在宏观尺度上形成空间、时间或功能有序结构的条件、特点及其演化规律。所谓协同系统是指由许多子系统组成的、能以自组织方式形成宏观的空间、时间或功能有序结构的开放系统。协同系统的状态由一组状态参量来描述。这些状态参量随时间变化的快慢程度是不相同的。当系统逐渐接近于发生显著质变的临界点时，变化慢的状态参量的数目就会越来越少，有时甚至只有一个或少数几个。这些为数不多的慢变化参量就完全确定了系统的宏观行为并表征系统的有序化程度，故称序参量。那些为数众多的变化快的状态参量就由序参量支配，并可绝对地将它们消去。这一结论被称为支配原理，是协同学的基本原理。序参量随时间变化所遵从的非线性方程被称为序参量的演化方程，是协同学的基本方程。

协同学认为，在一定的条件下，由于系统内部各子系统之间的相互影响和协同动作，就会使系统发生相变，在宏观上形成时间、空间或功能的新的有序结构状态。协同学就是抓住系统发生相变的关节点进行深入的分析和研究，从系统内部各子系统运动状态的变化和与之相联系的序参量的变化，揭示了系统由无序状态转化为有序结构的机理。协同学的主要内容就是用演化方程来研究协同系统的各种非平衡定态和不稳定性（又称非平衡相变）。在开放系统中，各子系统既有自发的无规则的独立运动，也存在着因各子系统之间的关联作用而形成的协同作用。在系统演化发展的过程中，如果各个子系统的独立运动趋势占主导地位，那么系统在宏观上就呈现出无序的状态。当系统与外部环境的物质、能量和信息的交换达到一定程度时，就有可能抑制或消弱系统内部各个子系统的独立运动，而加强各个子系统之间的协同运动。此时，系统内部各个子系统的独立运动退居次要地位，而各个子系统间的协同运动起到了主导作用，于是，反映系统宏观有序程度的序参量也迅速增大，最后突变到最大值，使系统发生相变，进入一个新的有序结构状态。这就是"协同导致有序"。

协同学在研究非平衡开放系统时，揭示了宇宙间各种不同系统之间的统一性，揭示了系统自组织的机制，研究了各子系统怎样在外界作用的一定条件下产生协同作用和相干效应；研究这种协同作用或相干效应又怎样在系统的宏观尺度上对系统的空间的、时间的或功能的结构产生影响，使系统发生从无序到有序或从有序到混乱的变化。这是协同学的研究主题，也是协同学提供给我们的主要的方法论思想。协同学是关于自组织的新概念，与控制论、系统论不同，它提出了把自组织本身的产生当作自然的本来过程加以研究的更一般和更广泛的问题。协同学深刻地反映了自然界乃至人类社会的发展和演化机制，因而有广泛的应用。首先，协同学在宏观系统中可用于物理学、化学、生物学和生态学等多领域。在生态学方面，求出了捕食者与被捕食者群体消长关系等；在社会科学方面，主要用于社会学、经济学、心理学和行为科学等方面，例如在社会学中得到社会舆论形成的随机模型；在工程技术方面，主要用于电气工程、机械工程和土木工程等。

无论是自然科学还是社会科学的发展，在方法论上的一个总趋势就是还原论与整体论的综合。到了 20 世纪 60—70 年代，分子生物学、系统论、控制论、信息论、自组织理论、耗散结构理论、协同学、超循环理论、分形学、突变论、混沌学等复杂性科学的涌现，标志着第三次科学革命已经到来，整体论的科学方法越来越占据重要地位。为应对还原论的困境和解决生物系统、人体系统、人脑系统、地理系统、社会系统、天地人等开放复杂巨系统问题，还原论与整体论的综合研究成为新的发展趋势。

第八章

当代技术文化与社会

第一节　信息科技的产生与发展

随着科学技术的迅猛发展，信息技术、电子技术、自动化技术及计算机技术日渐融合，成为当今社会科技领域的重要支柱，任何领域的研发工作都与这些技术紧密联系，而它们的相互交叉、相互渗透也越来越密切。以电子技术、信息技术为先导的第三次技术革命则引发了以计算机和通信技术相结合的信息产业革命。电子计算机和通信的核心技术就是微电子技术。以半导体集成电路为核心的微电子技术，点燃了信息技术革命的火炬，促进了计算机的更新换代。微电子技术不论是其自身的发展速度还是对人类生产和生活的方方面面的影响，可以说在迄今为止的科学技术史上是空前的，是其他任何产业无法与之相比拟的。微电子技术和微电子产品，对人类社会的发展正在或已经发挥着巨大的作用，迅速地把人类带入高度信息化的社会。

一、电子技术的诞生——爱迪生效应

说到电子技术，我们不得不首先提及爱迪生和他的爱迪生效应。托马斯·爱迪生（Thomas Alva Edison，1847—1931）出生在美国，他一生发明创造众多，是举世公认的"发明大王"。爱迪生效应，是爱迪生 1883 年发现的，但话却要从 1877 年说起。这一年爱迪生发明碳丝电灯之后，应用不久便出现寿命太短的问题：因为碳丝难耐电火高温，使用不久即告"蒸发"，灯泡的寿命随之完结。爱迪生千方百计设法改进，他突发奇想：在灯泡内另行封入一根铜线，也许可以阻止碳丝蒸发，延长灯泡寿命。经过反复试验，碳丝虽然蒸发如故，但他却从这次失败的试验中发现了一个稀奇现象，即碳丝加热后，铜线上竟有微弱的电流通过。铜线与碳丝并不连接，哪里来的电流？难道电流会在真空中飞渡不成？在当时，这是一件不可思议的事情，敏感的爱迪生肯定这是一项新的发现，并想到根据这一发现也许可以制成电流计、电压计等实用电器。为此他申请了专利，命名为"爱迪生效应"（图 8-1）。

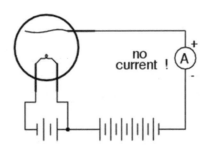

图 8-1　爱迪生效应图示

遗憾的是，由于当时技术条件的限制，不论是爱迪生，还是同时代的发明家弗莱明（J. A. Fleming，1849-1945），都对这一效应百思不得其解，不知道利用这一效应能做些什么。20 世纪初，无线电报问世，这一发明给人们带来了很多便利，但用于接收信号的整流器结构复杂，功效又差，亟待改进。正在研究高频整流器的弗莱明灵机一动：如果把爱迪生效应应用在检波器上，结果会怎样呢？就这样，引出了一个新的发明——二极管，它成为电子设备工作的心脏，同时也是电子工业发展的起点。次年，美国物理学家福雷斯特（L. de Forest，1873—1961）为改进二极管的性能，发明了三极管。此后，人们很快又发明了四极管、五极管及一系列微波管，使得电子管的工作效率、功率以及对电子信号的接收和调制技术有了显著的提高，开辟了电子技术应用的新领域。

电子管的高速发展直接促使了一系列里程碑式发明的出现，其中最突出的成就是无线电广播和电视。1906年，美国科学家费森登（R. A Fessenden，1866—1932）发明了调幅波，并成功进行了首次无线电广播。1912年，美国发明家阿姆斯特朗（Edwin Howard Armstrong，1890—1954）发明了超外差式无线电收音机。随着真空管的真空度不断提高，收音机的质量也大有长进，无线电广播事业得到迅速发展。1920年11月2日，美国的威斯汀豪斯公司在匹兹堡建成了世界上第一个广播台（KDKA），开始了世界上最早的定期广播。1928年，美国科学家兹沃里金（V. K. Zworykin，1889—1973）在五极管的基础上制成了更加复杂的电真空器件——电视显像管，它能将光的图像存留在光电性马赛克面上，用电子扫描发射信号。随后，范斯沃斯（Philo T. Farnsworth，1906—1971）又发明了析像管。这两种发明为电视的出现做好了技术上的准备。1936年，英国广播公司第一次播出了高清晰度的电视图像。1941年，美国也开始了电视播出。第二次世界大战后，由于显像管技术的提高和电视天线的发明，使家用电视的收视问题得到解决，家庭电视开始快速发展，50年代初，美国国家电视委员会研制出彩色电视，进一步推动了电视的普及。如今，电视已经成为最普及的声像媒介，对人类的生活起到了深刻的影响。

二、微电子技术的发展——集成电路

电子管器件历时40余年一直在电子技术领域里占据统治地位。但是，不可否认，电子管十分笨重，能耗大、寿命短、噪声大，制造工艺也十分复杂。因此，许多科研单位和广大科学家迅速研制能取代电子管的固体元器件。20世纪30年代，晶体由于具有单向导电性开始被科学家重视，成为一个主要突破点。1947年，美国贝尔实验室的肖克利（William Bradford Shockley，1910—1989）、巴丁（John Bardeen，1908—1991）和布拉顿（Walter Houser Brattain，1902—1987）三位物理学家，经过多年的合作与努力，终于研制出第一支晶体管（图8-2）。三人因发现晶体管效应共同获得1956年诺贝尔物理学奖。晶体管的发明是电子技术史中具有划时代意义的伟大事件，它开创了一个崭新的时代——固体电子技术时代。

晶体管以锗晶体为原料，具有小型、重量轻、能耗省、性能可靠等优点。其体积只有电子管的千分之一，但寿命却比电子管高几百倍到几千倍。因此，晶体管在很短时间内就取代了电子管，使电子设备向小型化和轻量化迈出了第一步。晶体管由此被誉为20世纪最伟大的发明之一。

在二战后美苏激烈的军备竞赛中，在已有的晶体管技术的基础上，一种新兴技术诞生了，那就是今天大放异彩的集成电路（Integrated Circuit，IC）。有了集成电路，计算机、电视机等与人类社会生活密切相关的设备不仅体积变小，功能也越来越齐全，给现代人带来极大便利。

图 8-2　世界上第一个晶体管

1952 年，英国科学家杜默（Geoffrey William Arnold Dummer，1909—2002）首次提出了集成电路思想。所谓集成电路，就是以半导体材料为基片，将原本分立的电子元件和电子线路组合在一起形成集成块，实现微型化的目标，这种技术因此也被称为微电子技术。基尔比和诺依斯运用这种思想发明了集成电路。同电子管和晶体管比较，集成电路的体积和能耗都要小很多，而且成批生产造价低廉，故障率比一般元件组成的线路的故障率要低很多，这些优点使集成电路得到迅速的发展。20 世纪 70 年代以后，大规模集成电路和超大规模集成电路成为主要发展方向。

微电子技术的发展打破了早期电子技术中器件与线路分离的传统，开辟了电子元器件与线路甚至整个系统向一体化发展的方向，为电子设备的性能提高、体积缩小、能耗降低提供了新的途径，也为电子设备尤其是计算机的迅速发展、走向大众奠定了基础。

三、微电子技术的应用——电子计算机

微电子技术最重要的应用是在计算机领域。根据电子器件的不同，计算机的发展大致可以分为以下几个时代。

1. 第一代计算机——电子管计算机（1946—1956）

这一代的计算机基本上采用电子管作为电子元件，机器结构是程序内存式，运行速度一般是每秒几千到几万次，计算全部实现自动化。第一台电子计算机是由美国宾夕法尼亚大学的莫克莱（J. W. Mauchly，1907—1980）于 1945年底制成，简称 ENIAC（Electronic Numerical Intergrator and Computer，即电子数值积分计算机）（图 8-3）。和后来的计算机相比，它有运行速度不高、可靠性差、体积大、维修复杂等缺点。当时它的应用范围还很小，主要局限于导弹、原子弹等国防尖端科技部门。

图 8-3　世界上第一台计算机

2. 第二代计算机——晶体管计算机（1956—1964）

这一代计算机的逻辑元件和逻辑线路均采用分立的晶体管元件。1959 年菲尔克公司研制的第一台大型通用晶体管计算机问世，标志计算机已进入第二代。机器的运算速度从每秒几千次提高到几十万次，主存容量从几千字节上升到 10 万字节。1964 年，已经能制造每秒 300 万次的晶体管计算机。计算机的应用范围也扩展到商业和管理等更多的领域。

3. 第三代计算机——集成电路计算机（1964—1970）

20 世纪 60 年代中期，随着微电子技术的发展，集成电路成为计算机新的逻辑元件。计算机的体积、重量、能耗大幅度降低，性能大幅度提高。1964 年美国 IBM 公司生产的 IBM-360 系列问世，标志计算机进入了第三代。由于第三代计算机具有通用化、系列化和标准化的特点，大大减轻了人们购机的费用和编制程序的负担，并有利于程序的积累，促进了计算机的普及与推广。

4. 第四代计算机——大规模集成电路计算机（1970— ）

这一代计算机以大规模集成电路作为逻辑元件和存储器，使计算机向着微型化方向发展。1971 年，英特尔公司把 2000 多个晶体管集中在一块 10 平方毫米的芯片上，制成世界上第一台微型机 "M-CS-4"，其功能包含了 1945 年 ENIAC 机的全部功能。80 年代的集成电路的加工尺寸已经达到 1 微米级，为微型机的制造创造了条件。此后，计算机开始大规模向办公室和家庭渗透，到 1983 年，全世界拥有的微机超过 2 亿台，90 年代末期，发达国家的微型电脑已经像彩电一样普及了。正是由于微型机的普及，使得原本只有少数人才能掌握的计算机走进寻常百姓家中，成为人们生活的必需工具，计算机开始真正渗透到人类生活的各个领域，预示着信息化社会的到来。

5. 未来计算机（智能计算机、光学计算机和生物计算机）发展趋势

从 20 世纪 80 年代开始，被誉为第五代计算机的智能计算机就一直成为人们研究的热点。智能计算机将大大缩短电脑与人脑的距离，能够通过模拟人的逻辑思维、形象思维、直觉思维以及人的视觉、听觉和触觉，从而高效率地解决现实世界的问题。和传统计算机相比，第五代计算机将在认字、识图、听话、推理等方面有极大的飞跃。

进入 90 年代，光电子集成电路问世，揭开了光学计算机的序幕。光学计算机是用光脉冲而不是电流进行信息处理，其开关是用砷化镓光学开关，速度为每秒 1000 亿次，比目前的计算机快 1000 多倍，它能描绘出人的遗传结构、模仿人脑的构造和人的神经系统、进行多种语言翻译等等，光学计算机也被称为第六代计算机。

生物计算机将比智能计算机和光学计算机具有更优异的性能，它以人的血红蛋白做逻辑电路，用脱氧核糖核酸做存储器。实验结果表明，生物计算机的元件密度比人脑神经元密度高 100 万倍，传递信息速度比人脑思维速度快 100 万倍，而生物芯片的大小只相当于电子芯片的十万分之一。它能够与人的大脑和神经系统有机地相连，使人机接口自然吻合，免除了烦琐的人机对话，真正

成为人脑的外延。而且，它还能从人体的细胞中吸取营养来补充能量，不需要任何外界的能源。生物计算机将为计算机的发展开辟一条充满希望的新路。

四、电子计算机的延伸——多媒体技术和网络技术

20 世纪 80 年代中后期开始，多媒体计算机技术成为人们关注的热点之一。多媒体计算机技术（Multimedia Computer Technology）是用计算机综合处理声、文、图多种媒体信息，具有集成性和交互性。多媒体技术是一种迅速发展的综合性电子信息技术，它给传统的计算机系统、音频和视频设备带来了方向性的变革，对大众传媒产生深远的影响。多媒体计算机加速了计算机进入家庭和社会各个方面的进程，给人们的工作、生活和娱乐带来深刻的变化。多媒体技术的发展是计算机技术史上的又一次革命，它标志着计算机不仅仅作为办公室和实验室的专用品，而且进入家庭、商业、旅游、娱乐、教育乃至艺术等几乎所有的社会生活领域；同时，它也将使计算机朝着人类理想的方向发展，即视听一体化，并彻底淡化人机界面的概念。

自 1969 年底第一个计算机网络 ARPANET 出现后，实现更大范围的资源共享一直是人们追求的目标，1993 年 1 月，美国提出"信息高速公路"计划，Internet 的建立，使得计算机网络进入一个高速发展时期。计算机网络的主要功能包括资源共享、信息传输与集中处理、任务分布处理以及综合信息服务等，它能使任何人在任意时间与任选地点进行通信和交流。计算机有利于交往，而任何能加强人类联系的技术都具有民主的潜能，因为机械化对文化进步具有潜在的经济贡献。[①]

多媒体与网络化是推动计算机发展的两大动力，正是有了这两个基础，信息社会才能够到来。

五、信息科技的社会文化影响

20 世纪末，以微电子、计算机、网络和通信技术为基础的信息技术初步确立，它以强大的信息存储和传递功能迅速席卷了世界上每一个角落，深刻地影响了人们的生活，它已超越了纯技术的界域，不断地冲击着人们的价值取向、思维方式和文化传统，在世界范围内，尤其是发达国家中已经成为一种文化现象。

第一，信息技术大大加速了信息的传播速度。信息传播速度的加快，其社

---

① 安德鲁·芬伯格. 技术批判理论. 韩连庆，曹观法，译. 北京大学出版社，2005：113-115.

会文化的意义就在于人们拥有的信息量不仅在短时间内可以快速增加，而且更新的频率加快，能极大地刺激人们的创新意识，强化和优化人的智力。

第二，信息技术优化了社会生产要素。信息技术与劳动者、劳动工具和劳动对象结合在一起构成现代生产的基础。在信息时代，劳动者是掌握丰富信息资源的人，所使用的重要工具是由计算机控制的智能化机器体系，劳动的主要对象是人们开发创造的、取之不尽的信息资源。大量社会信息的开发，在一定程度上逐渐优化了传统观念中社会的基本资源——人力、资金，尤其是自然资源的使用，成为推动社会经济发展的主导力量。

第三，信息技术同化着世界各地区的民族意识和生产方式。社会借助信息技术，使知识信息实现了全球大流动。而这个流动直接促进着哲学、宗教、文化、艺术、道德等意识形态的传播与变革。信息的共创、共享过程一方面消融着民族、地域文化的差别，另一方面使原来在世界文化整体中处于不同层次的文化发生碰撞，走向整合。可以预料，信息时代的世界必然要走向一个统一的现代文明，而处于文明潮流之潮端的一定是人类智慧的结晶——我们称之为科学和知识的东西。但是，与此同时，信息高速公路把世界连成一体，如何在保持本民族、本国文化的独立性、独特性，抵制其他文化的"侵蚀"和"控制"，就成了一个必须解决的社会问题。

用光缆、导线连接起来的高科技社会，尽管为人类的全面发展提供了前所未有的巨大可能性，但科技发展史也不断显示：作为手段和工具的技术发明往往是一柄双刃剑，在其表现出对人类社会积极影响的同时，如不加以合理地利用、管理和引导，必然带来许多负面的影响。比如，信息技术的高速发展和日新月异也给利用网络进行犯罪带来了便利，近年来，通过网络进行经济诈骗、窃密、破坏、传播有害社会的信息、盗版侵权等等犯罪行为，危害面广，影响巨大，给社会带来极大威胁。更令人忧虑的是，在高度信息化、自动化的社会中，人际交往的机会将会减少，人们终日与机器终端和多媒体画面打交道，有可能产生心理和社会化方面的问题。如何克服所有这些负面影响，是摆在进步人类面前亟待解决的问题。

第二节　空间科学技术的发展

无限的宇宙空间蕴藏着取之不尽的宝贵资源，期待着人类去开发利用。空间科学是指利用航天器研究发生在日地空间、行星际空间及至整个宇宙空间的物理、天文、化学及生命等自然现象及其规律的科学。空间科学以航天技术为基础，包括空间飞行、空间探测和空间开发等几个方面。它不仅能揭示宇宙奥秘，而且也给人类带来巨大的利益。空间技术就是探测研究空间、开发利用空间资源和扩大人类生存空间的技术。

一、空间科学技术的起源与发展

人类一直有离地升空的愿望。人们借助热气球和火箭等实现了这个愿望。

最早的热气球可以追溯到我国五代时期辛五娘发明的"松脂灯"。西方在18世纪后期发明了气球，并出现过一个气球升空的热潮。1783年6月4日，法国人蒙格菲兄弟，即约瑟夫-米歇尔·孟格菲（Joseph-Michel Montgolfier，1740—1810）和雅克-艾蒂安·孟格菲（Jacques-Étienne Montgolfier，1745—1799）公开表演试放了第一颗热气球，上升高度为1830米。1783年法国物理学家查理（Jacques Alexandre César Charles，1746—1823）制成和试放第一个氢气球，并独自乘氢气球上升到3千米高空，做了一次35分钟的单独飞行。美国驻法外交官富兰克林目睹这一盛况，曾给予高度评价。

19世纪初氢气球开始用于军事、体育和科学试验等方面。20世纪20年代以后，人们用氦气代替氢气制造气球，克服了氢气球易燃易爆的缺点。从20世纪50年代开始，气球探空技术在气象观测中成为重要角色。1960年前后，载人气球的飞升高度已达34.5千米，不载人气球达到46千米，载重量已可超过5000千克。

气球不仅实现了人类升空的愿望，而且被用来进行高空探测、运输和空中侦察等。无人气球探测器和无线电探空仪的发明，使探空气球成为高空探测的常规手段。同时，制造气球的材料也在不断改进。二战前主要是在丝绸上挂胶，战后逐渐采用质轻而强韧的聚乙烯塑料膜等高性能塑料制作气球。配合大量的气球探空活动，先后产生了"高空医学""地球物理学"等学科。

气球的结构限制了它的重量和飞行高度，要想到达大气层上部，需要发展火箭等更先进的技术。

众所周知，最古老的火箭是我国首先发明的。根据古书记载，这种火箭最早出现在公元3世纪的三国时代，距今已有1700多年的历史。在交战中，人们把一种头部带有易燃物、点燃后射向敌方、飞行时带火的箭叫作火箭。实质上它不过是一种用来火攻的武器，在含义上与我们现在所称的火箭相差甚远。自唐代发明火药之后，到宋代人们把装有火药的筒绑在箭杆上，或在箭杆内装上火药，点燃引火线后射出去，箭在飞行中借助火药燃烧向后喷火所产生的反作用力使箭飞得更远，人们把这种喷火的箭也叫作火箭。而这种向后喷火、利用反作用力助推的箭，已具有现代火箭的雏形，可以称之为原始的固体火箭。

后来，人类的军事活动促进了现代火箭的研制和改进，使其速度越来越快，控制越来越精确。我国的火箭技术自元朝开始先后传播到日本、印度、阿拉伯和欧洲。在 18 世纪末 19 世纪前期的战争中成为武器，但由于它飞行的不稳定，后为大炮取代。火箭只被用于放烟火、发射信号，以及在遇难的船只和海岸之间投送缆绳。直到 20 世纪，火箭被用以推进航天飞行器这一状况才得以改变。这一转变过程的关键人物是美国物理学家、发明家戈达德（R. H. Goddard，1882—1945）。他第一个将发射液体火箭的理想付诸现实，并独立研究了火箭推进原理，被称为"现代火箭技术之父"。华盛顿附近的戈达德航天飞行中心就是为纪念他而命名的。

从 20 世纪 30 年代起，火箭研究在欧洲许多国家又蓬勃发展起来了。尤其是在德国，火箭研究更是迅速发展，只是此时它又成为战争利器。二战后，美苏两国之间的导弹竞赛更是加剧了这一趋势的发展。直到 1957 年 10 月苏联利用火箭装置发射了世界上第一颗人造卫星，才开辟了火箭的另一应用领域。

二、航天时代的空间科学技术

1957 年 10 月 4 日，苏联发射了第一颗人造地球卫星，它宣告了航天时代的到来。美国不甘于在空间技术上落后于苏联，在 1958 年 2 月 1 日将美国第一颗人造地球卫星"探险者一号"发射升空，从此，苏美两国空间竞争日益激烈，客观上促使航天器技术的飞速发展。到 60 年代末的十几年中，航天技术上了四个大台阶。（1）1960 年航天器回收成功，1960 年 8 月美国进行了卫星资料回收。同月苏联把狗、老鼠、苍蝇和植物等送入轨道并实现了生物回收。（2）1961 年将宇航员送入地球轨道成功。1961 年 4 月 12 日，苏联宇航员加加林驾驶"东方"号卫星进入轨道，飞行 108 分钟，绕地球一周后胜利返回地面，这一伟大创举震惊了世界，为人类征服太空拉开了序幕。（3）发射地球同步静止轨道卫星成功。1974 年，苏联发射了第一颗地球同步静止卫星，卫星的相对静止对通信极为有利。（4）载人登月飞行成功。1961 年 5 月 25 日，美国总统肯尼迪在国会上提出"在十年内把一个人送上月球，并使他安全返回"的任务，并制定"阿波罗计划"，使登上月球这一人类理想成为一个国家 10 年奋斗的目标。1969年7月16日，"阿波罗-11"在佛罗里达州的肯尼迪航天中心发射。7月21日，阿姆斯特朗（Neil Alden Armstrong，1930—2012）和奥尔德林（Buzz Aldrin，1930—）登上月球（图8-4），柯林斯（Michael Collins，1930—2021）留在指令舱中作绕月飞行。7月25日，指令舱安全降落在太平洋上。"阿波罗计划"是科学体制发展中的一个典型事例。它是一项由总统提出、国家制定的科学研究计划，是一种国家科学计划。"阿波罗计划"先后共动员了120所大学、2万家企业、400万人参加，耗资达240亿美元，动员的人力、物力、财力之巨，世所罕见。尽管如此，能在8年时间内成功完成这样一项宏伟计划，还得益于管理能力的巨大飞跃。正如"阿波罗计划"的总负责人韦伯说："我们没有使用一项别人没有的技术，我们的技术就是科学的组织管理。"因此说，"阿波罗计划"是科学技术史上"大科学"时代开始的标志和典型事例。

图8-4 阿波罗-11号在月表的照片

当然，与空间技术共同发展的，绝不仅仅是管理科学。空间技术的高度综合性使它刺激并依赖于一大批科学技术的发展，如电子科学技术、电子计算机科学技术、自动控制技术、遥控遥测遥感技术、材料科学技术、力学能源科学技术以及可靠性工程技术等等。空间技术广吸博取得以迅速成长，同时它的成长又为军事、科学、通信以及国民经济各部门所利用，使许多部门发生了深刻而巨大的变化。"阿波罗计划"是空间时代第一阶段的标志，这个阶段的特点是，以技术成就为目标，不惜成本、研究、试制、大胆和高度冒险。

从20世纪70年代开始，空间活动逐渐进入以追求经济利益为目的的第二阶段。

空间活动中蕴涵着巨大的经济价值，如将这些空间技术转为民用，仅就美国而言，每年可获益 800 亿美元。空间技术造福于人类最成功的例子就是通信卫星的应用。通信卫星的出现，引起世界通信、电视、广播、电话技术和体制上的根本性变革。通信卫星把信息传递的枢纽搬到太空，由于信号穿越大气层的距离比超短波无线电的传播相对短得多，因此简单可靠。一颗通信卫星可以代替地面上成千上万个微波中继站。卫星通信系统具有通信容量大、覆盖面积广、通信距离远、可靠性高、灵活性好、速度快投资少、费用低廉等优点，故而在各种信息传输方式中有后来居上的势头。同时，侦察卫星在现代化战争中具有重大的作用。气象卫星是专门用来获取气象资料的卫星，为准确的气象预报提供科学的依据，这对人类的生产和生活起到了十分重要的作用。地球轨道空间站的建立，使人们能够进入外层空间做一些在地球上无法或难以进行的科学实验和工业生产。

航天飞机是把火箭、宇宙飞船和飞机等技术结合起来的一种新型空间运载工具，最大的特点是可以重复使用多次。航天飞机主要包括 3 个部分：轨道器、助推火箭和推进剂外贮箱。1968 年，美国开始了航天飞机的方案讨论，1981 年4 月 12 日第一架航天飞机"哥伦比亚"号载 2 名宇航员首航成功。这是继阿波罗登月以后航天技术的又一重大突破。航天飞机汇集了许多当代的高新尖端技术，是现代科学技术的精华。它大大降低了发射人造卫星的成本，为空间活动带来许多方便，具有人造卫星、宇宙飞船甚至小型空间站的许多功能，如可用于维修卫星或太空站，可从一个轨道上向更高的轨道或其他行星发射航天器，完成众多军事任务。航天飞机还可以把许多体积庞大、形状特殊（如大型天文望远镜）的新设备，送到空间，从而使人们可以在空间从事许多科学技术研究活动。不少专家把"阿波罗计划"看作空间时代的第一个里程碑，而把航天飞机列为第二个里程碑。航天飞机的出现是航天新时代的标志之一，它为人们深入探索宇宙天体展示了更好的前景。

三、空间科学技术对人类文明的影响

人类对宇宙太空的探索和向往似乎与生俱来，对茫茫太空的不断探索是全人类共同的梦想和追求。空间探索的一个重要目的就是探求宇宙奥秘，扩展人类的经验和知识，因此空间技术就成为一个典型的、服务于知识增长的有效工具。它带动了电子、自动化、遥感和生物等许多科技的发展，对人类的起源、宇宙的研究等基础科学也有很大影响，并形成了卫星气象学、卫星通信学、卫星海洋学、空间生物学、空间材料工艺学等新的边缘学科。航天技术对国家现代化和社会进步有宏观促进作用，高投入、高风险和高效益是其特点。航天技术对提高国家的综合国力和地位影响深远，没有航天技术的国家很难称之为大国。现在，参与开发航天技术的国家达 60 个以上，应用航天技术的国家更是遍及全球。人类文明进入了"空间时代"。

尽管空间技术为农业、军事、交通，甚至环境的改善等等方面给人类提供了大量的便利，然而，空间技术及其应用还是有它的不足和风险，我们必须认真对待，以便进行有效的管理和控制，从而更好地造福人类。

空间探索过程中最大的问题就是空间碎片所带来的环境问题，在人类发射第一颗卫星之际，也为空间带去了第一批人造垃圾：人造卫星的装载舱、备用舱、仪器设备等物品被遗弃在卫星轨道上。随后人类空间活动的每一次壮举，也都给空间增添了新的垃圾。目前太空垃圾估计已有 3000 吨。它给航天飞行带来了威胁，还污染了宇宙空间，给人类环境带来隐患，并给人类带来了放射性危险。"自 20 世纪 60 年代环境污染开始成为一个全球性的课题以来，人们就在寻求疗救的药方。然而，时至今日，全球环境日益恶化的总体趋势并未从根本上得到遏制……地球曾是生命的乐园，如今却被人类糟蹋得满目疮痍，破败不堪！"[1]人类只有一个宇宙空间，正像人类只有一个地球一样，如果太空垃圾得不到治理，人类也就无法去实现遨游宇宙的梦想，所以人类也应该像保护地球一样，来保护宇宙空间。

空间技术的应用还可能导致对个人隐私的侵犯和文化多样性的侵害，空间技术的发展甚至有可能引发新一级的国际纷争和军备竞赛。因此，我们在大力发展空间技术的同时，还应适当考虑到空间技术的应用，面对空间技术带来的可喜而又严峻的现实，我们感到必须从人性和人文关怀的角度，对科学研究和技术应用实行社会控制和公众监督，坚持科学研究的价值考量，努力避免科技活动中否定性倾向和负面价值的产生，在最大程度上减小科学技术的风险性，从而保证人类社会和科学技术自身的健康发展。这就需要我们重铸现代人文精神，为科学技术的迅猛发展提供合理的价值取向。

---

① 纳什. 大自然的权利. 杨通进，译. 青岛出版社，1999. 1.

第三节　当代生物技术

生物技术（biotechnology）这个词最初是由一位匈牙利工程师 Karl Ereky（1878—1952）于 1919 年提出的。当时，生物技术这一名词的含义是指用甜菜作为饲料进行大规模养猪，即利用生物将原材料转变为产品。但鉴于生物技术的迅速发展，如青霉素的发现、氨基酸发酵工业和酶制剂工业的建立等，1982年，国际合作及发展组织对生物技术这一名词重新给出了定义：生物技术是应用自然科学及工程学的原理，依靠微生物、动物、植物体作为反应器，将物料进行加工以提供产品来为社会服务的技术。生物技术随之成为与微生物学、生物化学、化学工程等多学科密切相关的交叉性学科。

DNA 重组技术的发展改变了生物技术的性质，基因工程可以直接"创造"一个高产菌种，可以使得一些微生物或真核细胞直接成为生产胰岛素、生长素、干扰素等蛋白质药物的"工厂"，使得动植物成为生产新的或被修饰的基因产物的"生物反应器"。因此，当 DNA 重组技术与生物技术相结合后，现代生物技术（也称为分子生物技术）便应运而生了。①

一、DNA 重组技术

1953 年，DNA 双螺旋结构的揭示，奠定了现代分子生物学的基础。从那以后，越来越多的科学家投身于分子生物学研究领域，并取得了许多重大的进展。

美国生物化学家保罗·伯格（Paul Berg，1926—2023）在 1971—1972 年和他斯坦福大学的同事开发了两个拼接 DNA 分子技术，即用一种限制性内切核酸酶（EcoRI）分别切割环状 SV40 基因组 DNA，和一段含有噬菌体 λDNA，使来自猴子体内的多瘤病毒 SV40，和噬菌体 λ 的 DNA 片段连接起来，形成由SV40 和噬菌体 λDNA 杂交而成的环状 DNA 分子。这标志着重组 DNA（rDNA）技术的开端。这项成果发表于 1972 年的《美国科学院院刊》。1980 年，伯格因第一个重组 DNA（rDNA）技术，与沃特·吉尔伯特（Walter Gilbert，1932—）和弗雷德里克·桑格（Frederick Sanger，1918—2013）共同获得了诺贝尔奖。

1973 年 3 月，美国加利福尼亚大学旧金山分校的赫伯特·韦恩·伯耶（Herbert Wayne Boyer，1936—）教授和斯坦福大学的斯坦利·科恩（Stanley

---

① 瞿礼嘉，顾红雅，胡苹，陈章良，主编. 现代生物技术导论. 高等教育出版社，1998：1-5.

Cohen，1922—2020）教授共同完成了一项著名的实验，成为人类历史上第一次有目的的基因重组的尝试。他们敏感地意识到这一实验的重大意义，并据此提出了"基因克隆"的策略。这一策略一经提出，世界各国的生物学家们立刻就敏感地认识到了这种对 DNA 进行重组的技术和基因克隆策略的重大作用及深远意义。于是在很短的时间内，研究人员就开发出了大量行之有效的分离、鉴定、克隆基因的方法。DNA 重组技术使得生物技术中的生物转化这个环节的优化过程变得更为有效；还可以简化许多化合物和大分子的生产过程。另外，DNA 重组技术大大简化了新药的开发和检测系统。DNA 重组技术在很大程度上得益于分子生物学、细菌遗传学等领域的发展；反过来，DNA 重组技术的逐步成熟和发展对生命科学的许多其他领域都产生了革命性的影响，这些领域包括生物行为学、发育生物学、分子进化、细胞生物学和遗传学等，从而使得生命科学成为 20 世纪以来发展最快的学科之一。受 DNA 重组技术影响最为深刻的生物技术领域，迅速完成了从传统生物技术向现代生物技术的转变，从原来的一项鲜为人知的传统产业，一跃成为代表着 21 世纪发展方向、具有远大发展前景的新兴产业。

二、基因工程及其应用

基因工程的主要原理是应用人工方法把生物的遗传物质（通常是 DNA）分离出来，在体外进行切割、拼接和重组，然后将重组的 DNA 导入某种宿主细胞或个体，从而改变它们的遗传品性；有时还使新的遗传信息在新的宿主细胞或个体中大量表达，以获得基因产物（多肽或蛋白质）。但是，绝大多数生物有机体的 DNA 含量十分庞大，因此基因工程的诞生需要相关关键技术——DNA 分子的体外切割与连接技术、DNA 分子的核苷酸序列分析技术条件的成熟。这两项技术在 20 世纪 60 年代末 70 年代初取得突破。1972 年，美国斯坦福大学伯格领导的研究小组率先完成了世界上首次的 DNA 体外重组。这项技术的成功，表明人类有能力将世界上几乎任何不同物种的基因片段进行截取和重组，从而几乎可以造出各种各样的新物种。美人鱼的传说似乎可以变成现实，狮身人面也并非不可能，所有这些既是那么激动人心，又是那么令全人类乃至整个自然界不安。

尽管如此，由于转基因生物和生物制品有自己独特的优势，在产业化上取得了长足的进展。现分为 3 个方面简介。

（一）植物基因工程

植物基因工程的特点是相对比较容易获得认可，因而转基因植物纷纷问世。植物病虫害一直是农业生产的最主要病害之一。人们利用基因转移技术，将编码植物病毒的外壳蛋白基因导入植物细胞中，获得转基因植株。这些新的植株由于叶片细胞中有病毒外壳蛋白的积累，就能够抑制侵染病毒的复制，从而较为有效地保护植物。用这种技术预防烟草花叶病毒与苜蓿花叶病毒较为成功。同样，可以在植物导入某些基因，使得植株产生只对特定昆虫有毒性的毒蛋白，以提高植株的抗虫害能力。与此相似，可改造出抗除草剂的农作物。我们还可以运用基因重组的办法，改造植物的品种，使这些作物能够在以前不能适应的环境中（比如盐碱地、沙漠）中生存、繁衍，或是产出符合人们特定要求的农产品（比如使之富含蛋白质、能够较为长久保鲜等）。

（二）动物基因工程

1982 年，帕尔蒂曼（Richard Paltimer）和布林斯坦（Ralph Brinster）构建了大鼠金属硫蛋白和人生长激素融合基因，生产出生长速度比正常小白鼠快一倍的超级小白鼠，引起世界轰动。后来，科学家用基因转移技术生产出了生长快、瘦肉率高的转基因猪。以色列科学家生产的转基因鸡，夏天不长毛，以利于它在酷热的环境中生长。但培养优良性状动物品种的基因工程难度较大，一方面，分离出控制某些性状的基因比较困难，另一方面，动物基因工程还需要紧密结合细胞工程、胚胎工程的相关技术操作才能实现。

（三）医药基因工程

基因工程给医药技术带来了革命性的变化。从疾病的诊断、治疗、预防，到药品的生产，相关技术都已经被普遍采用。1978 年，凯恩（Y. W. Kan）和都西（A. M. Dozy）首先应用羊水细胞 DNA 限制性片段长度多态性做镰刀性细胞贫血症的产前诊断，从而开创了 DNA 诊断技术。经过几十年的发展，DNA 诊断技术飞速进步，建立了多种多样的检测方法用于遗传性疾病、肿瘤、传染性疾病的诊断。在遗传疾病的基因治疗上，关键之处在于找到缺失或变异的基因，并能克隆出用于治疗的基因。目前，基因治疗遗传病已获得初步成功。在药品生产上，基因工程药物的主要产品是具有生物活性的蛋白质。在以前，这些具有生物活性的蛋白质往往是从人（比如人的血液、尿）或其他动物的组织或者器官中提取，成本高、效率低，并且安全性低（如病毒污染），而应用基因工程技术和细菌培养方法，则可高效、大量地生产出符合人们的要求的安全性较高的活性蛋白。当然，用细菌作为生物反应器生产蛋白质也有其固有的缺陷，如活性较低，不容易进行蛋白质修饰等，所以人们在尝试使用家畜作为生物反应器生产高活性蛋白。

三、中国的基因组计划

在当代基因工程研究中，基因测序工作备受瞩目。准确地测定生物的基因组成无疑是极具重要意义的基础性研究工作，但难度和工作量极为巨大，需要投入大量的人力、物力、财力。目前，两种基因测序工作引人注目：水稻基因测序和人类基因组计划。

（一）中国杂交水稻基因组计划

水稻是世界上最重要的粮食作物之一，是半数世界人口赖以生存的主要食物，也是有 7000 年种植水稻历史的中国经济和文化传统的重要组成部分。年总产值达千亿人民币以上的大米是关系到我国国计民生的最主要的粮食。中国工程院袁隆平院士（1930—2021）（图 8-5）的杂交水稻在我国和东南亚各国有着广泛的影响。"中国杂交水稻基因组计划"这个项目着眼于中国粮食的主要物种籼稻和以籼稻为遗传背景的杂交水稻。通过对水稻全基因组序列分析，可以获得大量与水稻育性、丰产、优质、抗病、耐逆、成熟期等有关的遗传信息和功能基因；可以促进水稻的品种改良，培育更好的优质高产新品种；助于了解小麦、玉米等其他重要农作物基因组中的相关基因，从而带动整个粮食作物的基础与应用研究；还可以专利的方式，将优良的种质资源转化为信息资源进行保护，以利于农业的可持续发展。2001 年 9 月，我国完成了具有国际领先水平的中国杂交水稻（籼稻）基因组"工作框架图"和数据库，并将数据公布，供全球免费共享。

图 8-5　袁隆平

（二）人类基因组计划（HGP）

人类基因组计划的核心内容，是测定人基因组的全部 DNA 序列，破译人体遗传物质 DNA 所携带的全部遗传信息，从而获得人类全面认识自我的最重要的生物学信息。最早提出这一设想的是美国生物学家、诺贝尔奖得主杜尔贝科（Renato Dulbecco，1914—2012）。1986 年，他呼吁科学家联合起来，从整体上研究人类的基因组，分析人类的基因序列。他的倡议引起了广泛的讨论。在发达国家里，上自政府官员，下至平民百姓，都参与了这一场讨论与最后的决策。首先是美国的科学家，做了大量的论证。1989 年美国成立"国家人类基因组研究中心"，诺贝尔奖获得者、DNA 分子双螺旋模型提出者沃森出任第一任主任。1990 年，历经 5 年辩论之后，美国国会批准美国的"人类基因组计划"，于当年 10 月 1 日正式启动。我国于 1999 年 9 月正式加入该计划，承担了 1%人类基因组（约 3000 万个碱基）的测序任务。2000 年 6 月 26 日，美、英、日、德、法、中 6 国相继宣布人类基因组工作框架图完成。

四、生物技术的安全性

自基因工程诞生以来，人们就对它的安全性产生了不少疑问。固然，基因工程给人类带来了不少的希望：人们有望通过基因工程来解决世界性的粮食危机，有望通过基因工程来解决噩梦般的癌症与艾滋病以及其他许多以前无法攻克的疾病，人们还很有希望地看到生物技术能和信息技术一样，构建成一种新经济，不仅使人类社会更加富裕，并且会带来更多的福祉。但是，基因工程的实际应用会给人类带来什么样的后果恐怕也是难以预计的。

最初，科学家担心基因重组技术所使用的细菌、病毒、真核细胞基因有可能从试验室里扩散出去而给人类带来巨大威胁。这种担心主要是基于技术层面上的，后来逐渐扩展到公众参与以致立法参与的层面。

我们以重组 DNA 技术的产生为例，前面我们介绍了美国生物化学家保罗·伯格在 1971—1972 年和他的同事开发拼接 DNA 分子的技术，以及斯坦福大学的斯坦利·科恩和博耶的所谓"基因克隆"研究。然而，伯格在 1971 年 6 月纽约冷泉港（CSHL）会议上首次报告上述的实验结果时，就引起分子生物学家们对这一技术带来的潜在物理和伦理危害而担忧，使得伯格中断了本来计划的进一步的实验。

但是，1973 年斯坦利·科恩和博耶却比伯格的工作更进了一步。与伯格实验不同，他们不是采用噬菌体 λDNA，而是采用细菌的质粒做为重组 DNA 的载体。也就是说，他们将重组 DNA 引入细菌细胞。他们联手用一种限制性内切酶对来自大肠杆菌中能对抗生素产生抗药性的两种质粒进行剪切，组合成一种新的嵌合体细菌（即重组大肠杆菌）。这种新嵌合体细菌因为携带着能抵抗抗生素的基因，一旦进入细菌细胞中能自动大量复制，并表达被重组进去的基因。这是人类历史上首次成功地将一种生物的基因转移到另一种生物中去的科学实验。这个实验引起了分子生物学家们进一步的担忧。人们担心重组 DNA实验会创造出新的病原体，尤其是人体肠道内就生长着大肠杆菌，一旦重组大肠杆菌从实验室中逃逸，就可能在人群中传播它们所携带的重组基因。后来科学家的这种担心和反对很快扩散到大众中。

1975 年 2 月，伯格和美国国立卫生研究院（NIH）科学家马克辛·辛格组织并主持了重组 DNA 阿西洛马会议。会议讨论潜在的生物危害和生物技术的监管，约 140 名专业人员参加了会议。会议制定了确保重组 DNA 技术安全性的准则。这次会议标志着对重组 DNA 技术潜在危害的关注已经从科研领域延伸到了公共领域。1976 年，美国国立卫生研究院成立了重组 DNA 咨询委员会，规定了这种研究的准则和指导性方针。

继上述基因重组技术之后，自 20 世纪 80 年代开始，转基因技术先后应用于医药领域和食品工业领域。目前广泛使用的人胰岛素、重组疫苗、抗生素、啤酒酵母、食品酶制剂都不同程度地使用了转基因技术。尽管在 1996 年，世界卫生组织（WHO）的专家咨询会议称，生物技术产生的食品并不比传统食品的安全性低，但是，并没有解除公众对转基因作物及食品的疑虑。经过科学家和社会公众多年的努力，美国政府终于在 2016 年 7 月 29 日签署了关于国内外食品农产品管理的法规《国家食品生物工程（信息）公开标准》。我国以及俄罗斯和欧盟等也做出了对部分转基因产品的管理规定。

除了基因工程之外，1996 年"多利"的诞生引发了人们对克隆技术的诸多思考。多年来人们对一度热门的克隆技术，特别是克隆人的技术，存在伦理上的巨大担忧。传统的自然伦理是建立在人类的尊严上的，"人是万物之灵长"，很多人认为，将猪的心脏移植给病人以拯救生命是能被接受的，但是将人的某些基因片段植入动物体内，则有犯人类的尊严。生物技术与现世伦理之间最尖锐的冲突，较早体现在关于克隆人的研究上。1998 年初，美国哈佛大学的理查德·希德宣布了他的克隆人计划，立即招来了全世界一浪高过一浪的反对呼声。紧接着欧洲 19 国联合签署了禁止克隆人的协议，我国政府以及美、英、日等国也已明确表示反对。现在，禁止克隆人已经成为世界范围内的普遍共识。

第四节　现代医学进展

一、医学模式及观念的转变

医学模式（medical model）是指人们观察、处理疾病和健康问题的思维方式和行为方式，其核心是医学观。防治疾病、促进健康是一个连续无止境的医学实践过程，人类在无数次的医疗卫生实践活动中，在不断积累经验的同时，也形成了相对稳定成型的医学思维方式。医学模式来源于医学实践，是根据医学的实际状况绘制的思想模型。

不同的历史时期，人类对疾病和健康的认识也是不同的。一般说来，医学模式的发展变化经历了 5 个时期：神灵主义的医学模式（spiritualism medical model），古代由于生产力水平低下和科学技术落后，面对疾病等灾害，人们认为是天遣神罚，是妖魔鬼怪附体，认为健康是神灵赐予的，人们保护健康和治疗疾病主要依赖求神问卜。之后很长一段时间，人们坚持自然哲学的医学模式（natural philosophical medical model）。一直到 15 世纪，欧洲文艺复兴运动推动了生产力的发展和科学技术的进步，实验科学逐步取代了自然哲学，医学有了一定的进步，科学家开始用物理和化学方法研究医学，研究人体的结构和功能。不过当时盛行以机械运动来解释一切生命现象，把人体看成由许多零件组成的复杂机器。这就是机械论的医学模式（mechanistic medical model）。15—18 世纪，资本主义的兴起发展摧毁了封建权威和宗教神权统治，科学尤其是生物科学以意想不到的速度发展起来。人体的生物学过程得到了比较清晰的说明，为近代医学的发展开辟了广阔的天地。人体解剖学的确立，人体血液循环理论的提出，显微镜的发明，对人体疾病的研究由器官、组织向细胞深入。此外，微生物学和免疫学的创立等，都为近代医学对人体疾病的分析研究、诊断、治疗提供了理论基础。从生物学角度认识健康和疾病，即把人体看成一个生物有机体，把人体疾病看成生物有机体的生物学变量的异常，这种模式我们称之为生物医学模式（biomedical model）。

随着社会思想的进步、科技水平的提高、疾病构成变化和人们健康需求的强化等因素的共同作用下，人们对医学模式的认识又有了新的理解。1977 年，曼彻斯特大学医学教授恩格尔正式提出生物-心理-社会医学模式（bio-psychosocial medical model），即现代医学模式。现代医学模式认为，作为医学研究对象的人，不仅是由各种器官组织构成的有机实体，而且是具有各种复杂心理活动的社会成员，一切不良精神刺激，不恰当的生活方式、行为与环境因素都可导致疾病的发生。现代医学模式主张将人体和环境统一起来，从医学整体论出发，综合分析生物、心理及社会因素对人类健康的综合作用。医学模式的转变和形成，并非对原来医学模式的全盘否定，而是医学模式不断完善的过程，也是人类对疾病、健康等认识不断完善的过程。

二、当代医疗技术的发展

20 世纪是人类医学史上的黄金时代。尤其是最近二三十年，科技革命带动医学，取得了长足的进展。许多新的理论和技术被迅速运用于医学临床实践，大大促进了医学的发展，使医学一改传统面貌，成为一个科技含量极高的领域。医学诊断和治疗的状况已经今非昔比，最具代表性的成就有以下几方面。

1. 激光纳米技术的医学应用。发达国家已经利用激光纳米技术研制出癌症智能手术刀、微型钳，它们已成为科学家操作生物细胞、装配纳米机械或进行微型手术的新工具；分子医学纳米技术的应用解决了常规疗法中正常细胞也受损失的难题。激光可以有效地治疗包括外、内、妇、五官、肿瘤诸科的多种疾病。

2. 干细胞的研究与应用。1999 年科学家成功分离人体胚胎干细胞。干细胞是未成熟细胞，具有再生各种组织器官和激发人体潜在功能的作用，被称为"万用细胞"。利用干细胞的分离和体外培养，在体外繁育出组织或器官，可通过组织或器官移植实现对临床疾病的治疗。2001 年 1 月，英国第一个将克隆研究合法化，允许科学家培养克隆胚胎以进行干细胞研究，并将这一研究定性为"治疗性克隆"。

3. 基因疗法。基因疗法的基本原理是基因改造（基因手术、分子外科）。20世纪 50 年代以后，分子生物学的建立从本质上证实了基因是决定人类生、老、病、死和一切生命现象的物质基础。基因治疗的发展趋势将推动下一世纪医学的革命性变化。但是，我们也注意到，自从开始基因治疗的临床试验以来，还没有任何一例毫不含糊地具有临床疗效。虽然我们不能由此否定基因治疗这一临床医学领域的研究成果，但应当以更严格的科学态度来审视它，若处理不当则有可能导致严重的后果。

4. 医学影像技术。X 射线计算机断层摄影仪（X-CT）于 1972 年研制成

功，该技术的发明者获 1979 年诺贝尔医学奖。核磁共振计算机断层摄影仪
（NMRI）、超声影像诊断技术（B 超）与 X-CT 一起成为具有快速直观、对人体
无损害等优点的新诊断技术。

5. 微电子技术。人工智能一直是人类的一个梦想，现代电子计算机已经部
分模拟了左脑的功能（如计算和逻辑功能）。这将使诊断和治疗变成数字化和精
确化的认知活动，为减少偏差提供了技术上的可能。

6. 计算机网络技术。为了合理地配置医疗资源，远程医疗正在应运而生。
它通过网络等技术在相隔较远的求医者和医生之间进行双向信息传送，完成求
医者的信息搜集、诊断以及医疗方案的实施等过程。与传统的"面对面"的医
疗模式相比，它使得高水平的医疗服务能在更广的范围内得到共享。例如世界
上首例实验性远程手术已经在 1999 年成功进行。

7. 放射性同位素技术。自居里夫人发现放射性元素以后，医学就利用了放
射性元素的特点。基因工程、遗传工程、分子生物学等学科的最新成就，都与
放射性同位素的应用密切相关。如同位素示踪、核射线电离、破坏病变组织或
改变组织代谢、放射源和放射性药物，可以用于肿瘤腔内治疗、内介入治疗、
放射性标记化合物筛选新药等。

8. DNA 芯片技术。该技术用定做的基因分析芯片对病人的细胞进行扫描，
以发现该肿瘤中的基因变异体。这类技术可用于肿瘤的早期诊断。

9. 人工器官。1982 年美国首次成功移植人工心脏。人工器官临床的最终目
的是使患者实现康复，重返社会。因此其大小、重量、轮廓特征必须与人体在
解剖和生理上相容，并向智能化、微型化、植入型和长期使用的方向发展。人
工器官的发展体现了医学临床的人性化发展趋势，不仅要保住患者的生命而且
要最大限度地提高患者康复后的生活质量。

10. 辅助生殖技术。1978 年 7 月 25 日，世界上第一例试管婴儿（图 8-
6）——路易丝·布朗在英国诞生。试管婴儿的诞生是在现代生命科学——胚胎
学、细胞生物学、生理学、生育科学和妇产科学及其相关技术的基础上发展起
来的。目前这一技术已在全世界有条件的实验室开展起来，给许多不孕症患者
解决了生育问题，而且还将对探索人类衍化、发展的历程产生深远的影响。

11. 现代制药技术。现代生物技术在医药领域中的广泛应用和渗透，使医
药工业在技术领域和生产模式上都发生了重大变革。近年来，分子生物学的迅
速发展，使人们能够从分子水平上解释疾病的成因和药物作用的机制，为合理
地进行药物分子设计、药物制剂设计、临床治疗等提供了科学的理论依据。转

基因技术已为生化制药技术带来了革命，它可使许多动植物中含量低微的有效活性成分，通过细胞培养技术和发酵工程，进行大规模的工业化生产。基因技术还使得用转基因动物生产药物等为可能。

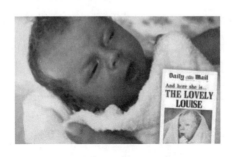

图 8-6　世界上第一例试管婴儿

现代医学在探索生命奥秘、防治疾病、增进健康和缓解病痛等方面取得了辉煌的成就，一系列严重危害人类生命和健康的疾病得到了有效的控制。尤其是在 20 世纪下半叶，随着生物技术革命的发展，医疗保健领域出现了前所未有的巨大变化：从克隆羊的诞生到人类基因组草图的完成，从 PCR（聚合酶链式反应）到干细胞培养技术，从器官移植到微型生物机器人。毫无疑问，生物技术革命必将对人类的医疗保健产生深刻影响，并极大地改变人类的生死观、疾病观和健康观。

三、对 SARS 病毒研究的反思

2003 年春天，中国的广东、香港以及越南、新加坡等地相继爆发了人类前所未见的新型疾病——严重急性呼吸综合症（Severe Acute Respiratory Syndrome，即 SARS），病例很快蔓延至世界上 29 个国家，由于其症状与典型性肺炎有明显的区别，故俗称非典型性肺炎，简称"非典"。

疫情暴发初期，某些权威误认为 SARS 的病原是衣原体，但是经过世界 13 个联合实验室科学家用如血清学方法、分离病毒法、定性基因诊断法（反转录聚合酶链反应 RT-PCR）、定量基因诊断法（即荧光定量 PCR 的方法）进行研究，先后证明其病原是变异的冠状病毒。美国、加拿大和德国率先公布了他们的研究结果。与 SARS 的抗争，使人们认识到对症治疗属于被动消极的办法，而利用病原学及抗体免疫则是很有效的主动预防措施。借助基因技术科学家完成了 SARS 病毒的测序，探讨了该病毒的检测方法（如病原体的检测试剂盒），甚至推进了相关药品的研发。

第八章

反思 SARS，应该有以下几个视角。第一，医学视角。从临床医学角度讲，应当建立迅速攻关的体制。SARS 病原的发现，应当归功于全球 13 个实验室的联合行动。世卫组织在一份声明中说，"在全球化时代，这种合作是战胜新疾患的唯一办法"。而从流行病学的视野看，应当研究病毒传染模型的一般规律，综合地思考传染传播问题。人类必须依靠自身的免疫机制，同病原体建立一种相对稳定的平衡关系。第二，公共卫生政策与国家政策的视角。国家应当关注与人类发展相关的基本卫生设施建设以及与此相关的公共卫生财政投入、医疗人员比例、公共卫生政策等问题，并正确处理好突发性疾患和经济建设之间的关系。任何国家政府和医疗卫生部门都不应为了维护少数人和局部的利益去隐瞒、拖延、武断和错误决策，而使疫情蔓延，从而危及人民群众的生命安全。第三，更为深层的人文、科学视野。继艾滋病之后，SARS 的爆发引发了人类和自然界之间关系问题的大讨论。控制突发性大规模传染病的流行，一方面要依靠科学，不允许迷信和反科学的存在；另一方面，必须遵守人类共同的道德和价值标准。只有科学意识与人文关怀紧密结合，才能最大限度地发挥科学技术的作用。

四、中国医学的最新进展

中医学是人类文化的绚丽瑰宝。新的时代，中医也在与时俱进，吸收现代科技成果。如中医经络协调诊疗系统，是在中医经络理论和针灸临床经验的基础上，将中医的经络学说与现代计算机多媒体技术相结合开发出来的经络诊疗系统。传统中医中药具有数千年的历史，主要包括汉医汉药、蒙医蒙药和藏医藏药。引入基因工程技术使中药研究开发逐步现代化：（1）利用 DNA 分子遗传标记技术，对中药的基源物种和等级进行科学和客观的评价；（2）生物个体的扩增和大规模培养；（3）在中草药种植中，利用基因工程技术，有目的地增加中草药中某一有效活性成分的含量。

科学的发展，社会的进步，已经使医学发展进入快车道。今后的二三十年将是医学突飞猛进，面貌一新的关键时刻。在不久的将来，癌症有望被攻克。有效防治艾滋病以及各种冠状病毒的疫苗会上市，心脑血管发病会减少。基因工程、细胞工程及组织工程将为医学提供更多可用的药品、材料和方法。医学的任务将从以治病防病为主，逐渐过渡到以维护和增强健康、提高人们生活质量为主。医学发展前景非常广阔。

第五节　科学家的社会责任

科学家的社会责任是科学作为一种社会建制能够在社会中长期存在并健康发展的基础，它关乎应用科学技术成果时的责任行为，使科学朝着有利于社会进步和为人类造福的方向发展。20 世纪 30 年代左右，英国科学家贝尔纳、李约瑟（Joseph Needham，1900—1995）、斯诺（C. P. Snow，1905—1980）等人就分别提出了科学家的社会责任问题。但是，这一问题真正引起高度重视的，还是在第二次世界大战以后。战争向科学和科学家提出了一个无可回避的、有时甚至是两难的伦理责任问题，因为核能研究取得的成功远比以往所有发明的危险都要大得多，为此在 20 世纪 50 年代先后有科学家发表了多个声明，其中以 1955 年的《罗素-爱因斯坦宣言》（Russell-Einstein Manifesto）影响最大。

一、从曼哈顿计划谈起

美国对原子能的研究，自避居美国的奥地利科学家莉泽·迈特纳在 1939 年 1 月阐明铀原子可以分裂之际即已开始。当时，很多核物理学家已经认识到，由原子的分裂或裂变所产生的核能，既可用作和平目的的能源，也可用于生产超级武器。

其中，爱因斯坦的好友、核物理学家利奥·西拉德（Leo Szilard，1898—1964）在得知德国在进行原子武器的研发后，征得爱因斯坦的同意，立即起草了一封信。该信几经周折，于 1939 年 8 月 2 日与另一封详细解释信件一同交给爱因斯坦审阅并签署。这就是史称的《爱因斯坦-西拉德信件》（Einstein-Szilard Letter）。但是，9 月初德国入侵波兰，导致第二次世界大战全面爆发，使得这封信于 10 月中旬才由罗斯福总统的经济顾问亚历山大·萨克斯（Alexander Sachs，1893—1973）送到罗斯福那里。

这封《爱因斯坦-西拉德信件》明确提醒道："德国副国务秘书的儿子卡尔·冯·魏茨泽克，在柏林的威廉皇帝研究院工作，该所目前正在进行和美国相同的对铀的研究。"[①]当萨克斯将此信交给罗斯福时，他对罗斯福讲了拿破仑拒绝使用新发明的蒸汽船以至未能征服英国的故事。总统明白了萨克斯的来意："你的目的就是不要让纳粹炸翻我们。"美国政府当月决定成立"铀顾问委

---

① 爱因斯坦. 爱因斯坦文集. 许良英，等编译. 商务印书馆，1979：178.

员会"（即后来的 S-1 委员会）。

1942 年 6 月，原子能的理论与实验研究使美国政府和科学家都得出结论：制造一种肯定可以用于战争的核武器是可能的。1942 年 8 月"曼哈顿计划"宣告启动。这是一项由美国主导、英国和加拿大协助的研发人类首枚核武器的军事计划。1942 年 9 月格罗夫斯（Leslie Richard Groves Jr., 1896—1970）正式就任曼哈顿工程区司令。罗伯特·奥本海默（J. Robert Oppenheimer, 1904—1967）经著名物理学家阿塞·康普顿（Arthur Holly Compton, 1892—1962）等人推荐，担任洛斯·阿拉莫斯实验室（Los Alamos National Laboratory）主任，在格罗夫斯的领导下主持原子弹的研发工作。康普顿（Arthur Holly Compton, 1892—1962）、费米（Enrico Fermi, 1901—1954）、尤金·保罗·维格纳（Eugene Paul Wigner, 1902—1995）和西拉德（Leo Szilard, 1898—1964）等著名物理学家参与了这一计划。作为该计划成功的标志之一，是 1945 年 7 月 16 日美国在新墨西哥州阿拉莫戈多沙漠进行的"三位一体"核试验，引爆了昵称为"小工具"（The Gadget）的钚弹。这是人类史上首次引爆核武器。

实际上，研制原子弹的工作，纳粹德国早于美国。1939 年 1 月，德国纳粹分子开启了代号为"铀俱乐部"（Uranverein）研究核技术（包括核武器和核反应堆）的项目，隶属于陆军军械办公室（HWA）。因提出量子力学"测不准原理"而获得诺贝尔奖的德国物理学家海森堡（1901—1976）被钦定为项目负责人。

海森堡在二次世界大战期间主持纳粹德国核物理研究，到底发挥了哪些作用，就是所谓"海森堡之谜"。美国"曼哈顿计划"成功研制出原子弹后，海森堡对外发表声明说：自己不想让纳粹掌握到原子弹，是自己故意算错的，才使德国没有研制出原子弹。曾于 1944 年被美国政府派往欧洲专门探寻纳粹德国原子弹研发进展的"阿尔索斯行动"（Alsos Mission）顾问、物理学家塞缪尔·古德斯米特（Samuel Abraham Goudsmit, 1902—1978）[1]等人对海森堡的说法嗤之以鼻，称海德堡的声明是彻头彻尾的马后炮。

所谓"海森堡之谜"还包含神秘的"哥本哈根之行"。1941 年 9 月，作为纳粹德国原子弹项目负责人的海森堡和他的学生卡尔·冯·魏茨泽克男爵（Carl von Weizsäcker, 1912—2007）突然来被德国占领的哥本哈根造访玻尔（1885—1962）。海森堡对曾经的导师玻尔表示，他主持德国核研究取得很大进展，德国

---

① 塞缪尔·亚伯拉罕·古德斯米特是美国物理学家。1925 年他与拉尔夫·克勒尼希、乔治·乌伦贝克一起，首次提出电子自旋概念，并发表在 1926 年 2 月的《自然》杂志上。

一定能造出原子弹来。这次不愉快的会见是两人生平最后一次见面，以至于玻尔与海森堡师生之谊不复存在。[①]在二战结束后的很长时间里，人们对这次"哥本哈根之行"的动机和谈话内容仍有争论。特别是 1962 年 1 月，玻尔与世长辞，世人认为，玻尔的去世带走了海森堡之谜的最终答案。

　　然而，玻尔去世前留给家人一封他本人 1957 年写给海森堡的没有寄出的信。玻尔生前决定，该信件只能在他逝世 50 年后才能发表。2002 年 2 月 6 日玻尔的家人破例公布了尘封多年的信件，在世界范围引起了轩然大波。玻尔在这封长达 3 页的信中强调，他"依然逐字地记得"海森堡的谈话。海森堡当时向他表示，对纳粹德国的胜利充满信心。他还说，德国的原子弹研制很顺利，如果这时归顺是最好的选择。原来"哥本哈根之行"的根本目的就是为了劝降。

　　而和海森堡的表演完全不同的是，作为美国"曼哈顿计划"首席科学家的奥本海默，在原子弹于广岛和长崎爆炸后深感自责，感到这个计划的成功给人类带来的是灭绝性的威胁。他说，在投下原子弹以后，物理学家已经懂得自己的原罪。他面对刚刚继任总统的杜鲁门说道："总统先生，我感觉我的双手沾满了鲜血。"他曾经致信军方一位部长，希望能禁止核武器的使用。因为他警告美国政府不要陷入针对苏联的军备竞赛，并坚决反对基于核聚变原理的威力更强大的氢弹试验，他因而受到过不公的对待。1965 年，他在一场电视广播中回忆原子弹在广岛爆炸时的心情，引用印度教经典《薄伽梵歌》中的一句诗说："我现已成死神，世界的毁灭者。"

二、科学家们的反战努力

　　自从曼哈顿工程研制出 3 颗原子弹，并把其中两颗分别投在广岛和长崎后，在科学界乃至整个知识界引起了极为强烈的反响，并且以不同形式展开了反对开发、使用核武器，以及抵制核军备竞赛的正义斗争。

　　首先是《罗素-爱因斯坦宣言》的拟定和公开发表。

　　二次世界大战结束不久，世界就进入了冷战时期，美苏两个大国开始研制比原子弹威力大很多的氢弹。英国哲学家、数学家罗素（Bertrand Arthur William Russell，1872—1970）作为一位和平主义者，对核武器的相继问世及其可能产生的后果极为担心，他意识到核武器绝对不同于传统意义的热兵器，而是人类自我毁灭的力量。1954 年 6 月，他写信给英国 BBC 广播公司，希望能够通过媒体唤醒人们对核武器与核战争威胁的认识。BBC 很快播放了罗素的演讲。随

①　克里亚乌斯，等. 玻尔传. 王玉兰，李祖扬，李建珊，译. 安徽科学技术出版社，1985：136-137.

后，在著名物理学家波恩和约里奥-居里的建议下，罗素起草了题为《科学家要求废止战争》的文件，并于 1955 年 2 月 11 日写信给爱因斯坦讨论这篇宣言，5 天后爱因斯坦回复表示赞同，并谦虚地说："你熟悉这些组织的工作。你是将军，我是士兵……"当年 3 月，爱因斯坦游说了部分著名科学家，获得总共 11 人的签名。

宣言的签字者包括：罗素、爱因斯坦、玻恩（Max Born，1882—1970）、布里奇曼（Percy Bridgman，1882—1961）、约瑟夫·马勒（Hermann Joseph Muller、1890—1967）、弗雷德里克·约里奥-居里（Frédéric Joliot-Curie，1900—1958）、莱纳斯·鲍林（Linus Carl Pauling；1901—1994）、塞西尔·鲍威尔（Cecil Powell，1903—1969）、约瑟夫·罗特布拉特（Joseph Rotblat，1908—2005），汤川秀树（Yukawa Hideki，1907—1981）、利奥波德·英费尔德（Leopold Infeld，1898—1968），其中 10 人均为诺贝尔奖得主，与爱因斯坦合作撰写《物理学的进化》的英费尔德例外。

1955 年 4 月 5 日，罗素将他所拟的宣言定稿寄给爱因斯坦。爱因斯坦于 4 月 11 日签了名，4 月 18 日便与世长辞。1955 年 7 月 9 日，罗素在英国伦敦举行新闻发布会，面向来自世界的媒体公布了《罗素-爱因斯坦宣言》。宣言对核武器带来的危险深表忧虑，并呼吁世界各国领导人通过和平方式解决国际冲突。爱因斯坦逝世前夕在这一宣言上的签名，似乎象征着来自人类智力顶点的人的临终信息。

然而，科学家们反对核竞赛的呼声并未停息。继《罗素-爱因斯坦宣言》之后，1957 年 5 月，曾参与签署《罗素-爱因斯坦宣言》的著名化学家鲍林（图 8-7）起草了《科学家反对核试验宣言》，该宣言在 2 周内就有 2000 多名美国科学家签名。同年，他撰写出版了《告别战争》，书中以丰富的资料，说明了核武器对人类的重大威胁。该书还把《罗素-爱因斯坦宣言》作为重要附录列于书后。鲍林在这部书中明确指出，核战一开，可以肯定将导致人类的毁灭。①

鲍林是一位和平主义者，在"曼哈顿计划"开始时，奥本海默曾邀请他领导该项目的化学部门，但他拒绝了。第二次世界大战结束不久的 1946 年，他加入了由爱因斯坦任主席的原子能科学家紧急委员会，其任务是警告公众与发展核武器有关的危险。1958 年 1 月，他向联合国秘书长递交了由他起草并征得 49 个国家的 11000 多位科学家签名的《科学家反对核试验宣言》，要求缔结一项停止核武器试验的国际协定。1963 年 10 月 10 日，美苏签署《部分禁止核试验条

---

① L. 鲍林. 告别战争. 吴万仟，译. 湖南出版社，1992：121.

约》之日，诺贝尔委员会宣布把 1962 年"诺贝尔和平奖"授予鲍林这位坚持不渝的反核斗士。

图 8-7　鲍林

三、促进科学精神与人文精神的融合

近代科学的产生至今不过三四百年的历史，但它对人类社会的发展所产生的影响却是翻天覆地的，以至于今天当我们在展望未来时，还不免会感到一丝迷茫。因为我们确知科学技术将不断地改变着世界，但仍然无法预言它会出现哪些变化。也许这是因为我们对科学的本质的认识依然不够清楚，也许这种不确定性本身就是科学性的表现。但有一点是肯定的，即科学作为人类迄今为止所掌握的最有效的认识自然和改变自然的武器，它的地位必定还将得到加强。

科学技术在现代人类社会中占据着举足轻重的地位。我们享受着科学技术带来的舒适便捷的生活，但我们同时也不得不面对这样的事实：人类历史上的那些伟大科学发现，很多也被用于制造大规模毁灭性武器和其他可能威胁整个人类社会的东西，使世界和平和人类生存本身曾经并且正在受到严重威胁；人类借助科学技术手段对大自然进行的掠夺性开发，造成人类的居住环境日益恶化；纳米技术、基因重组技术、克隆技术等潜在或正在危害着生物并威胁着自然界的生态平衡；等等。因此，人类有必要在价值理性和人文精神的指导下，重新思考科学技术的社会风险，以及对于科学技术应用的选择与控制等问题。

本来，在科学革命之前的自然科学是孕育于人文文化之中的，即"近代自然科学是人文主义的"（文德尔班）。换言之，人文精神与文化开始本来是依附于科学本身的，然而自从近代科学诞生之后，科学精神的声望随着科学技术的巨大成功而不断升高，使社会生活中的人文精神传统普遍受到不同程度的忽视。从历史的角度来看，科学与人文的分离则是近代社会发展的产物，只是随着之后科学与技术的高歌猛进，科学文化逐步与其他人类文化割裂开来，并日渐居于了霸主位置。这样，人文文化和人文精神在功利主义的影响下走向失落。

现在已经没有人会天真地认为"科学无禁区"了。科学和技术所遭遇的一系列现实的伦理挑战，恐怕不是科学技术本身所能解决的。因为技术问题永远不仅仅只是技术问题，它和我们的社会状况以及文化和价值的多元性紧密地联系在一起。所以，在很多时候我们要解决的不是技术问题，而是其背后的文化冲突与社会矛盾。

关心人类就必须关心科学，对科学的认识越深刻，对人类未来的把握也就越清晰。在历史上曾经出现过工具主义和理想主义两种科学观。进入 20 世纪以后，科学技术的应用渗透到一切领域之中，它所引起的种种后果向世人表明："科学所反映的客观规律的价值中立性是一回事，科学的应用及其后果是另外一回事；无论是单纯追求功利目的的科学研究与应用，还是只强调学术价值而不顾社会后果的纯科学研究，都将使人类为此而付出沉重的代价。"[①] 因此，我们必须结合当代社会实践的新特点，用新的现实主义的科学观来看待科学及其社会作用。

人文精神的实质就是意味着以人为本，强调要尊重人，充分肯定人的价值，进而在教育中重视文化教育，优化人性，提高人的素质和精神境界，树立高尚的人格理想和道德追求，使人得到自由全面的发展。我们需要重铸现代人文精神，为科学技术的迅猛发展提供合理的价值取向。促进科学精神与人文精神的融合，至少应包括 3 个方面。

第一，一切科学研究都以社会向善为最终目标。从本质上来说，科学因其具有的解释性特征内含着人类善的希冀和企盼，因其创造性特征而使之成为人类实现目的的有效途径和手段。人类对美好社会和生存状态的追求和努力，离开科学是不可想象的。亚里士多德认为"宇宙万物都是向善的"，他推论一切技术、一切规划以及一切实践和选择，都以某种善为目标。爱因斯坦认为，一切道德、科学与宗教和艺术"都是同一株树的各个分枝。所有这些都是为着使人类的生活趋于高尚，把它从单纯的生理上的生存境界提高，并且把个人导向自由"。[②]人们应该利用科学技术的手段，生产满足人们需要的产品，实现一定的功能，达到一定的目的，为人类服务，使人们的生活质量得到极大提高，为全人类求得福祉。正如贝尔纳所言，"科学技术只有安装上善的价值坐标，才能将

---

① 李建珊. 科学价值论："科学、技术与社会"研究的重要课题. 新华文摘，1997（9）：26.

② 默顿. 十七世纪英国的科学、技术与社会. 范岱年，等译. 四川人民出版社，1986：130.

人类带向那充满光明的美好世界"，"那些主张科学技术研究和应用应拒绝伦理、政治制约的态度是幼稚的和不负责任的"。①

第二，科学研究必须坚持普遍主义原则。所谓普遍主义原则，其一是指所有人可以自由地选择其渴望的事业以实现自身价值，其二是科学研究成果应用的普遍主义。坚持普遍主义原则就必然涉及科学研究的"公正"问题。科学研究的公正问题主要包括两个方面：一方面是资源的公正分配，因为科学研究所需的精致而复杂的技术使得几乎所有的研究都需要公共或私人基金的资助，而社会资源是有限的，这就提出了在科学家之间、学者之间、社会的不同需要之间如何分配资源才是公正的问题，这一问题的解决有利于帮助科学研究工作者充分实现自身价值；另一方面，研究的过程、研究成果及其应用常常是有利于一部分人而对另外一些人形成负担或造成损害，这就要均衡科学研究的应用成果。科学研究的应用价值受到经济利益和政治利益的支配。科学研究不仅是一种经济实力，而且也还是一种权力和能力的体现。缺少必要的科学技术知识和其他知识，不仅可能被排除在民主决策之外，而且可能被放逐到社会生活的边缘。正因为如此，一些国家在建设信息基础设施时，反复强调要让每一个人从中得到好处，特别是那些处于弱势地位的人们。

第三，科学研究的利益原则与人道主义原则。利益原则要求科学研究首先是为人类谋福利，即把人类的利益作为评价和选择科技活动的准则。它不是一个地区、一个国家的利益，而是全人类社会的整体利益。人道主义原则要求任何科学研究要尊重人的生命和健康，至少不危及和损害人类的生存和安全。当利益与人道主义发生冲突时，科学家的选择是坚持不伤害原则，即对危及人道的科学研究绝不参与，对隐含的伦理问题提出警示。科学研究的目的是造福人类，但现代的科学研究往往受到不同国家和不同利益集团的支配，因而某些科研成果的应用对一部分人有利，却损害了另一部分人的利益。我们认为，以人为尺度，为人类造福，是发展科学技术的根本，它提供了科学技术选择的价值取向，同时也是科学技术发展与完善的内在要求。科学研究在应用过程中，其客观后果往往是利害交织、得失兼备的。全面权衡得失利弊，既要有利于长远发展，又要有利于当下的国计民生；既要选取当下最成熟、最恰当的科学技术手段，又要针对科学技术应用中的不成熟、不完备之处加以改进，防止以至消除它的有害一面；既要积极稳妥研究与应用科学技术，又要加强对员工的劳动保护，并提高其生活福利。总之，人类自身的存在与健康发展是决定科学技术

---

① 贝尔纳. 科学的社会功能. 陈体芳，译. 商务印书馆，1986：325、526.

研发与应用的最终依据。

科学技术这把双刃剑在造福人类的同时，也埋下了某些不幸的种子。人们在强调科学对人类社会的积极作用时，绝不能忽视其负面的作用，尤其必须正视科学技术的不当应用对人类社会和人类本身带来的潜在和现实的危险。科学技术是人类进行创造活动的重要手段，必须置于人类的有效控制之下。科学技术创新的基本目的是超越人类身体的局限性，而人文文化则关系到人的精神境界。两者应当相互促进，协调发展。在某种意义上可以说，对于统一的文化而言，科技为体，人文为魂。因此，在人类发展科学技术时，应对科学技术进行有效的价值评价，牢牢把握科学技术的价值宗旨，避免和防止其消极作用的出现，从而保障科学技术和人类社会的健康发展。

参考文献

1. 马克思恩格斯选集. 人民出版社，1996.

2. 马克思. 机器、自然力和科学的应用. 人民出版社，1978.

3. 恩格斯. 自然辩证法. 人民出版社，1962.

4. 阿列克谢耶夫. 世界原始社会史. 云南人民出版社，1987.

5. 爱因斯坦，英费尔德. 物理学的进化. 湖南教育出版社，1999.

6. 汤浅光朝. 解说科学文化史年表. 科学普及出版社，1984.

7. 约瑟夫·阿伽西. 科学与文化. 邬晓燕，译. 中国人民大学出版社，
2006.

8. 詹姆斯·乔治·弗雷泽. 金枝. 中国民间文艺出版社，1987.

9. 列维·布留尔. 原始思维. 商务印书馆，1997.

10. 费兰茨·博厄斯. 原始人的心智. 项龙，等译. 中国国际文化出版社，
1989.

11. 弗洛姆. 健全的社会. 中国文联出版公司，1998.．.

12. 利萨·罗斯纳. 科学年表. 郭元林，李世新，译. 科学出版社，2007.

13. 詹姆斯·E. 麦克莱伦第三，哈罗德·多恩. 世界史上的科学技术. 王鸣
阳，译. 上海科技教育出版社，2003.

14. 劳埃德. 早期希腊科学：从泰勒斯到亚里士多德. 孙小淳，译. 上海科
技教育出版社，2004.

15. 戴维·林德伯格. 西方科学的起源. 王君，译. 中国对外翻译出版社，

2001.

　　16. 巴特菲尔德. 近代科学的起源. 张丽萍，郭贵春，等译. 华夏出版社，1988.

　　17. 罗斑. 希腊思想和科学精神的起源. 陈修斋，译. 广西师范大学出版社，2003.

　　18. M. 克莱因. 古今数学思想. 张理京，等译. 上海科学技术出版社，2002.

　　19. 梅森. 自然科学史. 上海外国自然科学哲学著作编译组，译. 上海人民出版社，1977.

　　20. 丹皮尔. 科学史及其与哲学和宗教的关系. 李珩，译. 广西师范大学出版社，2001.

　　21. 李约瑟. 中国科学技术史.《中国科学技术史》翻译小组，译. 科学出版社，1975.．.

　　22. 劳厄. 物理学史. 范岱年，戴念祖，译. 商务印书馆，1978.

　　23. 文德尔班. 哲学史教程. 商务印书馆，1996.

　　24. 萨顿. 科学史与新人文主义. 华夏出版社，1989.

　　25. 亚·沃尔夫. 十六、十七世纪科学、技术和哲学史. 周昌忠，等译. 商务印书馆，1985.

　　26. 亚·沃尔夫. 十八世纪科学、技术和哲学史. 周昌忠，等译. 商务印书馆，1991.

　　27. 尼古拉·哥白尼. 天体运行论. 叶式辉，译. 北京大学出版社，2006.

　　28. 托马斯·库恩. 哥白尼革命. 国盛，张东林，李立，译. 北京大学出版社，2003.

　　29. 伯纳德·科恩. 科学中的革命. 鲁旭东，等译. 商务印书馆，1998.

　　30. 柏廷顿. 化学简史. 胡作玄，译. 广西师范大学出版社，2003.

　　31. 莱斯特. 化学的历史背景. 吴忠，译. 商务印书馆，1982.

　　32. 维纳. 人有人的用处——控制论和社会. 陈步，译. 商务印书馆，1978.

　　33. 乔治·伽莫夫. 物理学发展史. 商务印书馆，1981.

　　34. 薛定谔. 生命是什么. 罗来鸥，罗辽复，译. 湖南科学技术出版社，2003.

　　35. 默顿. 17 世纪英国的科学技术与社会. 范岱年，等译. 商务印书馆，2000.

36. G. 霍尔顿. 物理科学的概念和理论导论. 戴念祖, 等译. 高等教育出版社, 1982—1987.

37. 本-戴维. 科学家在社会中的角色. 赵佳苓, 译. 四川人民出版社, 1988.

38. 达尔文. 物种起源. 舒德干, 等译. 陕西人民出版社, 2001.

39. 罗伯特·B. 马克斯. 现代世界的起源——全球的、生态的述说. 夏继果, 译. 商务印书馆, 2006.

40. 伯恩斯, 拉尔夫. 世界文明史. 商务印书馆, 1995.

41. 加兰·E. 艾伦. 20 世纪生命科学史. 复旦大学出版社, 2000.

42. 林德宏, 肖玲. 科学认识思想史. 江苏教育出版社, 1995.

43. 李建珊, 刘洪涛. 世界科技文化史. 华中科技大学出版社, 1999.

44. 安德鲁·芬伯格. 技术批判理论. 韩连庆, 曹观法, 译. 北京大学出版社, 2005.

45. 费多益. 科学价值论. 云南人民出版社, 2005.

46. 吴国盛. 科学的历程. 北京大学出版社, 2007.

47. 约翰·洛西. 科学哲学历史导论. 邱仁宗, 等译. 华中工学院出版社, 1982.

48. 李醒民. 科学的文化意蕴——科学文化讲座. 高等教育出版社, 2007.

49. 兰西·佩尔斯, 查理士·撒士顿. 科学的灵魂——500 年科学与信仰、哲学的互动史. 潘伯滔, 译. 江西人民出版社, 2006.

50. 米歇尔·布莱, 埃夫西缪斯·尼古拉依迪斯, 主编. 科学的欧洲——科学的地域建构. 高煜, 译. 中国人民大学出版社, 2007.

51. 乌杰. 系统哲学. 人民出版社, 2008.

52. A. N. Disney. Origin and Development of the Microscope. Journal of the Royal Society of Arts, Vol.76, 1928.

53. Paul R. Josephson. Totalitarian Science and Technology. Humanities Press, 1996.

54. Rudi Volti. Society and Technological Change. ST. Martins Press, 1998.

55. Hans Primas. Chemistry, Quantum Mechanics, and Reductionism: Perspectives in Theoretical Chemistry. Springer-Verlag, 1981.

56. Chan Mark. Beyond Determinism and Reductionism: Genetic Science and the Person. ATF Press, 2003.

57. D. John. The Disorder of Things: Metaphysical Foundations of the Disunity of Science. Harvard University Press, 1993.

58. Robert K. Merton. Science, Technology & Society in Seventeenth Century England. H. Fertig, 1970.

59. Stephen G. Brush. The History of Modern Science: A Guide to the Second Scientific Revolution, 1800—1950. Iowa State University Press, 1988.

修订后记

　　科学技术史是 20 世纪中叶以来的新兴学科之一。以美国为例，不仅从 20 世纪中叶就有了科学史系或者科学史与科学哲学系，而且从 1970 年起，经过著名物理学家、科学哲学家、哈佛大学的霍尔顿（G. Holton）教授的努力，把科学史教学作为"哈佛物理教学改革计划"的重要组成部分；甚至在 1994 年由美国"国家研究委员会"通过的《国家科学教育标准》中，还把科学史教育贯穿在从小学到高中的教育中。在我国，1925—1927 年数学史大师钱宝琮先生在南开大学理科本科生中开设了作为科学史分支的数学史课程。

　　改革开放以来，国内科学史界同人出版了不少综合科学史及学科史的研究专著和译著，也出版了一些科学史教材，为我国科学史研究与教学做出了贡献。

　　南开大学刘珺珺教授于 20 世纪 80 年代在哲学系工作期间，向全校开设了科学史选修课。从 90 年代开始，根据教务长车铭洲教授的建议，学校决定将"世界科技文化史"作为全校文科素质教育基地重点建设课程，并由李建珊、刘洪涛教授主编了《世界科技文化史》教材，1999 年由华中工学院出版社出版。该教材于 2002 年 10 月获教育部颁发的"全国普通高等学校优秀教材二等奖"。

　　2007 年 12 月，包括"世界科技文化史""数学文化""天文学概论"等核心课程在内的"南开大学科学素质教育系列公共课教学团队"被教育部、财政部批准为"国家级教学团队"。为适应综合大学素质教育的迫切需要，由哲学院博士生导师李建珊教授主编了《世界科技文化史教程》，于 2009 年由科学出版社出版。该教材把科学技术作为人类文化而进行历史考察，融内史与外史研究为一体，坚持史论结合的原则，从而体现科学精神和人文精神的统一。该教材出版不久已经过 3 次印刷，总印数达 9500 册，可见广大读者和相关学科师生的认可。

为了纪念南开大学哲学院复建 60 周年，南开大学哲学院及教务处共同决定，将本教材的修订版作为"南开大学十四五规划核心课程精品教材建设工程"之一，由南开大学出版社出版。本教材的修订工作由南开哲学院李建珊教授主持，教材原作者均参与了修订，具体分工为：绪论，贾向桐撰写；第 1 章，赵媛媛撰写；第 2—3 章，张立静、李建珊撰写；第 4 章，王云霞、李建珊撰写；第 5—6 章，李建珊撰写；第 7 章，贾向桐、李建珊撰写；第 8 章，乔文娟撰写。贾向桐和张立静博士作为副主编，协助主编完成了本书的修订工作，最后由李建珊教授定稿。本修订版附有教学课件 PPT 二维码，便于读者在出版社网站上查看。

南开哲学院和南开大学出版社对于本教材的修订和出版给予了全力支持。我们表示衷心感谢！责任编辑叶淑芬为本书的出版、印行付出了艰苦的努力。南开大学生命科学学院苏同芳教授，南开校友、瑞士巴塞尔大学林世雄教授，以及毕业于南开哲学院的张昱博士为我们提供了不少国内外最新资料。陈敏女士承担了全书的校对工作。谨此一并致谢！本书肯定会存在不少错误和不足，恳请方家指正。

《世界科技文化史教程（修订版）》编写组
2023 年 5 月 20 日于南开园

南开大学"十四五"规划精品教材丛书

哲学系列

世界科技文化史教程（修订版）	李建珊 主编；贾向桐、张立静 副主编
实验逻辑学（第三版）	李娜 编著
模态逻辑（第二版）	李娜 编著

经济学系列

货币与金融经济学基础理论 12 讲	李俊青、李宝伟、张云 等编著
数理马克思主义政治经济学	乔晓楠 编著
旅游经济学（第五版）	徐虹 主编

法学系列

知识产权法案例教程（第二版）	张玲 主编；向波 副主编
新编房地产法学（第三版）	陈耀东 主编
法理学案例教材（第二版）	王彬 主编；李晟 副主编
环境法学（第二版）	史学瀛 主编；申进忠、刘芳、刘安翠 副主编
环境法案例教材（第二版）	史学瀛 主编；刘芳、申进忠、刘安翠、潘晓滨 副主编

文学系列

西方文明经典选读	李莉、李春江 编著

管理学系列

旅游饭店财务管理（第六版）	徐虹、刘宇青 主编
信息咨询概论	柯平 主编